平法钢筋

翻样、算量方法与实例

臧耀帅 / 主编

化学工业出版社
·北京·

内容简介

本书分为八章，内容包括：平法钢筋翻样、算量基础知识，钢筋通用构造，基础、柱构件、剪力墙构件、梁构件、板构件、楼梯翻样、算量方法与实例等。本书以22G101系列图集为基础进行精心编纂，并采用实际图纸的计算示例结合三维立体动画演示来加强理论与实践的结合，帮助读者更快速地理解和掌握钢筋翻样、算量的技巧。

本书内容详尽且全面，旨在为读者学习、应用22G101系列图集提供参考。本书不仅适用于设计人员、施工技术人员、工程造价人员等专业人士阅读，也可作为相关专业大、中专院校师生的教材和学习参考资料。

图书在版编目（CIP）数据

平法钢筋翻样、算量方法与实例 / 臧耀帅主编. 北京：化学工业出版社，2024. 12. -- ISBN 978-7-122-46585-6

Ⅰ. TU375.01

中国国家版本馆CIP数据核字第20248D17S1号

责任编辑：彭明兰　　　　文字编辑：邹　宁
责任校对：宋　玮　　　　装帧设计：刘丽华

出版发行：化学工业出版社
（北京市东城区青年湖南街13号　邮政编码100011）
印　　装：中煤（北京）印务有限公司
787mm×1092mm　1/16　印张$9^3/_4$　字数238千字
2025年3月北京第1版第1次印刷

购书咨询：010-64518888　　　　售后服务：010-64518899
网　　址：http://www.cip.com.cn
凡购买本书，如有缺损质量问题，本社销售中心负责调换。

定　　价：58.00元

前言

一、为什么编写这本书

G101平法图集自1996年推出至今，已经有近30年历史了。G101平法图集的推广和应用，使设计成本大幅度降低、设计效率大幅度提高。对于工程造价人员而言，只有对G101图集有更深入的理解，才能看懂图纸，算准钢筋工程量。但是22G101图集中内容多、专业性强，自学的大多数人只是了解其中的皮毛。本书旨在通过作者多年对相关资料的收集，并结合造价岗位对造价人员的新要求，形象生动地对平法知识进行讲解，并进行深入剖析，使大家轻松地学到知识，这也是编写本书的初衷。

二、本书特点

（1）本书系统地综合了22G101图集中重要的知识点，摒弃了图集中钢筋算量过程中用不到的内容，提炼了造价工作中涉及的知识结构。

（2）与市面上大多G101图集讲解类图书不同，本书以实际工程中的图纸为例题，结合大量实例来对G101图集中枯燥难懂的内容进行讲解，图文并茂，加强记忆与理解。

（3）每道例题的讲解方式和其他参考书籍不同，本书中的基础、柱、剪力墙、梁、板以及楼梯等各类建筑构件的钢筋翻样、算量实例均依托于实际施工图纸，相关计算详尽而简洁、通俗且易懂。此外，为了进一步帮助读者快速理解相关计算，本书还附上了大量的三维效果图和三维模型图。本书所附的三维模型均采用SketchUp（草图大师）绘制，读者可扫描本页下方二维码下载相关三维模型自助查看。

（4）本书中每一个实例均在最后给出了钢筋翻样与算量表，使读者对构件的每个细节计算都一目了然。

三、学习方法

授人以鱼不如授人以渔，本书不仅仅是对22G101图集的系统总结，更重要的是介绍学习的方法，读者可以从以下几方面进行把握。

（1）本书是在读者已经初步了解平法识图的前提下进行讲解，书中对如何看懂原位标注和集中标注等内容不再赘述。

（2）读懂例题中节选图纸的基本内容，自己先动手算一算，再看题解。

（3）读懂题解中每根钢筋的计算步骤，并结合相关理论加深印象。

（4）重要构造及节点应看懂并理解。

四、本书说明

本书在编写过程中，参阅和借鉴了大量的文献资料，对大量的工程图纸及工程资料进行了改编，虽然编者已尽心尽力，但书中难免存在不足之处，恳请广大读者朋友予以批评指正。

扫码下载相关
三维模型文件

目录

1 平法钢筋翻样、算量基础知识

1.1 平法识图基础知识

1.1.1 平法的概念

1.1.1.1 平法的概念

平法，即“建筑结构施工图平面整体表示方法”，是将结构构件的尺寸和配筋等，按照平面整体表示方法的制图规则，整体直接将各类构件表达在结构平面布置图上，再与标准构造详图配合，即构成一套新型完整的结构设计。

平法是对结构设计技术方法的理论化、系统化，是对传统设计方法的一次深化变革，是一种科学合理、简洁高效的结构设计方法，具体体现在：图纸数量少、层次清晰；识图、记忆、查找、核对、审核、验收较方便；图纸与施工顺序一致；对结构易形成整体概念。

平法将结构设计分为创意性设计内容和重复性（非创意性）设计内容两部分。设计者采用制图规则中标准符号、数字来体现其设计内容，属于创造性内容；传统设计中大量重复表达的内容，如节点详图，搭接、锚固值，加密范围等，属于重复性、通用性设计内容。重复性设计内容部分（主要是节点构造和构件构造）以“广义标准化方式”编制成国家建筑标准构造设计有其现实合理性，符合现阶段的中国国情。不精确的构造设计缺乏结构安全的必要条件：结构分析结果不包括节点内的应力；以节点边界内力进行节点设计的理论依据不充分；节点设计缺少足够的试验数据。之前构造设计缺少试验依据是普遍现象，现阶段由国家建筑标准设计将其统一起来，这是一种理性的设计。

1.1.1.2 平法的原理

平法的系统科学原理在于：平法视全部设计过程与施工过程为一个完整的主系统，主系统由多个子系统构成，主要包括以下几个子系统：基础结构、柱墙结构、梁结构、板结构，各子系统有明确的层次性、关联性、相对完整性。

（1）层次性。基础、柱、墙、梁、板，均为完整的子系统。

（2）关联性。柱、墙以基础为支座⟷柱、墙与基础关联；梁以柱为支座⟷梁与柱关联；板以梁为支座梁⟷板与梁关联。

（3）相对完整性。对于基础自成体系，仅有自身的设计内容而无柱或墙的设计内容；对于柱、墙自成体系，仅有自身的设计内容（包括在支座内的锚固纵筋）而无梁的设计内容；对于梁自成体系，仅有自身的设计内容（包括锚固在支座内的纵筋）而无板的设计内容；对于板自成体系，仅有板自身的设计内容（包括锚固在支座内的纵筋）。在设计出图的表现形式上它们都是独立的板块。

1.1.1.3 平法的实用效果

（1）平法采用标准化的设计制图规则，结构施工图表达数字化、符号化，单张图纸的信息量多而且集中；构件分类明确，层次清晰，表达准确，设计速度快，效率成倍提高；平法使设计者易掌握全局，易进行平衡调整、易修改、易校审，改图可不牵动其他构件，易控制设计质量；平法既能适应业主分阶段分层提图施工的要求，也可适应在主体结构开始施工后又进行大幅度调整的特殊情况。平法分结构层设计的图纸和水平逐层施工的顺序完全一致，对标准层可实现单张图纸施工，施工工程师对结构比较容易形成整体概念，有利于施工质量管理。

（2）平法采用标准化的构造设计，形象、直观，施工易懂、易操作。标准构造详图集国内较成熟、可靠的常规节点构造之大成，集中分类归纳整理后编制成国家建筑标准设计图集供设计选用，可避免构造做法反复抄袭以及由此产生的设计失误，保证节点构造在设计与施工两个方面均达到高质量。此外，对节点构造的研究、设计和施工实现专门化提出了更高的要求，已初步形成结构设计与施工的部分技术规则。

（3）平法大幅度降低设计成本，降低设计消耗，节约自然资源。平法施工图是有序化、定量化的设计图纸，与其配套使用的标准设计图集可以重复使用，与传统方法相比，图纸量减少了 70% 以上，减少了综合设计工日，降低了设计成本，在节约人力资源的同时也节约了自然资源，为保护自然环境间接做出了突出贡献。

1.1.2 平法制图与传统图示方法的不同

平法施工图把结构构件的尺寸和配筋等，按照平面整体表示方法的制图规则，整体直接地表示在各类构件的结构布置平面图上，再与标准构造详图配合，结合成一套新型完整的结构设计。它改变了传统的那种将构件（柱、剪力墙、梁）从结构平面设计图中索引出来，再逐个绘制模板详图和配筋详图的繁琐办法。

（1）如框架图中的梁和柱，在“平法制图”中的钢筋图示方法，施工图中只绘制梁、柱平面图，不绘制梁、柱中配置钢筋的立面图（梁不画截面图；而柱在其平面图上，只按编号不同各取一个在原位放大画出带有钢筋配置的柱截面图）。

（2）传统的框架图中的梁和柱，既画梁、柱平面图，同时也绘制梁、柱中配置钢筋的立面图及其截面图；但在“平法制图”中的钢筋配置，省略不画这些图，而是去查阅《混凝土结构施工图平面整体表示方法制图规则和构造详图》。

（3）传统的混凝土结构施工图，可以直接从其绘制的详图中读取钢筋配置尺寸，而“平法制图”则需要查找相应的详图——《混凝土结构施工图平面整体表示方法制图规则和构造详图》中相应的详图，而且，钢筋的大小尺寸和配置尺寸，均用以“相关尺寸”（跨度、钢筋直径、搭接长度、锚固长度等）为变量的函数来表达，而不是具体数字。借此实现其标准图的通用性。概括地说，“平法制图”使混凝土结构施工图的内容简化了。

（4）柱与剪力墙的“平法制图”，均以施工图列表注写方式，表达其相关规格与尺寸。

（5）“平法制图”的突出特点，表现在梁的“原位标注”和“集中标注”上。“原位标注”概括地说分两种：一种是标注在柱子附近处，且在梁上方，标注的是承受负弯矩的箍筋直径和根数，其钢筋布置在梁的上部；另一种是标注在梁中间且在梁下方的钢筋，是承受正弯矩的钢筋，布置在梁的下部。“集中标注”是从梁平面图的梁处引铅垂线至图的上方，注写梁的编号、挑梁类型、跨数、截面尺寸、箍筋直径、箍筋肢数、箍筋间距、梁侧面纵向构造钢筋或受扭钢筋的直径和根数、通长筋的直径和根数等。如果“集中标注”中有通长筋时，则“原位标注”中的负筋数包含通长筋的根数。

（6）在传统混凝土结构施工图中，计算斜截面的抗剪强度时，在梁中配置45°或60°的弯起钢筋。而在“平法制图”中，梁不配置这种弯起钢筋，而是由加密的箍筋来承受其斜截面的抗剪强度。

1.1.3 平法的适用范围

平法系列图集包括：《混凝土结构施工图平面整体表示方法制图规则和构造详图（现浇混凝土框架、剪力墙、梁、板）》（22G101-1）、《混凝土结构施工图平面整体表示方法制图规则和构造详图（现浇混凝土板式楼梯）》（22G101-2）、《混凝土结构施工图平面整体表示方法制图规则和构造详图（独立基础、条形基础、筏形基础及桩基承台）》（22G101-3）。

《混凝土结构施工图平面整体表示方法制图规则和构造详图（现浇混凝土框架、剪力墙、梁、板）》（22G101-1）适用于非抗震和抗震设防烈度为6～9度地区的现浇混凝土框架、剪力墙、框架-剪力墙和部分框支剪力墙等主体结构施工图的设计以及各类结构中的现浇混凝土板（包括有梁楼盖和无梁楼盖）、地下室结构部分现浇混凝土墙体、柱、梁、板结构施工图的设计。

《混凝土结构施工图平面整体表示方法制图规则和构造详图（现浇混凝土板式楼梯）》（22G101-2）适用于非抗震及抗震设防烈度为6～9度地区的现浇钢筋混凝土板式楼梯。

《混凝土结构施工图平面整体表示方法制图规则和构造详图（独立基础、条形基础、筏形基础及桩基承台）》（22G101-3）适用于各种类型的现浇混凝土独立基础、条形基础、筏形基础（分梁板式和平板式）、桩基承台施工图设计。

1.1.4 22G101平法图集的简介及学习方法

1.1.4.1 G101平法图集的构成

G101平法图集共3册，每册均包含两大核心内容：“平法制图规则”与“标准构造详图”。

（1）平法制图规则对设计人员来说，是绘制平法施工图的制图规则；对使用平法施工图的人员来说，是阅读平法施工图的语言。

（2）标准构造详图包括标准构造做法、钢筋算量的计算规则。

1.1.4.2 22G101平法图集

22G101平法图集以制图规则来规范制图与识图，以构造详图来表达钢筋的构造及计算。制图规则可以总结为以下三方面的内容。

（1）平法表达方式，指该构件按平法制图的表达方式，比如独立基础有平面注写、截面注写和列表注写。

（2）数据项，指该构件要标注的数据项，比如编号、配筋等。

（3）数据标注方式，指数据项的标注方式，比如集中标注和原位标注。

1.1.4.3 22G101 平法图集的学习方法

本书将平法图集中的学习方法总结为：知识归纳和重点比较。

（1）知识归纳

① 以基础构件或主体构件为基础，围绕钢筋，对各构件平法表达方式、数据项、数据注写方式等进行归纳。比如：独立基础平法制图知识体系如图 1-1 所示。

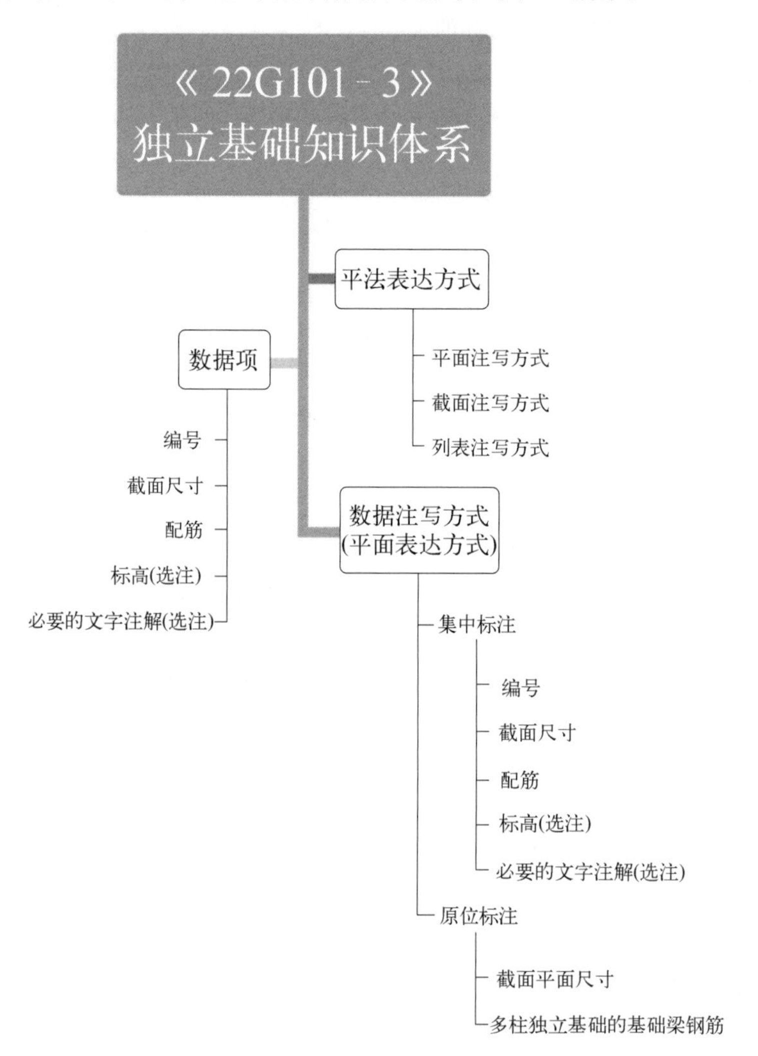

图 1-1 独立基础平法制图知识体系

② 对同一构件的不同种类钢筋进行整理。比如：条形基础的钢筋种类知识体系，如图 1-2 所示。

（2）重点比较

① 同类构件中，楼层与屋面、地下与地上等的重点比较。比如，基础主梁底部贯通纵筋在端部无外伸时的构造，就有不同的设计，比较这种差别可以帮助我们对照理解不同构件的钢筋构造。同类构件比较示例如图 1-3 所示。

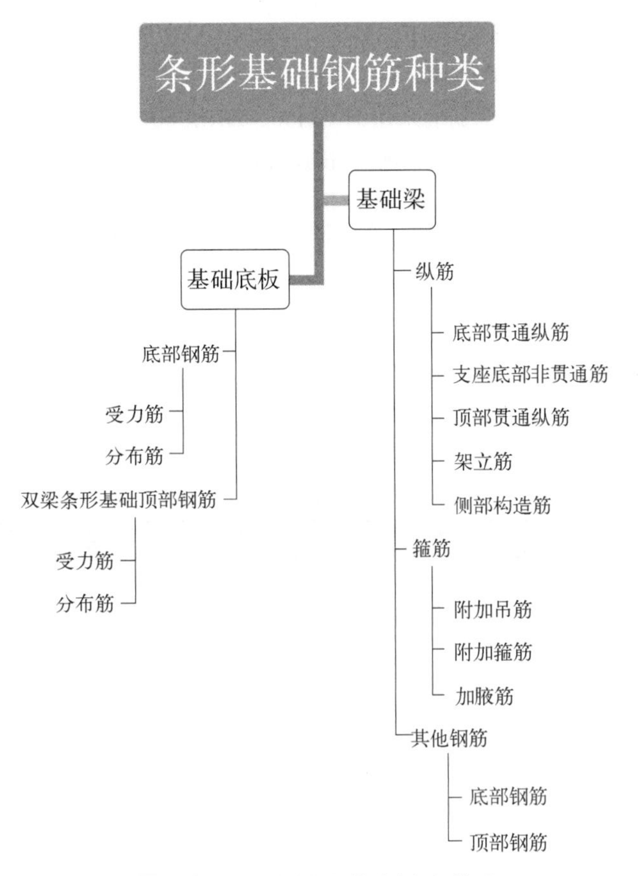

图 1-2 条形基础的钢筋种类知识体系

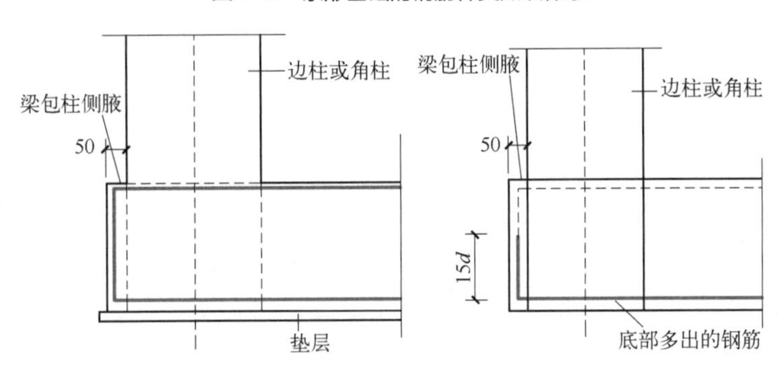

图 1-3 同类构件比较示例

② 不同类构件，但同类钢筋的重点比较。比如，条形基础底板受力筋的分布筋，与现浇楼板、屋面板的支座负筋分布筋可以重点比较。

1.2 钢筋基础知识

1.2.1 钢筋的等级选用

根据《混凝土结构设计规范》（GB 50010—2010）中的相关规定，混凝土结构中的钢筋应按下列规定选用。

（1）纵向受力普通钢筋宜采用 HRB400、HRB500、HRBF400、HRBF500 钢筋，也可采用 HPB300、HRB335、HRBF335、RRB400 钢筋。

（2）梁、柱纵向受力普通钢筋应采用 HRB400、HRB500、HRBF400、HRBF500。

（3）箍筋宜采用 HPB300、HRB400、HRBF400、HRB500、HRBF500 钢筋，也可采用 HRB335、HRBF335 钢筋。

（4）预应力筋宜采用预应力钢丝、钢绞线和预应力螺纹钢筋。

1.2.2 钢筋的符号和标注

1.2.2.1 钢筋的一般表示方法

（1）普通钢筋的表示方法见表 1-1。

表 1-1 普通钢筋的表示方法

序号	名称	图例	说明
1	钢筋断面		—
2	钢筋端部截断		表示长、短钢筋投影重叠时，短钢筋的端部用 45° 斜划线表示
3	钢筋搭接连接		—
4	钢筋焊接		—
5	带半圆形弯钩的钢筋端部		—
6	带直钩的钢筋端部		—
7	带螺纹的钢筋端部		—
8	端部带锚固板的钢筋		—
9	花篮螺丝的钢筋接头		—
10	机械连接的钢筋接头		用文字说明机械连接的方式（如冷挤压或直螺纹等）
11	钢筋机械连接		—

（2）预应力钢筋的表示方法见表 1-2。

表 1-2 预应力钢筋的表示

序号	名称	图例
1	预应力钢筋或钢绞线	
2	后张法预应力钢筋断面 无黏结预应力钢筋断面	
3	预应力钢筋断面	
4	张拉端锚具	
5	固定端锚具	

续表

序号	名称	图例
6	锚具的端视图	
7	可动连接件	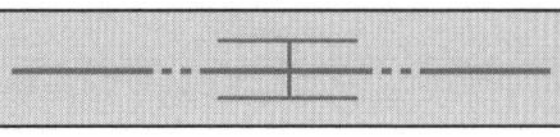
8	固定连接件	

（3）钢筋网片的表示方法见表 1-3。

表 1-3 钢筋网片的表示

名称	图例
一片钢筋网平面图	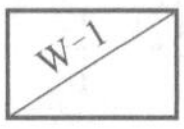 W-1
一行相同的钢筋网平面图	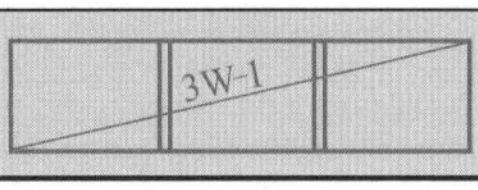 3W-1

（4）钢筋的焊接接头的表示方法见表 1-4。

表 1-4 钢筋的焊接接头的表示

名称	接头形式	标注方法
单面焊接的钢筋接头		
双面焊接的钢筋接头	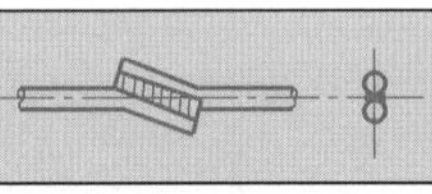	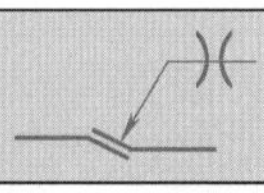
用帮条单面焊接的钢筋接头	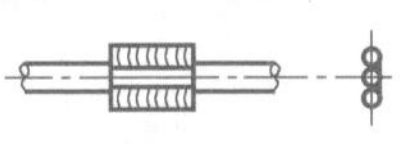	
用帮条双面焊接的钢筋接头	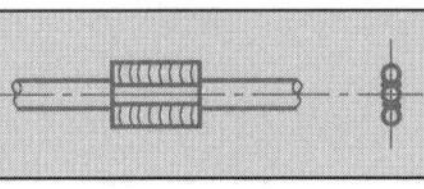	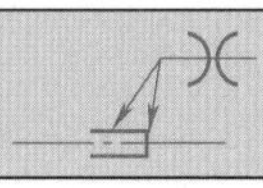
接触对焊的钢筋焊头（闪光焊、压力焊）		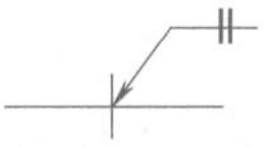
坡口平焊的钢筋接头	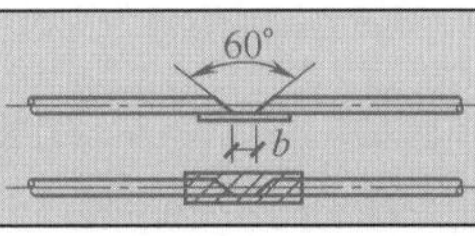 60° b	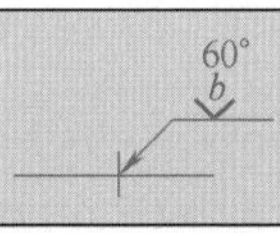 60° b
坡口立焊的钢筋接头	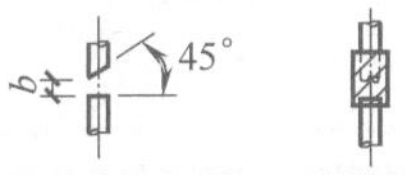 b 45°	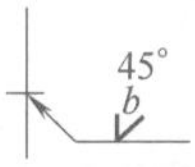 45° b
用角钢或扁钢做连接板焊接的钢筋接头	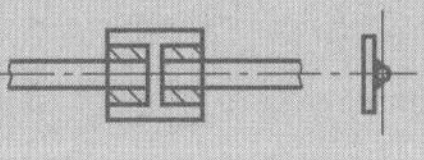	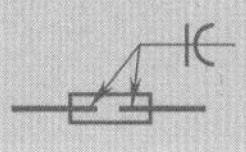
钢筋或螺（锚）栓与钢板穿孔塞焊的接头		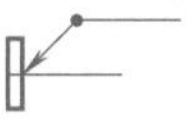

（5）钢筋的画法见表 1-5。

表 1-5　钢筋的画法

序号	图例	说明
1	(底层)　(顶层)	在结构楼板中配置双层钢筋时，底层钢筋的弯钩应向上或向左，顶层钢筋的弯钩则应向下或向右
2	JM　YM　JM　YM	钢筋混凝土墙体配双层钢筋时，在配筋立面图中，远面钢筋的弯钩应向上或向左，而近面钢筋的弯钩应向下或向右（JM：近面，YM：远面）
3		若在断面图中不能表达清楚钢筋布置，应在断面图外增加钢筋大样图（如钢筋混凝土墙、楼梯等）
4		若图中所表示的箍筋、环筋等布置复杂时，可加画钢筋大样及说明
5		每组相同的钢筋、箍筋或环筋，可用一根粗实线表示，同时用一根带斜短划线的横穿细线，表示其钢筋及起止范围

（6）钢筋的标注方法如下。

钢筋的直径、根数或相邻钢筋中心距一般采用引出线方式标注，其尺寸标注有以下两种形式。

① 标注钢筋的根数、等级和直径，如梁内受力筋和架立筋，如图 1-4 所示。

② 标注钢筋的等级、直径和相邻钢筋中心距，如梁内箍筋和板内钢筋，如图 1-5 所示。

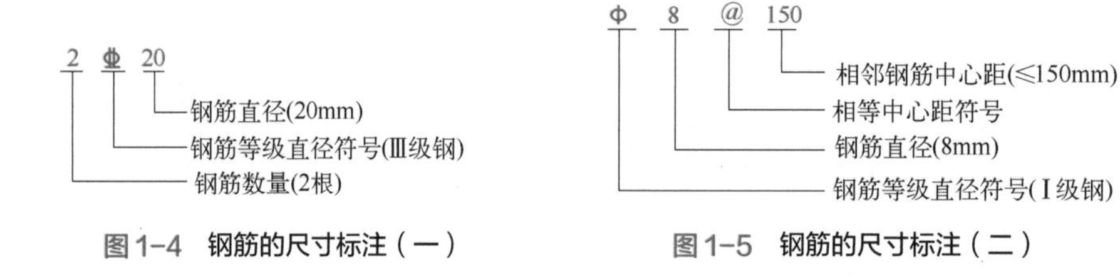

图 1-4　钢筋的尺寸标注（一）　　图 1-5　钢筋的尺寸标注（二）

（7）钢筋、钢丝网及钢筋网片应按下列规定进行标注。

① 钢筋、钢丝束的说明应给出钢筋的代号、直径、数量、间距、编号及所在位置，其说明应沿钢筋的长度标注或标注在相关钢筋的引出线上。

② 钢筋网片的编号应标注在对角线上。网片的数量应与网片的编号标注在一起。

③ 钢筋、杆件等编号的直径宜采用5～6mm的细实线圆表示，其编号应采用阿拉伯数字按顺序编写。

④ 简单的构件、钢筋种类较少时可不编号。

（8）钢筋在平面、立面、剖（断）面中的表示方法应符合下列规定。

① 钢筋在平面图中的配置应按图1-6所示的方法表示。当钢筋标注的位置不够时，可采用引出线标注。引出线标注钢筋的斜短划线应为中实线或细实线。

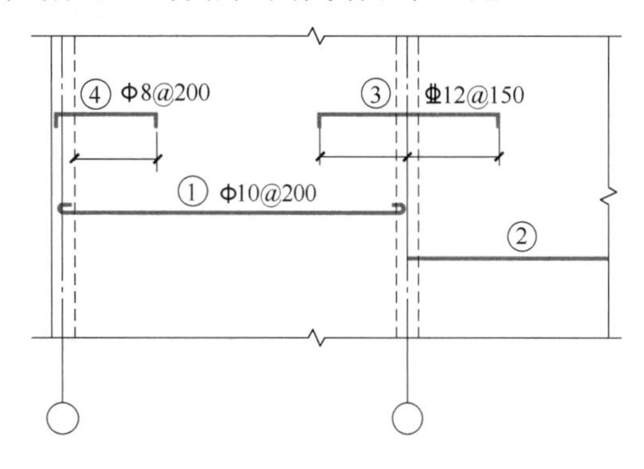

图1-6　钢筋在楼板配筋图中的表示方法

② 当构件布置较简单时，结构平面布置图可与板配筋平面图合并绘制。

③ 平面图中的钢筋配置较复杂时，可按表1-5的方法绘制，其表示方法如图1-7所示。

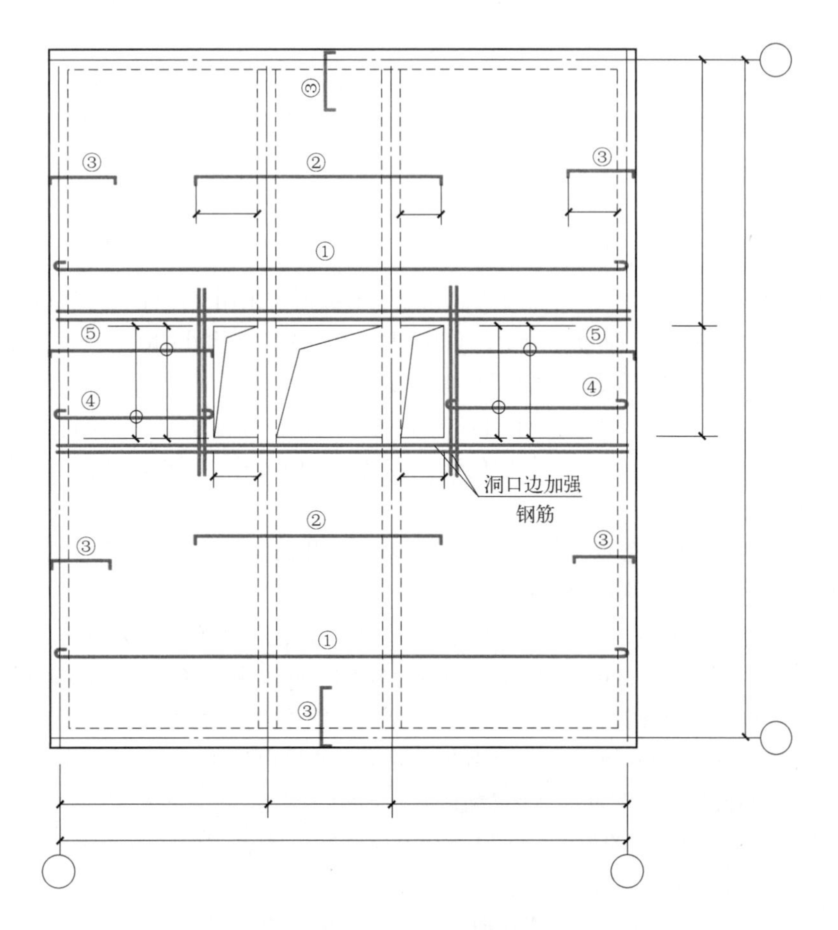

图1-7　楼板配筋较复杂的表示方法

④ 钢筋在梁纵、横断面图中的表示方法如图 1-8 所示。

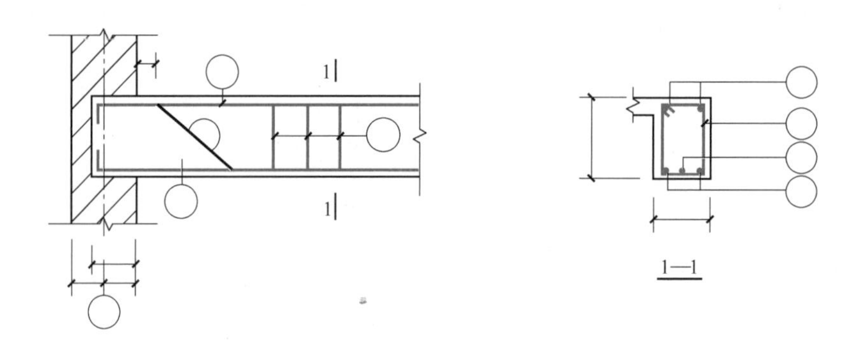

图 1-8　钢筋在梁纵、横断面图中的表示方法

⑤ 构件配筋图中箍筋的长度尺寸，应指箍筋的里皮尺寸。弯起钢筋的高度尺寸应指钢筋的外皮尺寸，如图 1-9 所示。

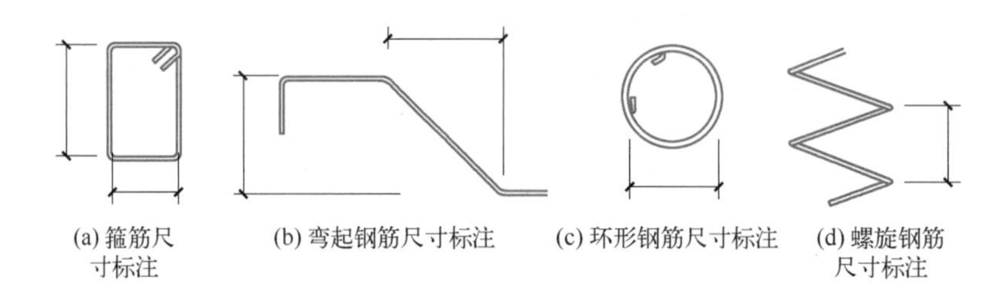

图 1-9　钢箍尺寸标注法

1.2.2.2　文字注写构件的表示方法

（1）在现浇混凝土结构中，构件的截面和配筋等数值可采用文字注写方式表达。

（2）按结构层绘制的平面布置图中，直接用文字表达各类构件的编号（编号中含有构件的类型代号和顺序号）、断面尺寸、配筋及有关数值。

（3）混凝土柱可采用列表注写和在平面布置图中截面注写的方式，并应符合下列规定。

① 列表注写应包括柱的编号、各段的起止标高、断面尺寸、配筋、断面形状和箍筋的类型等有关内容。

② 截面注写可在平面布置图中，选择同一编号的柱截面，直接在截面中引出断面尺寸、配筋的具体数值等，并应绘制柱的起止高度表。

（4）混凝土梁可采用在平面布置图中的平面注写和截面注写方式，并应符合下列规定。

① 平面注写可在梁平面布置图中，分别在不同编号的梁中选择一个，直接注写编号、断面尺寸、跨数、配筋的具体数值和相对高差（无高差可不注写）等内容。

② 截面注写可在平面布置图中，分别在不同编号的梁中选择一个，用剖面号引出截面图形并在其上注写断面尺寸、配筋的具体数值等。

（5）重要构件或较复杂的构件，不宜采用文字注写方式表达构件的截面尺寸和配筋等有关数值，宜采用绘制构件详图的表示方法。

（6）基础、楼梯、地下室结构等其他构件，当采用文字注写方式绘制图纸时，可在平面布置图上直接注写有关具体数值，也可采用列表注写的方式。

（7）采用文字注写构件的尺寸、配筋等数值的图纸，应绘制相应的节点做法及标准构造详图。

1.2.2.3　预埋件、预留孔洞的表示方法

（1）在混凝土构件上设置预埋件时，可按如图 1-10 所示的方法在平面图或立面图上表示。引出线指向预埋件，并标注预埋件的代号。

（2）在混凝土构件的正、反面同一位置均设置相同的预埋件时，可按如图 1-11 所示的方法，引出线为一条实线和一条虚线并指向预埋件，同时在引出横线上标注预埋件的数量及代号。

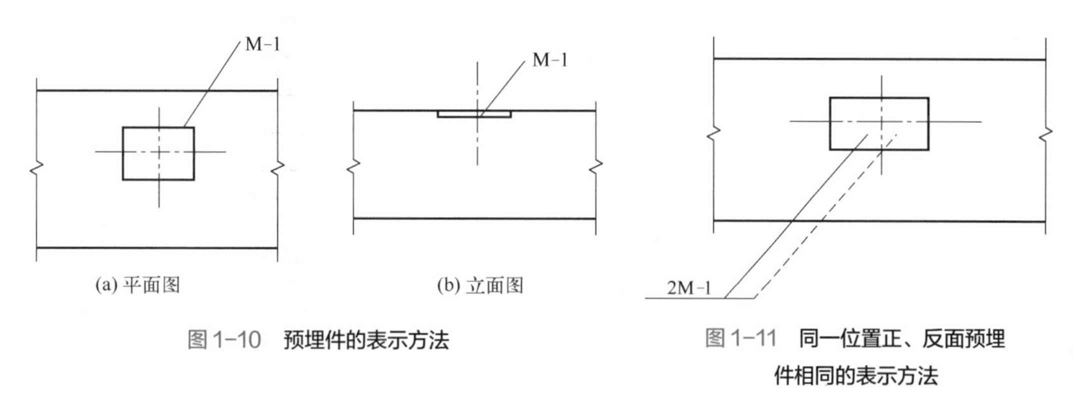

图 1-10　**预埋件的表示方法**

图 1-11　**同一位置正、反面预埋件相同的表示方法**

（3）在混凝土构件同一位置的正、反面设置编号不同的预埋件时，可按如图 1-12 所示的方法，引一条实线和一条虚线并指向预埋件。引出横线上标注正面预埋件代号，引出横线下标注反面预埋件代号。

（4）在构件上设置预留孔、洞或预埋套管时，可按如图 1-13 所示的方法在平面或断面图中表示。引出线指向预留（埋）位置，引出横线上方标注预留孔、洞的尺寸和预埋套管的外径。横线下方标注孔、洞（套管）的中心标高或底标高。

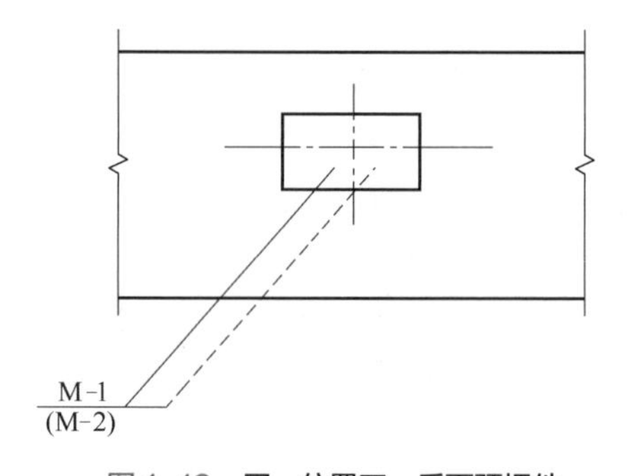

图 1-12　**同一位置正、反面预埋件不相同的表示方法**

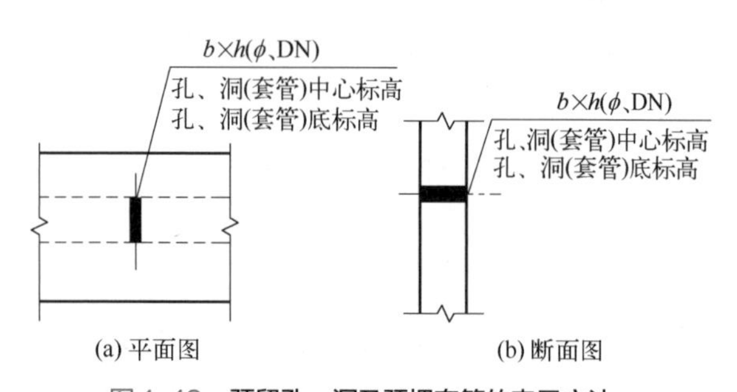

图 1-13　**预留孔、洞及预埋套管的表示方法**

1.2.3　钢筋的分类及作用

钢筋按其在构件中起的作用不同，通常加工成各种不同的形状。构件中常见的钢筋可分为主钢筋（纵向受力钢筋）、弯起钢筋（斜钢筋）、架立钢筋、分布钢筋、腰筋、拉筋和箍筋几种类型，如图 1-14 所示。各种钢筋在构件中的作用如下。

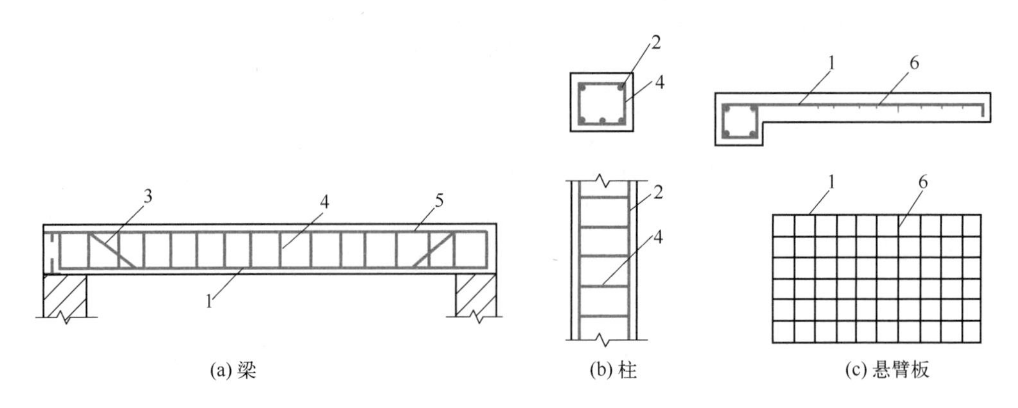

图 1-14　钢筋在构件中的种类

1—受拉钢筋；2—受压钢筋；3—弯起钢筋；4—箍筋；5—架立钢筋；6—分布钢筋

1.2.3.1　主钢筋

主钢筋又称纵向受力钢筋，可分受拉钢筋和受压钢筋两类。受拉钢筋配置在受弯构件的受拉区和受拉构件中承受拉力；受压钢筋配置在受弯构件的受压区和受压构件中，与混凝土共同承受压力。一般在受弯构件受压区配置主钢筋是不经济的，只有在受压区混凝土不足以承受压力时，才在受压区配置受压主钢筋以补强。受拉钢筋在构件中的位置如图 1-15 所示。

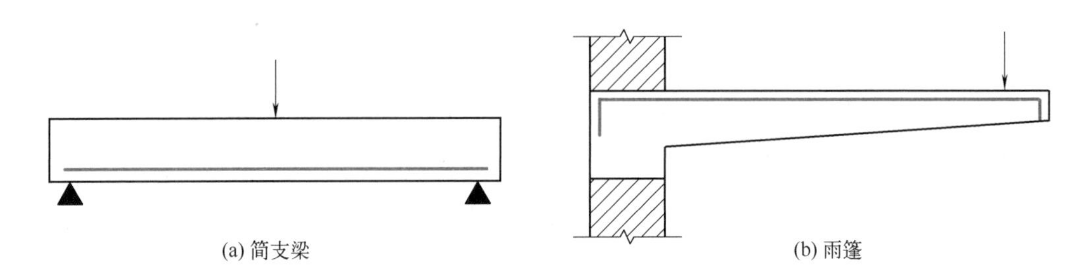

图 1-15　受拉钢筋在构件中的位置

受压钢筋是通过计算用以承受压力的钢筋，一般配置在受压构件中，例如各种柱、桩或屋架的受压腹杆内，还有受弯构件的受压区内也需配置受压钢筋。虽然混凝土的抗压强度较大，但是钢筋的抗压强度远大于混凝土的抗压强度，在构件的受压区配置受压钢筋，帮助混凝土承受压力，就可以减小受压构件或受压区的截面尺寸。受压钢筋在构件中的位置如图 1-16 所示。

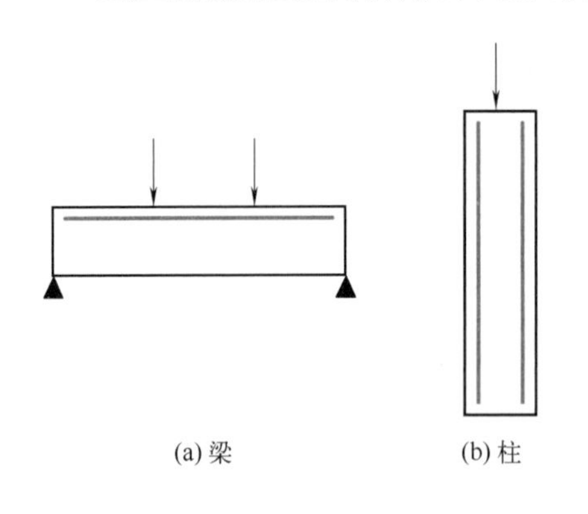

图 1-16　受压钢筋在构件中的位置

1.2.3.2　弯起钢筋

弯起钢筋是受拉钢筋的一种变化形式。在简支梁中，为抵抗支座附近由于受弯和受剪而产生的斜向拉力，就将受拉钢筋的两端弯起来，承受这部分斜拉力，称为弯起钢筋。但在连续梁和连续板中，经实验证明受拉区是变化的：跨中受拉区在连续梁、板的下部；到接近支座的部位时，受拉区主要移到梁、板的上部。为了适应这种受力情况，受拉钢筋到一定位置就须弯起。弯起钢筋在构件中的位置如图 1-17 所示。斜钢筋一般由主钢筋弯起，当主钢筋长度不够弯起时，也可采用吊筋，如图 1-18 所示，但不得采用浮筋。

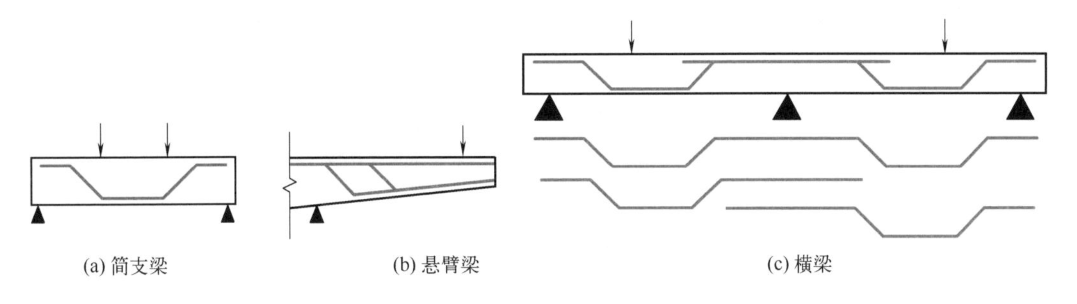

图 1-17 弯起钢筋在构件中的位置

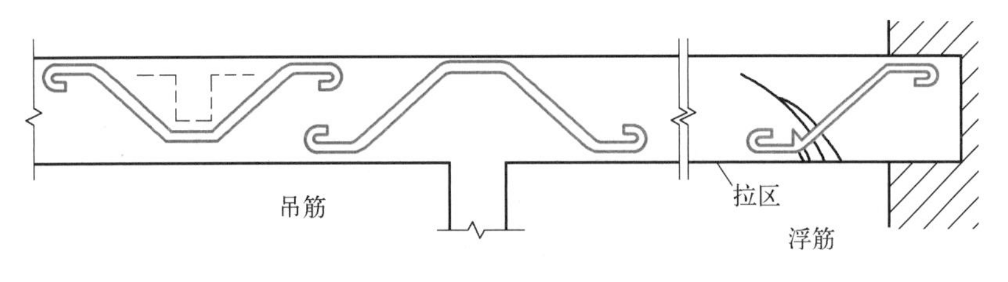

图 1-18 吊筋布置图

1.2.3.3 架立钢筋

架立钢筋能够固定箍筋，并与主筋等一起连成钢筋骨架，保证受力钢筋的设计位置，使其在浇筑混凝土过程中不发生移动。

架立钢筋的作用是使受力钢筋和箍筋保持正确位置，以形成骨架。但当梁的高度小于 150mm 时，可不设箍筋，在这种情况下，梁内也不设架立钢筋。架立钢筋的直径一般为 8 ～ 12mm。架立钢筋在钢筋骨架中的位置如图 1-19 所示。

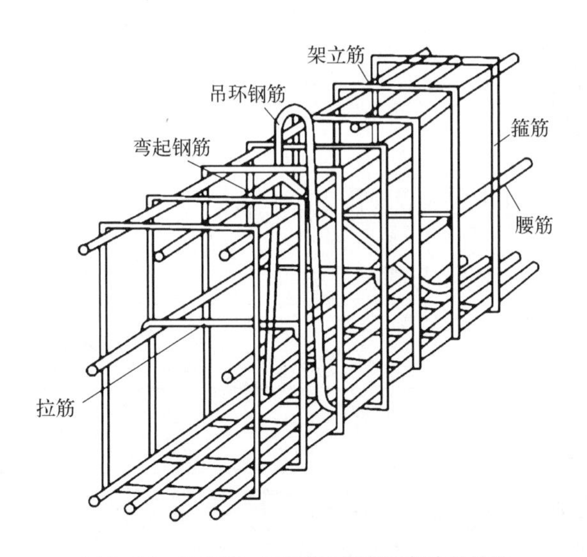

图 1-19 架立筋、腰筋等在钢筋骨架中的位置

1.2.3.4 分布钢筋

分布钢筋是指在垂直于板内主钢筋方向上布置的构造钢筋，其作用是将板面上的荷载更

均匀地传递给受力钢筋，也可在施工中通过绑扎或点焊以固定主钢筋的位置，还可抵抗温度应力和混凝土收缩应力。分布钢筋在构件中的位置如图 1-20 所示。

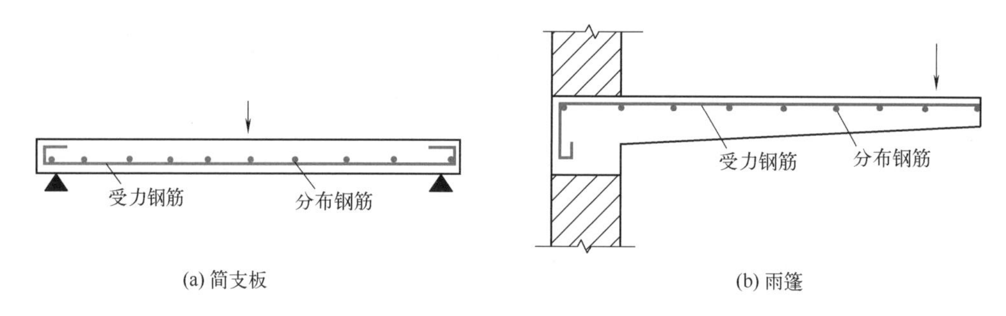

图 1-20　分布钢筋在构件中的位置

1.2.3.5　腰筋与拉筋

当梁的截面高度超过 700mm 时，为了保证受力钢筋与箍筋整体骨架的稳定，以及承受构件中部混凝土收缩或温度变化所产生的拉力，在梁的两侧面沿高度每隔 300 ～ 400mm 设置一根直径不小于 10mm 的纵向构造钢筋，称为腰筋，如图 1-21 所示。腰筋要用拉筋连系，拉筋直径采用 6 ～ 8mm。拉筋如图 1-22 所示。

腰筋的作用是防止梁太高时，由于混凝土收缩和温度变化导致梁变形而产生竖向裂缝，同时亦可加强钢筋骨架的刚度。腰筋用拉筋连系，如图 1-23 所示。

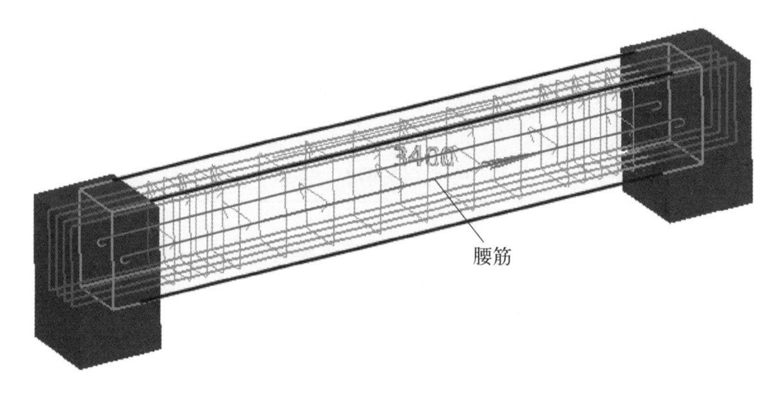

图 1-21　腰筋

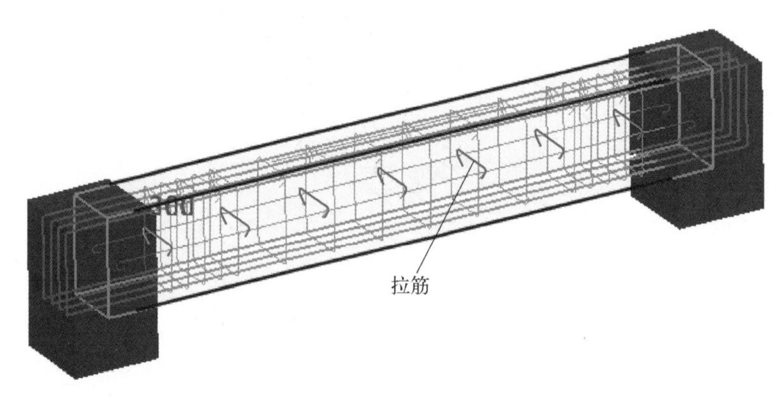

图 1-22　拉筋

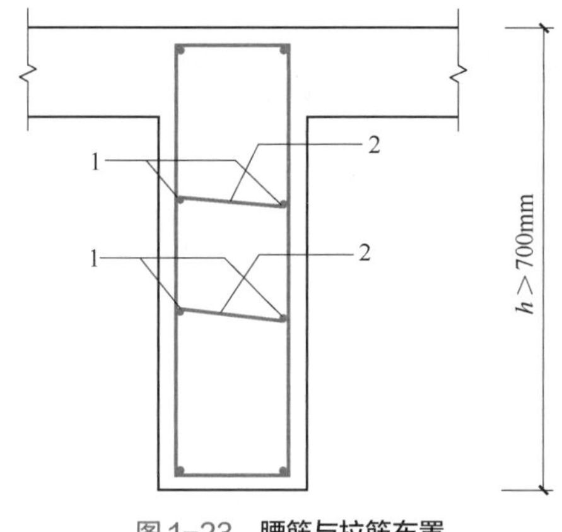

图 1-23 **腰筋与拉筋布置**

1—腰筋；2—拉筋

1.2.3.6 箍筋

箍筋的构造形式如图 1-24 所示。

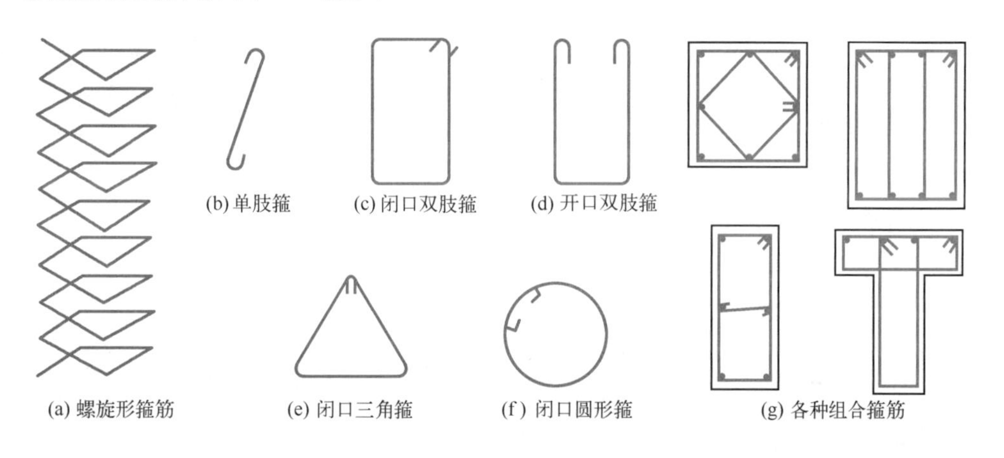

图 1-24 **箍筋的构造形式**

箍筋的主要作用是固定受力钢筋在构件中的位置，并使钢筋形成坚固的骨架，同时箍筋还可以承担部分拉力和剪力等。

箍筋除了可以满足斜截面抗剪强度外，还有使连接的受拉主钢筋和受压区的混凝土共同工作的作用。此外，亦可用于固定主钢筋的位置而使梁内各种钢筋构成钢筋骨架。

箍筋的形式主要有开口式和闭口式两种。闭口式箍筋有三角形、圆形和矩形等多种形式。单个矩形闭口式箍筋也称双肢箍；两个双肢箍拼在一起称为四肢箍。在截面较小的梁中可使用单肢箍；在圆形或有些矩形的长条构件中也有使用螺旋形箍筋的。

1.3 钢筋翻样基础知识

1.3.1 钢筋翻样的基本要求

一个合格的钢筋翻样师必须要有足够的钢筋知识、结构理论储备，同时还要有一定的施工实践经验。钢筋翻样的基本要求见表 1-6。

表1-6　钢筋翻样基本要求

项目	内容
全面性	即不漏项，精通图样。精通图样的表示方法，熟悉图样中使用的标准构造详图，不遗漏建筑结构上的每一构件、每一细节，这是钢筋算量的重要前提和主要依据
精确性	即不少算、不多算、不重算。除了专业训练外，细致认真的工作态度也很重要。当然也没有绝对精确，世界上不存在绝对真理，由于规范标准也处在不断的完善修订之中，结构理论也没有完全成熟，所以严重依赖于结构理论和规范的钢筋翻样只追求相对精确。 由于钢筋受力性能不同，故不同构件的构造要求不同，长度与根数也不相同，则准确计算出各类构件中的钢筋工程量，是算量的根本任务
适用性	钢筋翻样结果不仅用于钢筋的加工和绑扎，而且用于预算、结算、材料计划、成本控制等方面，所以钢筋翻样成果要有很强的适用范围。钢筋重量是基础性数据，钢筋计算要有可靠性，不因误差过大而导致被动和损失
可操作性	因地制宜地根据实际施工情况计算，不能主观主义，钢筋翻样的成果是用于施工实际的，可根据施工场地、施工进度、垂直运输机械等因素进行综合考虑。同时，根据各种设计变更进行不断的修改。施工往往有不确定性，钢筋翻样要随机应变
遵从设计，符合规范要求	钢筋翻样的结果一定要符合现行国家和地方规范标准，同时可以创造性地发挥和运用，原则性与灵活性相统一。 钢筋翻样和算量计算过程需遵从设计图样，应符合国家现行规范、规程与标准的要求，才能保证结构中钢筋用量符合要求
指导性	钢筋的翻样结果将用于钢筋的绑扎与安装，可以用于预算、结算、材料计划与成本控制等方面。另外，钢筋翻样的结果能够指导施工，通过详细准确的钢筋排列图可以避免钢筋下料错误，减少钢筋用量的不必要损失

翻样寄语

钢筋翻样要做到四化，即等化、浅化、细化和深化。所谓等化即要求与图纸表达的信息一致，不能有背离和失真；所谓浅化，就是要把复杂的图纸简化处理，翻样出来的料单和简图必须浅显易懂；所谓细化就是要对笼统的设计进行分析；所谓深化，就是对图纸的设计进行进一步处理，有的图纸没有节点构造详图，有的没有配筋，那么就要进行深化处理。

翻样的宗旨就是用钢筋工看得懂的图形语言传达设计师的真实意图。钢筋翻样首先必须全面确切地传达设计师的意图，正确转换图纸上图形语言所表达的意思，保留图纸的真实面目，摹状逼真。翻样时要把自己当成钢筋工，熟悉钢筋加工和绑扎的工艺和流程，把自己置于钢筋加工和绑扎的情景中，才能有效避免料单中的可操作性缺失。

1.3.2　钢筋翻样的方法

钢筋翻样具有不可逆性，先有料单后有加工单，然后工人按成型钢筋绑扎，这是一种不可逆转的施工顺序。

钢筋翻样的各种方法（表1-7）往往需要结合使用，没有哪种方法可以解决钢筋翻样的所有问题。好的翻样师能娴熟运用各种翻样技巧，使图纸上混乱的信息归于有序，使图纸上错误的信息变得正确，使图纸上不合理的设计趋于合理，使没有可操作性的设计成为可操作性强的设计。这些都基于翻样师扎实的理论基础和丰富的施工经验的积累。

表 1-7 钢筋翻样的方法

项目	内容
纯手工法	纯手工法是最原始、比较可靠的传统方法，现在仍是人们最常用的方法。与软件相比具有极强的灵活性，但运算速度和效率远不如软件
电子表格法	以模拟手工的方法，在电子表格中设置一些计算方法，让软件去汇总，可以减轻一部分工作量
单根法	单根法是钢筋软件最基本、最简单、也是万能输入的一种方法，有的软件已能让用户自定义钢筋形状，可以处理任意形状钢筋的计算，这种方法很好地弥补了电子表格中钢筋形状不好处理的问题，但其效率仍然较低，智能化、自动化程度低
单构件法 或称参数法	这种方法比起单根法又进化了一步，也是目前仍然在大量使用的一种方法。这种模式简单直观，通过软件内置各种有代表性标准的典型性构件图库，一并内置相应的计算规则。用户可以输入各种构件截面信息、钢筋信息和一些公共信息，软件自动计算出构件的各种钢筋长度和数量。但其弱点是适应性差，软件中内置的图库总是有限的，也无法穷举日益复杂的工程实际，遇到与软件中构件不一致的构件，软件往往无能为力，特别是一些复杂的异形构件，用构件法是难以处理的
图形法 或称建模法	这是一种钢筋翻样的高级方法，也是比较有效的方法，与结构设计的模式类似，即首先设置建筑的楼层信息、与钢筋有关的各种参数信息、各种构件的钢筋计算规则、构造规则以及钢筋的接头类型等一系列参数，然后根据图样建立轴网，布置构件，输入构件的几何属性和钢筋属性，软件自动考虑构件之间的关联扣减，进行整体计算。这种方法智能化程度高，由于软件能自动读取构件的相关信息，所以构件参数输入少。同时对各种形状复杂的建筑也能处理。但其操作方法复杂，特别是建模使一些计算机水平低的人望而生畏
CAD 转化法	目前为止这是效率最高的钢筋翻样技术，就是利用设计院的 CAD 电子文件进行导入和转化，从而变为钢筋软件中的模型，让软件自动计算。这种方法可以省去用户建模的步骤，大大提高了钢筋计算的时间，但这种方法有两个前提，一是要有 CAD 电子文档，二是软件的识别率和转化率高，两者缺一不可。如果没有 CAD 电子文档，是否可以寻找其他的解决之道，如用数码相机拍摄的数字图样作为钢筋软件所能兼容和识别的格式，从而为图样转化创造条件，成为了人们研究的重点之一。当前识别率不能达到理想的全识别技术，也是困扰钢筋软件研发人员的一大问题，因为即使是 99% 的识别率，用户还是需要用 99% 的时间去查找 1% 的错误，有时如大海捞针，只能逐一检查，这样反而浪费了不少时间

1.4 钢筋算量基础知识

1.4.1 钢筋计算前的准备工作

钢筋计算前的准备工作，需要我们认真阅读和审查图纸，在此基础上进行平法钢筋计算的计划及部署。

1.4.1.1 阅读和审查图纸的要求

通常所说的图纸是指土建施工图纸。施工图一般分为“建施”和“结施”，“建施”即建筑施工图，“结施”即结构施工图。钢筋计算主要使用结构施工图。当房屋结构比较复杂，单纯看结构施工图不容易看懂时，可以结合建筑施工图的平面图、立面图和剖面图识图，以便于理解某些构件的位置和作用。

看图纸一定要注意阅读最前面的“设计说明”，因为里面有许多重要的信息和数据，还包含一些在具体构件图纸上没有画出的工程做法。对于钢筋计算来说，设计说明中的重要信息和数据有：房屋设计中采用哪些设计规范和标准图集、抗震等级（以及抗震设防烈度）、混凝土强度等级、钢筋的类型、分布钢筋的直径和间距等。认真阅读设计说明，可以对整个工程有一个总体的印象。

要认真阅读图纸目录，根据目录对照具体的每一张图纸，看看手中的施工图纸有无缺漏，然后浏览每一张结构平面图。首先明确每张结构平面图所适用的范围：是几个楼层合用一张结构平面图，还是每一个楼层分别使用一张结构平面图？再对比不同的结构平面图，看看它们之间有什么联系和区别。看各楼层之间的结构有哪些是相同的，有哪些是不同的，以便于划分“标准层”，制订钢筋计算的计划。

平法施工图主要通过结构平面图来表示。但是，对于某些复杂的或者特殊的结构或构造，设计者会给出构造详图，在阅读图纸时要注意观察和分析。

在阅读和审查图纸的过程中，要注意对不同的图纸进行对照和比较，要善于读懂图纸，更要善于发现图纸中的问题。设计者也难免会出错，而施工图是进行施工和工程预算的依据，如果图纸出错了，后果将是严重的。在将结构平面图、建筑平面图、立面图和剖面图对照比较的过程中，要注意平面尺寸的对比和标高尺寸的对比。

1.4.1.2 阅读和审查平法施工图的注意事项

施工图纸都采用平面设计，所以要结合平法技术的要求进行图纸的阅读和审查。

（1）构件编号的合理性和一致性。例如，把某根“非框架梁”编号为“LL1”。事实上，非框架梁的编号为“L”，所以这根非框架梁只能编号为“L1”，而“LL1”是剪力墙结构中的“连梁”的编号。

（2）平法梁集中标注信息是否完整和正确。例如，梁的侧面构造钢筋缺乏集中标注。22G101-1 图集中规定，梁的截面高度大于或等于 450mm 时需要设置侧面构造钢筋，且还规定施工人员不允许自行设计梁的侧面构造钢筋。

（3）平法梁原位标注是否完整和正确。例如，悬挑端缺乏原位标注，这是某些图纸上经常出现的问题。框架梁的悬挑端应该具有众多的原位标注：在悬挑端的上部跨中进行上部钢筋的原位标注、悬挑端下部钢筋的原位标注、悬挑端箍筋的原位标注、悬挑端梁截面尺寸的原位标注等。

（4）关于平法柱编号的一致性问题。同一根框架柱在不同的楼层时应统一注写柱编号。例如，框架柱 KZ1 在柱表中开列三行，每行的编号都应是 KZ1，这样就能方便地看出同一根 KZ1 在不同楼层上的柱截面变化，而不能把同一根框架柱，在一层时编号为 KZ1，在二层时编号为 KZ2，在三层时编号为 KZ3……

（5）柱表中的信息是否完整和正确。在阅读和检查图纸时，既要检查平面图中的所有框架柱是否在柱表中存在，又要检查柱表中的柱编号是否全部标注在平面图中。

1.4.2 钢筋计算的计划及部署

在充分地阅读和研究图纸的基础上，就可以进行平法钢筋计算的计划及部署。这主要是楼层划分中如何正确划定“标准层”的问题。

在楼层划分时，要比较各楼层结构平面图的布局，看看哪些楼层是类似的，尽管不能纳入同一个“标准层”进行处理，但是可以在分层计算钢筋的时候，尽量利用前面某一楼层的计算结果。在运行平法钢筋计算软件时，也可以使用“楼层拷贝”功能，把前面某一个楼层的平面布置连同钢筋标注都拷贝过来，稍加修改，就能计算出新楼层的钢筋工程量。

一般在楼层划分时，有些楼层是需要单独进行计算的，包括：基础、地下室、一层、中间的柱（墙）变截面楼层、顶层。

在进入钢筋计算之前，还必须准备好进行钢筋计算的基础数据，包括：抗震等级（以及抗震设防烈度）、混凝土强度等级、各类构件的保护层厚度、各类构件钢筋的类型、各类构件的钢筋锚固长度和搭接长度、分布钢筋的直径和间距等。

1.4.3 钢筋计算常用数据

1.4.3.1 钢筋的公称直径、公称截面面积及理论重量

（1）钢筋的公称直径、公称截面面积及理论重量见表 1-8。

表 1-8 钢筋的公称直径、公称截面面积及理论重量

公称直径 /mm	不同根数钢筋的计算截面面积 /mm^2									单根钢筋的理论重量 /（kg/m）
	1	2	3	4	5	6	7	8	9	
6	28.3	57	85	113	142	170	198	226	255	0.222
8	50.3	101	151	201	252	302	352	402	453	0.395
10	78.5	157	236	314	393	471	550	628	707	0.617
12	113.1	226	339	452	565	678	791	904	1017	0.888
14	153.9	308	461	615	769	923	1077	1231	1385	1.21
16	201.1	402	603	804	1005	1206	1407	1608	1809	1.58
18	254.5	509	763	1017	1272	1527	1781	2036	2290	2.00（2.11）
20	314.2	628	942	1256	1570	1884	2199	2513	2827	2.47
22	380.1	760	1140	1520	1900	2281	2661	3041	3421	2.98
25	490.9	982	1473	1964	2454	2945	3436	3927	4418	3.85（4.10）
28	615.8	1232	1847	2463	3079	3695	4310	4926	5542	4.83
32	804.2	1609	2413	3217	4021	4826	5630	6434	7238	6.31（6.65）
36	1017.9	2036	3054	4072	5089	6107	7125	8143	9161	7.99
40	1256.6	2513	3770	5027	6283	7540	8796	10053	11310	9.87（10.34）
50	1963.5	3928	5892	7856	9820	11784	13748	15712	17676	15.42（16.28）

注：括号内为预应力螺纹钢筋的数值。

（2）CRB550 冷轧带肋钢筋的公称直径、公称截面面积及理论重量见表 1-9。

表 1-9 冷轧带肋钢筋的公称直径、公称截面面积及理论重量

公称直径 /mm	公称截面面积 /mm^2	理论重量 /（kg/m）
4	12.6	0.099
5	19.6	0.154
6	28.3	0.222
7	38.5	0.302
8	50.3	0.395
9	63.6	0.499

续表

公称直径 /mm	公称截面面积 /mm²	理论重量 /(kg/m)
10	78.5	0.617
12	113.1	0.888

（3）钢绞线的公称直径、公称截面面积及理论数值见表 1-10。

表 1-10　钢绞线的公称直径、公称截面面积及理论数值

种类	公称直径	公称截面面积 /mm²	理论重量 /(kg/m)
1 × 3	8.6	37.7	0.296
	10.8	58.9	0.462
	12.9	84.8	0.666
1 × 7	9.5	54.8	0.430
	12.7	98.7	0.775
	15.2	140	1.101
	17.8	191	1.500
	21.6	285	2.237

（4）钢丝的公称直径、公称截面面积及理论重量见表 1-11。

表 1-11　钢丝的公称直径、公称截面面积及理论重量

公称直径 /mm	公称截面面积 /mm²	理论重量 /(kg/m)
5.0	19.63	0.154
7.0	38.48	0.302
9.0	63.62	0.499

1.4.3.2　钢筋的每米重量

钢筋的每米重量的单位是 kg/m（千克每米）。

钢筋的每米重量是计算钢筋工程量（t）的基本数据，当计算出某种直径钢筋的总长度（m）的时候，根据钢筋的每米重量（kg/m）就可以计算出这种钢筋的总重量（kg）：

钢筋的总重量 = 钢筋总长度 × 钢筋每米重量

常用钢筋的理论重量见表 1-12。

表 1-12　常用钢筋的理论重量

钢筋直径 /mm	重量 /(kg/m)	钢筋直径 /mm	重量 /(kg/m)
4	0.099	16	1.578
5	0.154	18	1.998
6	0.222	20	2.466
6.5	0.260	22	2.984
8	0.395	25	3.853
10	0.617	28	4.834
12	0.888	30	5.549
14	1.208	32	6.313

注：表中直径为 4mm 和 5mm 的钢筋在习惯上和定额中称为“钢丝”。

2 钢筋通用构造

2.1 钢筋混凝土保护层

2.1.1 混凝土结构的环境类别

影响混凝土结构耐久性最重要的因素就是环境，环境分类应根据其对混凝土结构耐久性的影响而确定。混凝土结构环境类别的划分主要适用于混凝土结构正常使用极限状态的验算和耐久性设计，见表 2-1。

表 2-1　混凝土结构的环境类别

环境类别	条　　件
一	室内干燥环境； 无侵蚀性静水浸没环境
二 a	室内潮湿环境； 非严寒和非寒冷地区的露天环境； 非严寒和非寒冷地区与无侵蚀性的水或土壤直接接触的环境； 严寒和寒冷地区的冰冻线以下与无侵蚀性的水或土壤直接接触的环境
二 b	干湿交替环境； 水位频繁变动环境； 严寒和寒冷地区的露天环境； 严寒和寒冷地区冰冻线以上与无侵蚀性的水或土壤直接接触的环境
三 a	严寒和寒冷地区冬季水位变动区环境； 受除冰盐影响环境； 海风环境
三 b	盐渍土环境； 受除冰盐作用环境； 海岸环境
四	海水环境
五	受人为或自然的侵蚀性物质影响的环境

注：1. 室内潮湿环境是指构件表面经常处于结露或湿润状态的环境。

2. 严寒和寒冷地区的划分应符合国家标准《民用建筑热工设计规范》（GB 50176）的有关规定。

3. 海岸环境和海风环境宜根据当地情况，考虑主导风向及结构所处迎风、背风部位等因素的影响，由调查研究和工程经验确定。

4. 受除冰盐影响环境是指受到除冰盐盐雾影响的环境；受除冰盐作用环境是指被除冰盐溶液溅射的环境以及使用除冰盐地区的洗车房、停车楼等建筑。

5. 混凝土结构的环境类别是指混凝土暴露表面所处的环境条件。

2.1.2　混凝土保护层的最小厚度

混凝土保护层的最小厚度应符合表 2-2 的要求。

表 2-2　混凝土保护层的最小厚度　　单位：mm

环境类别	板、墙	梁、柱
一	15	20
二 a	20	25
二 b	25	35
三 a	30	40
三 b	40	50

注：1. 表中混凝土保护层厚度指最外层钢筋外边缘至混凝土表面的距离，适用于设计使用年限为 50 年的混凝土结构。

2. 构件中受力钢筋的保护层厚度不应小于钢筋的公称直径。

3. 设计使用年限为 100 年的混凝土结构，一类环境中，最外层钢筋的保护层厚度不应小于表中数值的 1.4 倍；二、三类环境中，应采取专门的有效措施；四、五类环境中，其耐久性要求应符合国家现行有关标准的规定。

4. 混凝土强度等级不大于 C25 时，表中保护层厚度数值应增加 5mm。

5. 基础底面钢筋的保护层厚度，有混凝土垫层时应从垫层顶面算起，且不应小于 40mm。

2.2　钢筋的锚固

2.2.1　钢筋的锚固形式

受力钢筋的机械锚固形式如图 2-1 所示。其中由于末端弯钩形式变化多样和量度方法的不同会产生较大误差，因此主要以弯钩机械锚固为主。

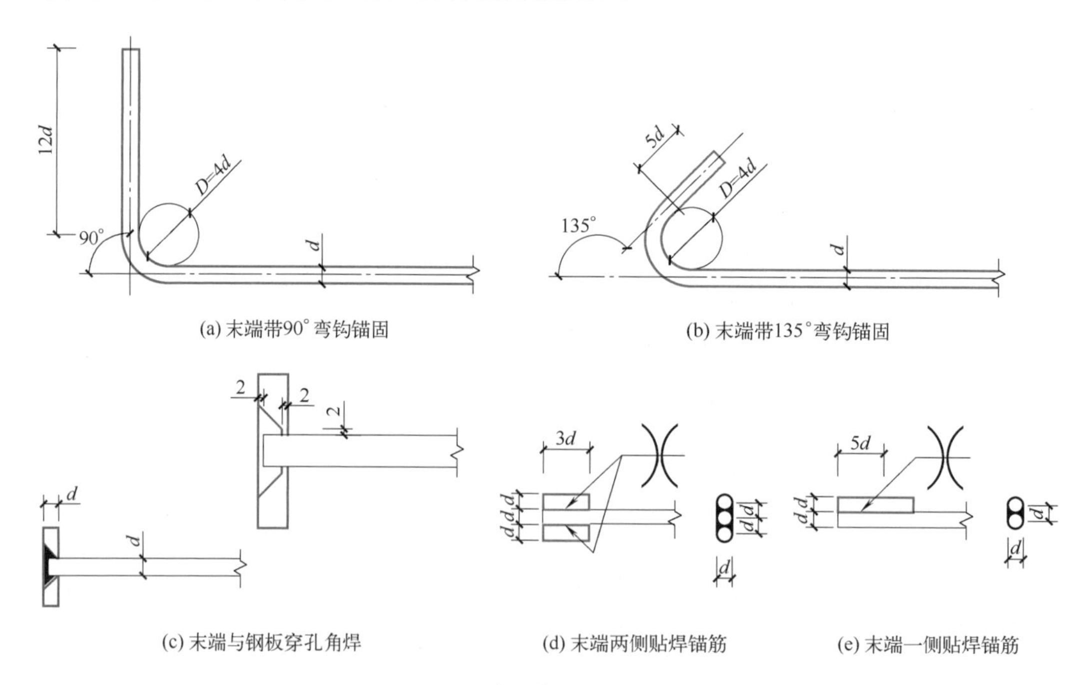

(a) 末端带90°弯钩锚固　(b) 末端带135°弯钩锚固

(c) 末端与钢板穿孔角焊　(d) 末端两侧贴焊锚筋　(e) 末端一侧贴焊锚筋

图 2-1　受力钢筋的机械锚固形式

2.2.2 钢筋的锚固长度

2.2.2.1 受拉钢筋的基本锚固长度

受拉钢筋的基本锚固长度见表 2-3。抗震设计时受拉钢筋基本锚固长度见表 2-4。

表 2-3 受拉钢筋基本锚固长度 l_{ab}

钢筋种类	混凝土强度等级							
	C25	C30	C35	C40	C45	C50	C55	≥ C60
HPB300	34*d*	30*d*	28*d*	25*d*	24*d*	23*d*	22*d*	21*d*
HRB400 HRBF400 RRB400	40*d*	35*d*	32*d*	29*d*	28*d*	27*d*	26*d*	25*d*
HRB500 HRBF500	48*d*	43*d*	39*d*	36*d*	34*d*	32*d*	31*d*	30*d*

表 2-4 抗震设计时受拉钢筋基本锚固长度 l_{abE}

钢筋种类		混凝土强度等级							
		C25	C30	C35	C40	C45	C50	C55	≥ C60
HPB300	一、二级	39*d*	35*d*	32*d*	29*d*	28*d*	26*d*	25*d*	24*d*
	三级	36*d*	32*d*	29*d*	26*d*	25*d*	24*d*	23*d*	22*d*
HRB400 HRBF400	一、二级	46*d*	40*d*	37*d*	33*d*	32*d*	31*d*	30*d*	29*d*
	三级	42*d*	37*d*	34*d*	30*d*	29*d*	28*d*	27*d*	26*d*
HRB500 HRBF500	一、二级	55*d*	49*d*	45*d*	41*d*	39*d*	37*d*	36*d*	35*d*
	三级	50*d*	45*d*	41*d*	38*d*	36*d*	34*d*	33*d*	32*d*

注：1. 四级抗震时，$l_{abE}=l_{ab}$。

2. 混凝土强度等级应取锚固区的混凝土强度等级。

3. 当锚固钢筋的保护层厚度不大于 5*d* 时，锚固钢筋长度范围内应设置横向构造钢筋，其直径不应小于 *d*/4（*d* 为锚固钢筋的最大直径）；对梁、柱等构件间距不应大于 5*d*，对板、墙等构件间距不应大于 10*d*，且均不应大于 100mm（*d* 为锚固钢筋的最小直径）。

2.2.2.2 受拉钢筋的锚固长度

受拉钢筋锚固长度见表 2-5。受拉钢筋抗震锚固长度见表 2-6。

表 2-5 受拉钢筋锚固长度 l_a

钢筋种类	混凝土强度等级															
	C25		C30		C35		C40		C45		C50		C55		≥ C60	
	d ≤ 25	*d* > 25	*d* ≤ 25	*d* > 25	*d* ≤ 25	*d* > 25	*d* ≤ 25	*d* > 25	*d* ≤ 25	*d* > 25	*d* ≤ 25	*d* > 25	*d* ≤ 25	*d* > 25	*d* ≤ 25	*d* > 25
HPB300	34*d*	—	30*d*	—	28*d*	—	25*d*	—	24*d*	—	23*d*	—	22*d*	—	21*d*	—
HRR400 HRBF400 RRB400	40*d*	44*d*	35*d*	39*d*	32*d*	35*d*	29*d*	32*d*	28*d*	31*d*	27*d*	30*d*	26*d*	29*d*	25*d*	28*d*
HRB500 HRBF500	48*d*	53*d*	43*d*	47*d*	39*d*	43*d*	36*d*	40*d*	34*d*	37*d*	32*d*	35*d*	31*d*	34*d*	30*d*	33*d*

表 2-6　受拉钢筋抗震锚固长度 l_{aE}

钢筋种类及抗震等级		混凝土强度等级															
		C25		C30		C35		C40		C45		C50		C55		C60	
		d≤25	d>25	d≤25	d>25	d≤25	d>25	d≤25	d>25	d≤25	d>25	d≤25	d>25	d≤25	d>25	d≤25	d>25
HPB300	一、二级	39d	—	35d	—	32d	—	29d	—	28d	—	26d	—	25d	—	24d	—
	三级	36d	—	32d	—	29d	—	26d	—	25d	—	24d	—	23d	—	22d	—
HRB400 HRBF400	一、二级	46d	51d	40d	45d	37d	40d	33d	37d	32d	36d	31d	35d	30d	33d	29d	32d
	三级	42d	46d	37d	41d	34d	37d	30d	34d	29d	33d	28d	32d	27d	30d	26d	29d
HRB500 HRBF500	一、二级	55d	61d	49d	54d	45d	49d	41d	46d	39d	43d	37d	40d	36d	39d	35d	38d
	三级	50d	56d	45d	49d	41d	45d	38d	42d	36d	39d	34d	37d	33d	36d	32d	35d

注：1. 当为环氧树脂涂层带肋钢筋时，表中数据尚应乘以 1.25。

2. 当纵向受拉钢筋在施工过程中易受扰动时，表中数据尚应乘以 1.1。

3. 当锚固长度范围内纵向受力钢筋周边保护层厚度为 3d、5d（d 为锚固钢筋的直径，单位 mm）时，表中数据可分别乘以 0.8、0.7；中间厚度时按内插值计算。

4. 当纵向受拉普通钢筋锚固长度修正系数（注 1 ～注 3）多于一项时，可连乘计算。

5. 受拉钢筋的锚固长度 l_a、l_{aE} 计算值不应小于 200mm。

6. 四级抗震等级时，$l_{aE}=l_a$。

7. 当锚固钢筋的保护层厚度不大于 5d 时，锚固钢筋长度范围内应设置横向构造钢筋，其直径不应小于 d/4（d 为锚固钢筋的最大直径）；对梁、柱等构件间距不应大于 5d，对板、墙等构件间距不应大于 10d，且均不应大于 100mm（d 为锚固钢筋的最小直径）。

2.3　钢筋的连接

2.3.1　绑扎搭接

钢筋的绑扎搭接是最简单的连接形式，也是最可靠的连接方式，应用较广，但钢筋浪费较多。绑扎搭接钢筋之间能够传力是由于钢筋与混凝土之间的黏结锚固作用。两根相向受力钢筋分别锚固在搭接连接区域的混凝土中，都将拉力传递给混凝土，从而实现了钢筋之间的应力传递。绑扎搭接传力基础是锚固，搭接钢筋之间的缝间混凝土会因剪切而破碎，握裹力受到削弱，搭接钢筋锚固强度因此而减小。因此搭接长度应予加长。同时由于锥楔作用造成的径向推力使两根搭接的钢筋产生滑移分离的趋势，搭接钢筋之间容易发生纵向劈裂裂缝，在搭接区加密箍筋可以提高受力钢筋的黏结强度和约束力，延缓内裂缝的发展和限制构件表面劈裂裂缝的宽度，从而有效改善搭接连接效果。如果在同一区段中搭接钢筋比例较高，尽管其传力性能和承载力可以保证，但搭接钢筋之间的相对滑移将超过整筋的弹性变形，同时裂缝相对集中，并且由于绑扎搭接时内力和应变集中于搭接接头部位，所以会形成很大的端头横向裂缝和沿搭接钢筋之间的纵向劈裂裂缝。搭接连接施工比较方便，但也有其适用范围和限制条件。

小贴士

绑扎搭接就是直接将两根钢筋相互参差地搭接在一起。

根据《混凝土结构设计规范》（GB 50010—2010）的规定，轴心受拉及小偏心受拉杆件的纵向受力钢筋不得采用绑扎搭接；其他构件中的钢筋采用绑扎搭接时，受拉钢筋直径不宜大于 25mm，受压钢筋直径不宜大于 28mm。

纵向受拉钢筋搭接长度见表 2-7。纵向受拉钢筋抗震搭接长度见表 2-8。

表 2-7 纵向受拉钢筋搭接长度 l_l

钢筋种类及同一区段内搭接钢筋面积百分率		混凝土强度等级															
		C25		C30		C35		C40		C45		C50		C55		≥ C60	
		d ≤ 25	d > 25	d ≤ 25	d > 25	d ≤ 25	d > 25	d ≤ 25	d > 25	d ≤ 25	d > 25	d ≤ 25	d > 25	d ≤ 25	d > 25	d ≤ 25	d > 25
HPB300	≤ 25%	41*d*	—	36*d*	—	34*d*	—	30*d*	—	29*d*	—	28*d*	—	26*d*	—	25*d*	—
	50%	48*d*	—	42*d*	—	39*d*	—	35*d*	—	34*d*	—	32*d*	—	31*d*	—	29*d*	—
	100%	54*d*	—	48*d*	—	45*d*	—	40*d*	—	38*d*	—	37*d*	—	35*d*	—	34*d*	—
HRB400 HRBF400 RRB400	≤ 25%	48*d*	53*d*	42*d*	47*d*	38*d*	42*d*	35*d*	38*d*	34*d*	37*d*	32*d*	36*d*	31*d*	35*d*	30*d*	34*d*
	50%	56*d*	62*d*	49*d*	55*d*	45*d*	49*d*	41*d*	45*d*	39*d*	43*d*	38*d*	42*d*	36*d*	41*d*	35*d*	39*d*
	100%	64*d*	70*d*	56*d*	52*d*	51*d*	56*d*	46*d*	51*d*	45*d*	50*d*	43*d*	48*d*	42*d*	46*d*	40*d*	45*d*
HRB500 HRBF500	≤ 25%	58*d*	64*d*	52*d*	56*d*	47*d*	52*d*	43*d*	48*d*	41*d*	44*d*	38*d*	42*d*	37*d*	41*d*	36*d*	40*d*
	50%	67*d*	74*d*	60*d*	66*d*	55*d*	60*d*	50*d*	56*d*	48*d*	52*d*	45*d*	49*d*	43*d*	48*d*	42*d*	46*d*
	100%	77*d*	85*d*	69*d*	75*d*	62*d*	69*d*	58*d*	64*d*	54*d*	59*d*	51*d*	56*d*	50*d*	54*d*	48*d*	53*d*

注：1. 表中数值为纵向受拉钢筋绑扎搭接接头的搭接长度。

2. 两根不同直径钢筋搭接时，表中 *d* 取较小钢筋的直径。

3. 当为环氧树脂涂层带肋钢筋时，表中数据尚应乘以 1.25。

4. 当纵向受拉钢筋在施工过程中易受扰动时，表中数据尚应乘以 1.1。

5. 当搭接长度范围内纵向受力钢筋周边保护层厚度为 3*d*、5*d*（*d* 为搭接钢筋的直径）时，表中数据可分别乘以 0.8、0.7；中间厚度时按内插值计算。

6. 当上述修正系数（注 3 ～注 5）多于一项时，可连乘计算。

7. 当位于同一连接区段内的钢筋搭接接头面积百分率为表中数据中间值时，搭接长度可按内插取值。

8. 任何情况下，搭接长度不应小于 300mm。

9. HPB300 级钢筋末端应做 180° 弯钩，做法如图 2-2 所示。

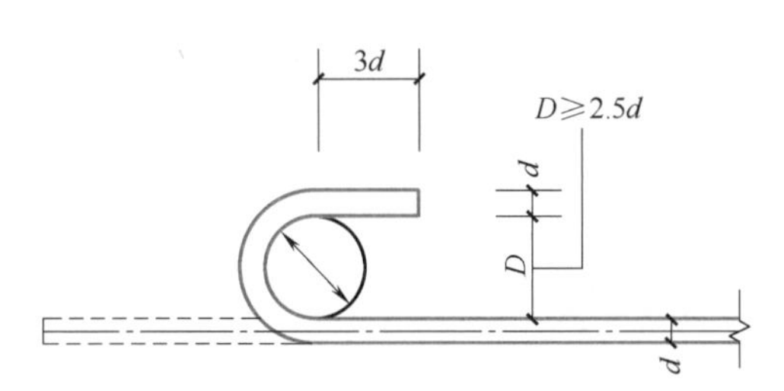

图 2-2 HPB300 级钢筋末端应做 180° 弯钩

表 2-8 纵向受拉钢筋抗震搭接长度 l_{lE}

钢筋种类及同一区段内搭接钢筋面积百分率			混凝土强度等级															
			C25		C30		C35		C40		C45		C50		C55		≥ C60	
			d ≤ 25	d > 25	d ≤ 25	d > 25	d ≤ 25	d > 25	d ≤ 5	d > 25	d ≤ 25	d > 25	d ≤ 25	d > 25	d ≤ 25	d > 25	d ≤ 25	d > 25
一级和二级抗震等级	HPB300	≤ 25%	47*d*	—	42*d*	—	38*d*	—	35*d*	—	34*d*	—	31*d*	—	30*d*	—	29*d*	—
		50%	55*d*	—	49*d*	—	45*d*	—	41*d*	—	39*d*	—	36*d*	—	35*d*	—	34*d*	—
	HRB400 HRBF400	≤ 25%	55*d*	61*d*	48*d*	54*d*	44*d*	48*d*	40*d*	44*d*	38*d*	43*d*	37*d*	42*d*	36*d*	40*d*	35*d*	38*d*
		50%	64*d*	71*d*	56*d*	63*d*	52*d*	56*d*	46*d*	52*d*	45*d*	50*d*	43*d*	49*d*	42*d*	46*d*	41*d*	45*d*

续表

钢筋种类及同一区段内搭接钢筋面积百分率			混凝土强度等级															
			C25		C30		C35		C40		C45		C50		C55		≥ C60	
			$d \leqslant 25$	$d > 25$	$d \leqslant 25$	$d > 25$	$d \leqslant 25$	$d > 25$	$d \leqslant 5$	$d > 25$	$d \leqslant 25$	$d > 25$	$d \leqslant 25$	$d > 25$	$d \leqslant 25$	$d > 25$	$d \leqslant 25$	$d > 25$
一级和二级抗震等级	HRB500 HRBF500	≤ 25%	66*d*	73*d*	59*d*	65*d*	54*d*	59*d*	49*d*	55*d*	47*d*	52*d*	44*d*	48*d*	43*d*	47*d*	42*d*	46*d*
		50%	77*d*	85*d*	69*d*	76*d*	63*d*	69*d*	57*d*	64*d*	55*d*	60*d*	52*d*	56*d*	50*d*	55*d*	49*d*	53*d*
三级抗震等级	HPB300	≤ 25%	43*d*	—	38*d*	—	35*d*	—	31*d*	—	30*d*	—	29*d*	—	28*d*	—	26*d*	—
		50%	50*d*	—	45*d*	—	41*d*	—	36*d*	—	35*d*	—	34*d*	—	32*d*	—	31*d*	—
	HRB400 HRBF400	≤ 25%	50*d*	55*d*	44*d*	49*d*	41*d*	44*d*	36*d*	41*d*	35*d*	40*d*	34*d*	38*d*	32*d*	36*d*	31*d*	35*d*
		50%	59*d*	64*d*	52*d*	57*d*	48*d*	52*d*	42*d*	48*d*	41*d*	46*d*	39*d*	45*d*	38*d*	42*d*	36*d*	41*d*
	HRB500 HRBF500	≤ 25%	60*d*	67*d*	54*d*	59*d*	49*d*	54*d*	46*d*	50*d*	43*d*	47*d*	41*d*	44*d*	40*d*	43*d*	38*d*	42*d*
		50%	70*d*	78*d*	63*d*	69*d*	57*d*	63*d*	53*d*	59*d*	50*d*	55*d*	48*d*	52*d*	46*d*	50*d*	45*d*	49*d*

注：1. 表中数值为纵向受拉钢筋绑扎搭接接头的搭接长度。

2. 两根不同直径钢筋搭接时，表中 d 取较小钢筋的直径。

3. 当为环氧树脂涂层带肋钢筋时，表中数据尚应乘以 1.25。

4. 当纵向受拉钢筋在施工过程中易受扰动时，表中数据尚应乘以 1.1。

5. 当搭接长度范围内纵向受力钢筋周边保护层厚度为 $3d$、$5d$（d 为搭接钢筋的直径）时，表中数据可分别乘以 0.8、0.7；中间厚度时按内插值计算。

6. 当上述修正系数（注 3 ～注 5）多于一项时，可连乘计算。

7. 当位于同一连接区段内的钢筋搭接接头面积百分率为 100% 时，$l_{lE}=1.6l_{aE}$。

8. 当位于同一连接区段内的钢筋搭接接头面积百分率为表中数据中间值时，搭接长度可按内插取值。

9. 任何情况下，搭接长度不应小于 300mm。

10. 四级抗震等级时，$l_{lE}=l_l$，见表 2-7。

11.HPB300 级钢筋末端应做 180° 弯钩，做法如图 2-2 所示。

2.3.2 焊接连接

钢筋的焊接连接利用热加工，熔融金属实现钢筋连接，主要工艺是用电阻、电弧或者燃烧气体加热钢筋端头使之熔化并用加压或增加熔融的金属焊接材料，使钢筋连成一体。焊接接头的最大优点是节约钢筋，但焊接连接有很大的缺陷，主要是：影响质量稳定性的因素太多，如操作工艺、施工条件、气候环境等，焊接质量缺陷难以检查，外表疵点如虚焊、夹渣、气泡可以发现纠正，但内裂缝等缺陷难以用肉眼发现而成为隐患。钢筋对高温有敏感性，焊接产生的热量会引起某些钢筋金相组织的变化，导致强度下降，焊接区冷却后的收缩也可能导致钢筋内应力，甚至会断裂。

焊接连接分为电渣压力焊、闪光接触对焊、电弧焊接、气压焊、点焊等。

（1）电渣压力焊

电渣压力焊是将两根钢筋安放成竖向对接形成，利用焊接电流通过两根钢筋端面间隙，在焊剂层下形成电弧过程和电渣过程，产生电弧热和电阻热，熔化钢筋，加压完成的一种压焊方法。电渣压力焊应用于柱、墙、烟囱等现浇混凝土结构中竖向或斜度在 1 ： 4 内的斜构件受力钢筋的连接；不得在竖向焊接后用于梁、板等构件中的水平钢筋。若有两种不同直径的钢筋采用电渣压力焊时，不同钢筋规格差别一般不得大于二挡，以避免接头处的应力突变。

（2）钢筋闪光接触对焊

钢筋闪光接触对焊是利用焊接电流通过两根钢筋接触点产生的电阻热，使两根水平钢筋接触点金属熔化，产生强烈飞溅，形成闪光，迅速施加顶锻力完成的一种压焊方法。当纵向钢筋采用闪光接触对焊接头时，其接头处钢筋疲劳应力幅度限值乘以系数 0.8。

（3）钢筋电弧焊

钢筋电弧焊是以焊条作为一极、钢筋为另一极，利用焊接电流通过产生的电弧高温，熔化钢筋端部及焊条进行焊接的一种熔焊方法，又可细分为单面焊、双面焊、单面帮条焊、双面帮条焊。

（4）气压焊

气压焊是采用氧乙炔火焰或其他火焰对两钢筋对接处加热，使其达到塑性状态，加压完成的一种压焊方法。被焊两钢筋直径之差不得大于 7mm。

（5）点焊

点焊是将两根钢筋安放成交叉叠接形式，压紧于两电极之间，利用电阻热熔化母材金属，加压形成焊点的一种压焊方法。

小贴士

纵向受力钢筋的焊接接头应相互错开。钢筋焊接接头连接区段的长度为 $35d$ 且不小于 500mm，d 为连接钢筋的较小直径，凡接头中点位于该连接区段长度内的焊接接头均属于同一连接区段，如图 2-3 所示。

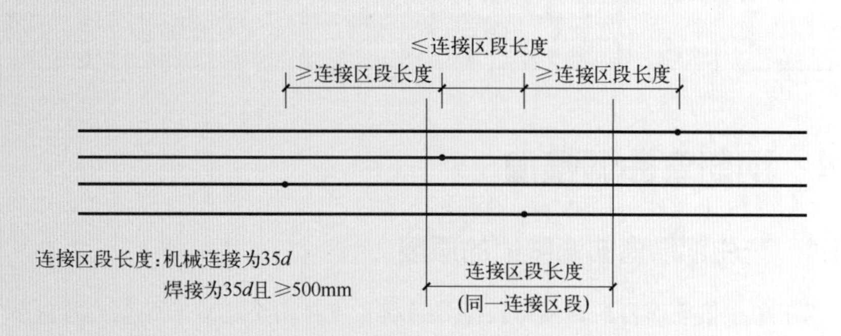

图 2-3 同一连接区段内纵向受拉钢筋机械连接、焊接接头

2.3.3 机械连接

钢筋的机械连接是通过连贯于两根钢筋外的套筒来实现传力的。套筒与钢筋之间力的过渡是通过机械咬合力，其形式包括：钢筋横肋与套筒的咬合；在钢筋表面加工出螺纹与套筒的螺纹之间传力；在钢筋与套筒之间灌注高强的胶凝材料，通过中间介质来实现应力传递。

钢筋机械连接区段的长度为 $35d$，d 为连接钢筋的较小直径。凡接头中点位于该连接区段长度内的机械连接接头均属于同一连接区段，如图 2-3 所示。

小贴士

纵向受力钢筋的机械连接接头宜相互错开。

位于同一连接区段内的纵向受拉钢筋接头面积百分率不宜大于 50%，但对板、墙、柱及预制构件的拼接处，可根据实际情况放宽。纵向受压钢筋的接头百分率可不受限制。

钢筋机械连接是通过机械手段将两根钢筋对接，其连接方法、分类及适用范围见表 2-9。

表 2-9 钢筋机械连接方法、分类及适用范围

<table>
<tr><th colspan="2" rowspan="2">机械连接的方法</th><th colspan="2">适用范围</th></tr>
<tr><th>钢筋级别</th><th>钢筋直径 /mm</th></tr>
<tr><td colspan="2">钢筋套筒挤压连接</td><td>HRB335、HRB400
RRB400</td><td>16 ～ 40
16 ～ 40</td></tr>
<tr><td colspan="2">钢筋锥螺纹套筒连接</td><td>HRB335、HRB400
RRB400</td><td>16 ～ 40
16 ～ 40</td></tr>
<tr><td colspan="2">钢筋全效粗直径直螺纹套筒连接</td><td>HRB335、HRB400</td><td>16 ～ 40</td></tr>
<tr><td rowspan="3">钢筋滚压直螺纹套筒连接</td><td>直接滚压</td><td rowspan="3">HRB335、HRB400</td><td>16 ～ 40</td></tr>
<tr><td>挤肋滚压</td><td>16 ～ 40</td></tr>
<tr><td>剥肋滚压</td><td>16 ～ 50</td></tr>
</table>

2.4 钢筋弯曲调整值

2.4.1 产生钢筋弯曲调整值的原因

对于单根钢筋而言，其预算长度与下料长度是两个不同的概念，各自基于不同的计算基准。预算长度，顾名思义，是依据钢筋的外皮轮廓线进行测量的长度，主要用于工程预算和材料采购计划的制定。而下料长度，则是基于钢筋中轴线的实际延伸长度来确定，这一长度直接关系到钢筋加工时的切割尺寸，以确保加工后的钢筋能够精确满足设计或施工要求。

以一根预算长度为 1m 的钢筋为例，其下料长度往往小于 1m。这是因为，在钢筋弯曲成型的过程中，虽然钢筋外皮轮廓线会因弯曲而变长，但其内部中轴线并未发生与外皮相同的线性增长，因此按照中轴线计算的下料长度会相应减少。

这种预算长度与下料长度之间的差值，专业上称为“弯曲调整值”或“量度差值”，它反映了钢筋在弯曲加工过程中长度的实际变化情况。

也就是说，钢筋弯曲调整值实际上是由两方面造成的：一是由于量度的不同；二是由于钢筋在弯曲的过程中长度会变化，即外皮伸长、内皮缩短、中轴线不变，如图 2-4 所示。

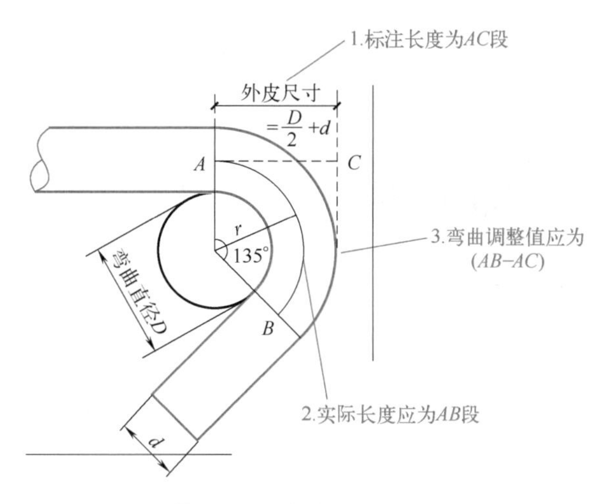

图 2-4 钢筋弯曲调整值示意图

小贴士

钢筋弯钩一般有 90°、135°、180° 三种，这三种钢筋的弯曲调整值分别为 1.75*d*、1.9*d*、3.25*d*（*d* 为钢筋直径）。

2.4.2 钢筋弯曲内径的取值

钢筋弯折的弯弧内直径 *D*（如图 2-5 所示）应符合下列规定。

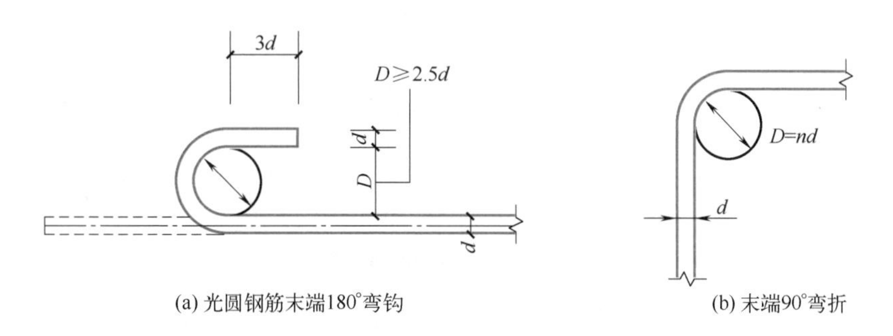

图 2-5 钢筋弯折的弯弧内直径 *D*

（1）光圆钢筋，不应小于钢筋直径的 2.5 倍。

（2）400MPa 级带肋钢筋不应小于钢筋直径的 4 倍。

（3）500MPa 级带肋钢筋，当直径 $d \leqslant 25$mm 时，不应小于钢筋直径的 6 倍；当直径 $d > 25$mm 时，不应小于钢筋直径的 7 倍。

（4）位于框架结构顶层端节点处的梁上部纵向钢筋和柱外侧纵向钢筋，在节点角部弯折处，当钢筋直径 $d \leqslant 25$mm 时，不应小于钢筋直径的 12 倍；当直径 $d > 25$mm 时，不应小于钢筋直径的 16 倍。

（5）箍筋弯折处尚不应小于纵向受力钢筋直径；箍筋弯折处纵向受力钢筋为搭接或并筋时，应按钢筋实际排布情况确定箍筋弯弧内直径。

2.5 箍筋及拉筋弯钩的构造

梁、柱、剪力墙的箍筋和拉筋的主要内容有：弯钩角度为 135°；水平段长度抗震设计时取 max（10d，75mm），非抗震设计时不应小于 5d（d 为箍筋直径）。通常，箍筋应做成封闭式，拉筋要求应紧靠纵向钢筋并同时勾住外封闭箍筋。

梁、柱、剪力墙封闭箍筋及拉筋弯钩构造如图 2-6 所示。螺旋箍筋构造如图 2-7 所示。

螺旋箍筋端部构造：开始与结束位置应有水平段，长度不小于一圈半；弯钩角度 135°；弯后长度为非抗震 5d；抗震（10d，75mm）中较大值。

螺旋箍筋搭接构造：搭接不小于 l_a 或 l_{aE}，且不小于 300mm，两头弯钩要勾住纵筋。

内环定位筋：焊接圆环，间距 1.5m，直径不小于 12mm。

圆柱环状箍筋搭接构造同螺旋箍筋。

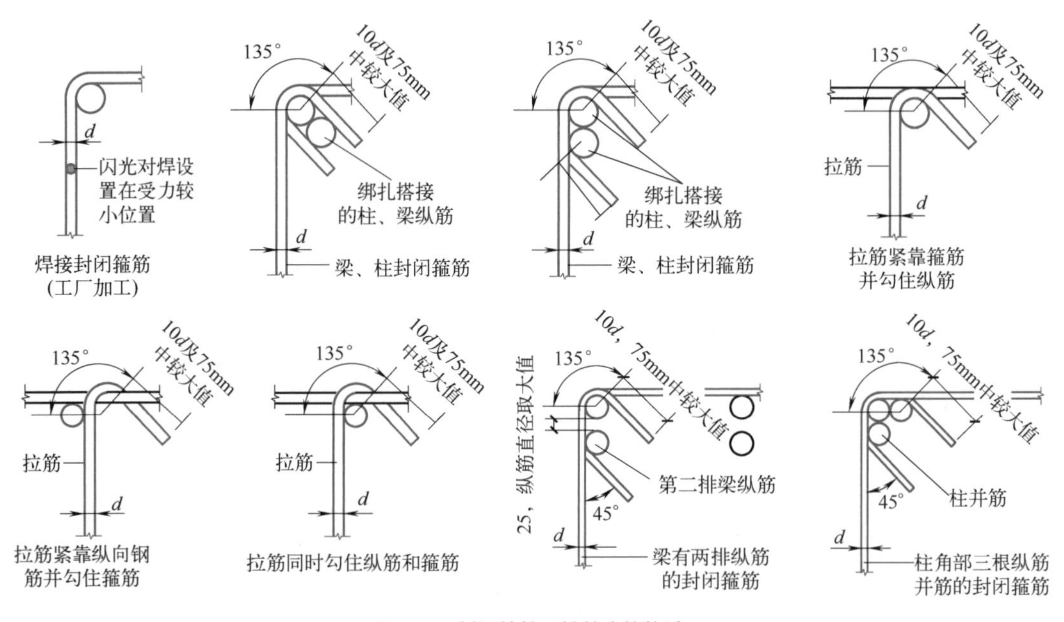

图 2-6 封闭箍筋及拉筋弯钩构造

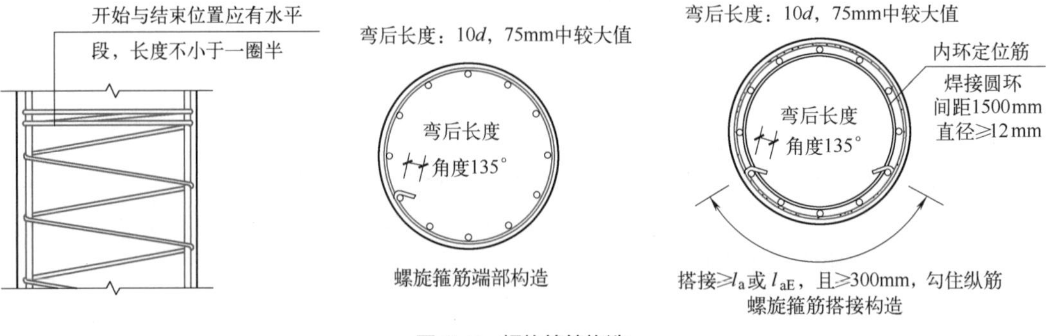

图 2-7 螺旋箍筋构造

3 基础翻样、算量方法与实例

3.1 独立基础翻样、算量方法与实例

3.1.1 独立基础翻样、算量方法

独立基础钢筋工程量计算分两种情况：独立基础底部 X 向、Y 向宽度＜ 2500mm；独立基础底部 X 向、Y 向宽度≥ 2500mm。

当独立基础底部 X 向、Y 向宽度都＜ 2500mm 时，所有钢筋的计算长度为基础底板宽度减去两边保护层厚度；靠基础边缘的第一根钢筋离底板边满足≤ 75mm 且≤ $s/2$（s 为基础底部受力钢筋间距），如图 3-1 所示。

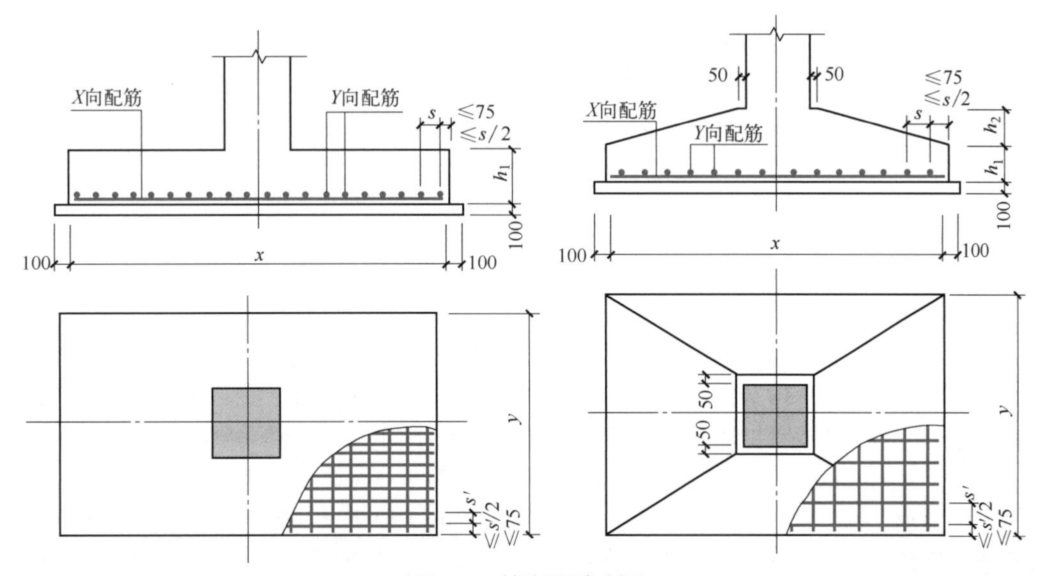

图 3-1 基础平面与剖面

基础底板钢筋长度计算方法如下：

X 向钢筋长度 = 基础底板 X 向长度 −2 × 保护层厚度

Y 向钢筋长度 = 基础底板 Y 向长度 −2 × 保护层厚度

当独立基础底板长度≥ 2500mm 时，四周钢筋长度为基础底板宽度减去两边保护层厚度，且钢筋离底板边满足≤ 75mm 和≤ $s/2$（s 为基础底部受力钢筋间距）；其余底板配筋长度可取相应方向底板配筋长度 ×0.9，如图 3-2 所示。

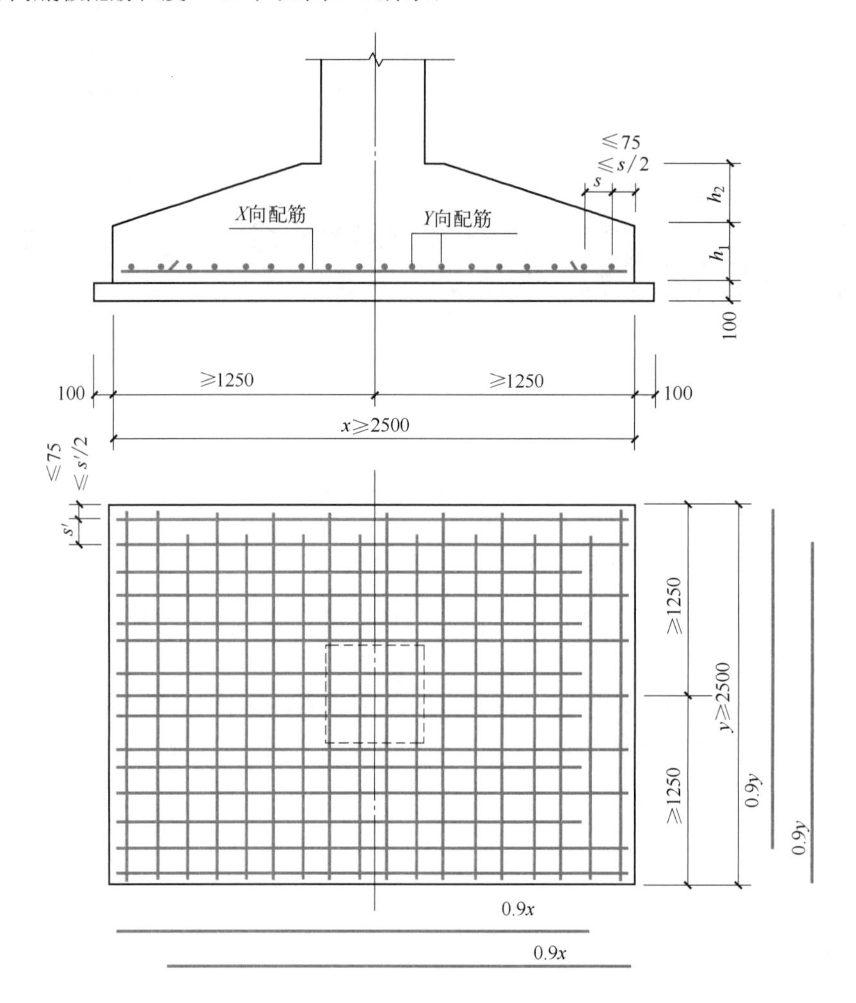

图 3-2　基础地板钢筋

基础底板钢筋长度计算方法如下：

X 向最外侧两根钢筋长度 = 基础底板 X 向长度 −2 × 保护层厚度

X 向其余钢筋长度 =（基础底板 X 向长度 −2 × 保护层厚度）× 0.9

Y 向最外侧两根钢筋长度 = 基础底板 Y 向长度 −2 × 保护层厚度

Y 向其余钢筋长度 =（基础底板 Y 向长度 −2 × 保护层厚度）× 0.9

特殊提出，当非对称独立基础底板长度≥ 2500mm，但是该基础某侧从柱中心至基础底板边缘的距离小于 1250mm 时，钢筋在该侧不应减短。

独立基础钢筋根数计算方法如下：

独立基础钢筋根数 =Ceil{［边长 −2 × min（75，$s/2$）］/钢筋间距 }+1

独立基础减端钢筋根数 =Ceil{［边长 −2 × min（75，$s/2$）］}/钢筋间距 −1

注：Ceil 函数的作用是求不小于给定实数的最小整数，本书余同。

基础钢筋三维图如图 3-3 所示。

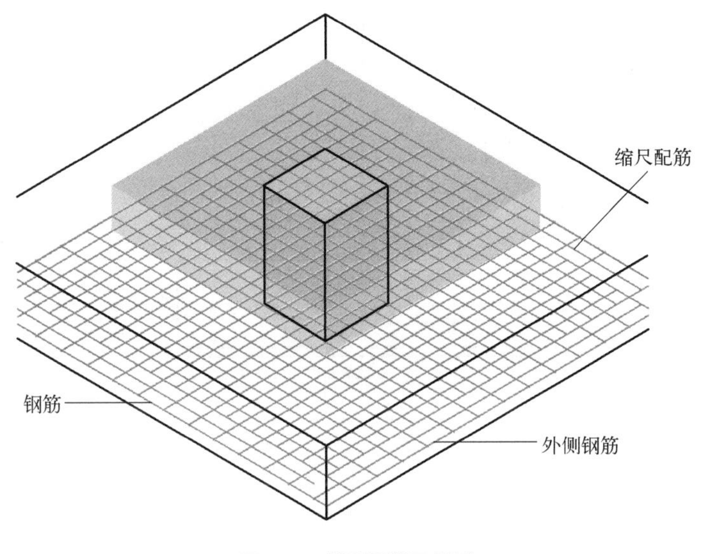

图 3-3 基础钢筋三维图

实例 1 三维动画

扫码观看视频

3.1.2 普通独立基础翻样、算量实例

【实例 1】 某工程中独立基础混凝土等级为 C30，保护层厚度为 40mm，其余尺寸如图 3-4 和图 3-5 所示，试计算独立基础的钢筋量，并进行钢筋翻样。

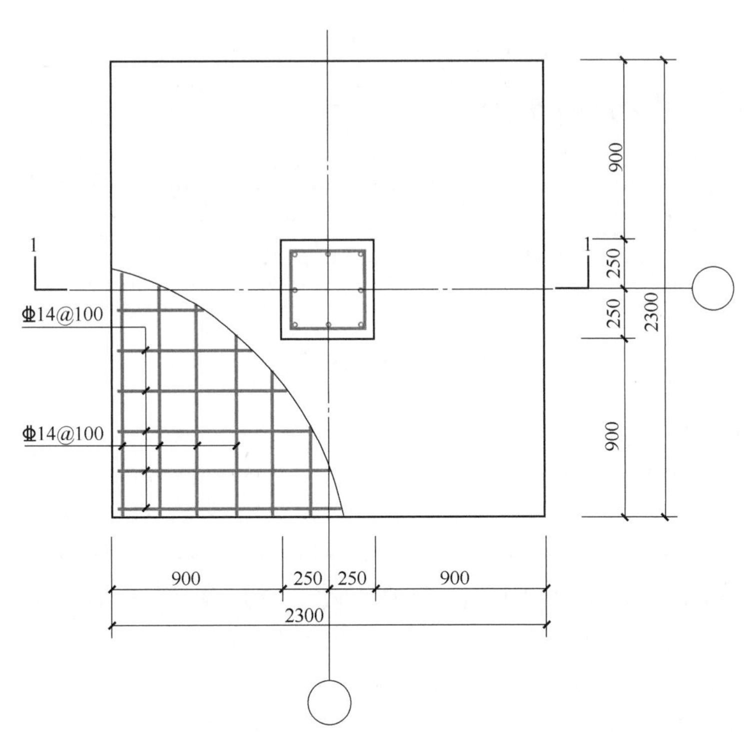

图 3-4 基础平面图

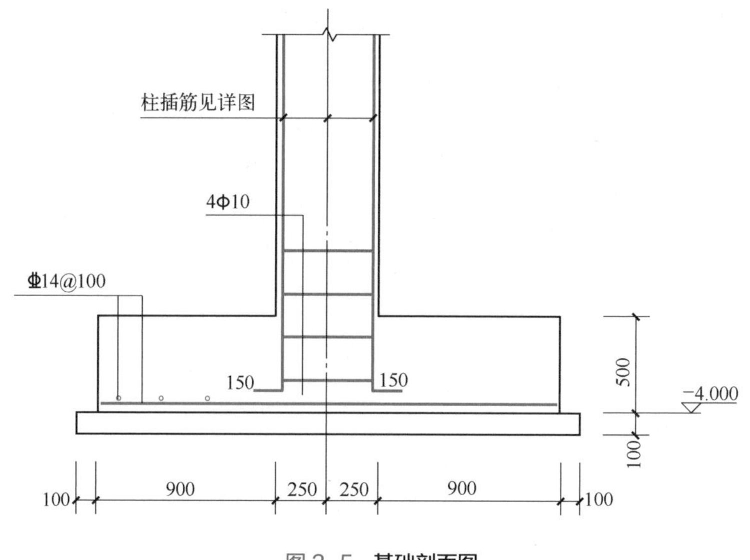

图 3-5 **基础剖面图**

独立基础钢筋三维图如图 3-6 所示。

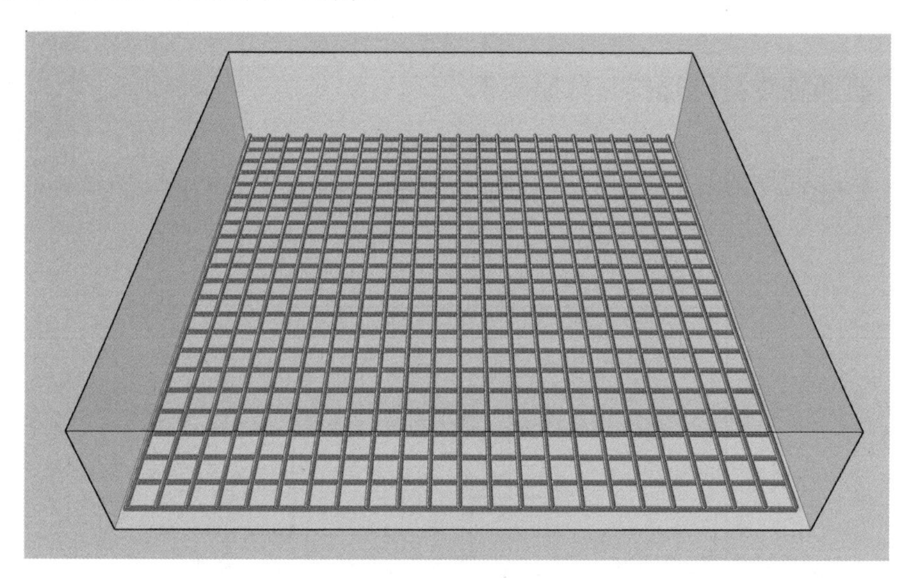

图 3-6 **独立基础钢筋三维图**

基础底部钢筋工程量及计算方法如下：

单根横向边筋长度 = 净长 − 保护层厚度 ×2=2300−40×2=2220（mm）

横向边筋总长 = 单根横向边筋长度 ×2=2220×2=4440（mm）

横向边筋总重量 = 横向边筋总长 × Φ14 理论重量 =4.44×1.21=5.372（kg）

横向底筋根数 =Ceil [（基础长度 − 保护层厚度 ×2）/ 图示间距] − 边筋根数 =

Ceil [（2300−40×2）/100] −2=21（根）

横向底筋总长 = 单根横向底筋长度 × 横向钢筋根数 =2220×21=46620（mm）

横向筋总重量 = 横向筋总长 × Φ14 理论重量 =46.6×1.21=56.39（kg）

纵向边筋及纵向底筋计算过程同上，这里不做赘述。

其钢筋翻样见表 3-1。

表 3-1 钢筋翻样与算量表

钢筋翻样									钢筋总重量：123.565kg
筋号	级别	直径 /mm	钢筋图形	计算方法	根数	总根数	单长 /m	总长 /m	总重 /kg
横向底筋 1	Φ	14	2220	2300-40-40	2	2	2.22	4.44	5.372
横向底筋 2	Φ	14	2220	2300-40-40	21	21	2.22	46.62	56.410
纵向底筋 1	Φ	14	2220	2300-40-40	2	2	2.22	4.44	5.372
纵向底筋 2	Φ	14	2220	2300-40-40	21	21	2.22	46.62	56.410

本题中独立基础较为简单，通过钢筋翻样与算量表可以清晰地看出其计算方法，比较容易得出计算结果。需要注意的是横向底筋 1 为横向两外侧筋，纵向底筋 1 为纵向两外侧筋。这里将其与基础内部筋分开，是因为当基础尺寸到达一定程度时，内部筋需缩尺配筋，而边筋则不应该缩短。

3.1.3 异形独立基础翻样、算量实例

实例 2 三维动画

扫码观看视频

【实例 2】 某工程中圆形独立基础混凝土等级为 C30，保护层厚度为 40mm，高度为 500mm，底板钢筋为Φ12@100，试计算独立基础的钢筋量，并进行钢筋翻样。

基础三维图如图 3-7 所示。基础钢筋三维图如图 3-8 所示。钢筋翻样与算量表见表 3-2。

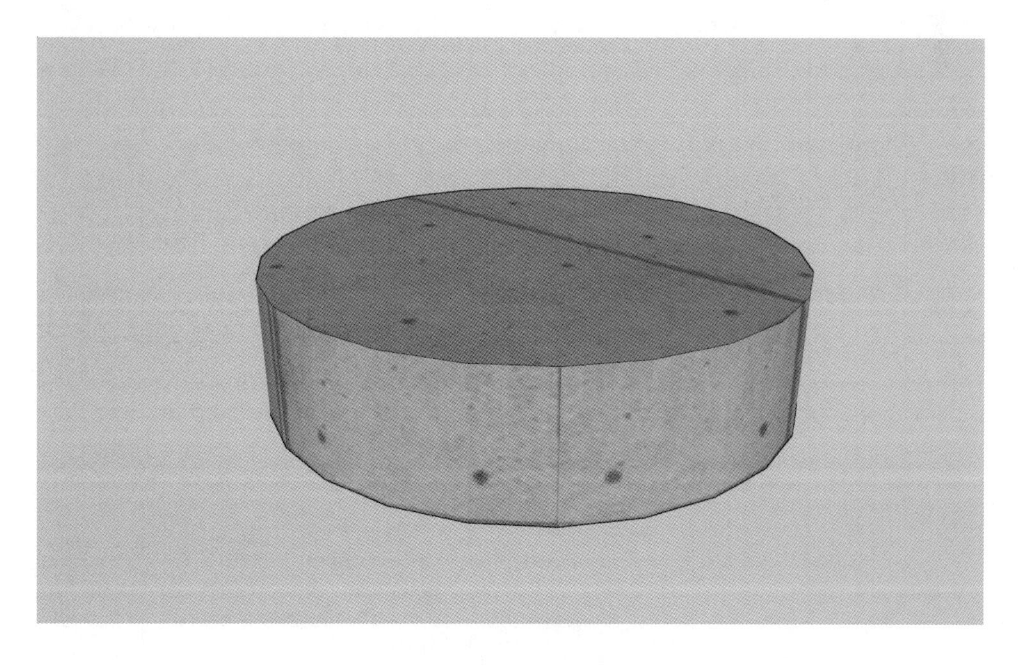

图 3-7 基础三维图

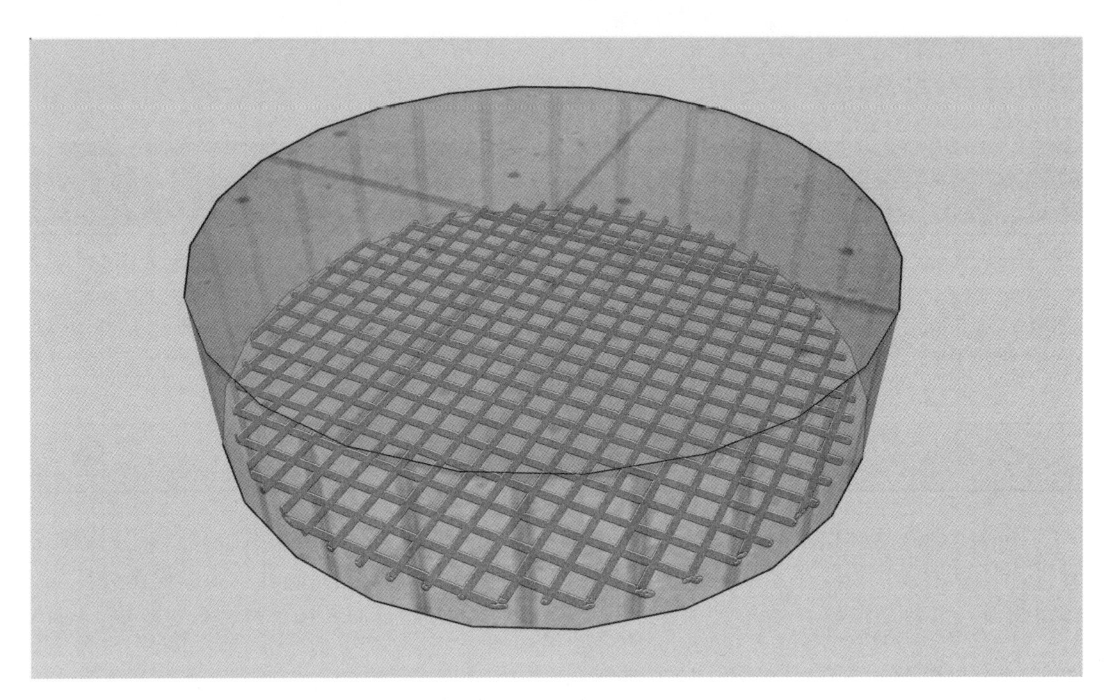

图 3-8　基础钢筋三维图

表 3-2　钢筋翻样与算量表

钢筋翻样								钢筋总重量：53.138kg	
筋号	级别	直径 /mm	钢筋图形	计算方法	根数	总根数	单长 /m	总长 /m	总重 /kg
横向底筋 1	Φ	12	544	624-40-40	2	2	0.544	1.088	0.966
横向底筋 2	Φ	12	974	1054-40-40	2	2	0.974	1.948	1.73
横向底筋 3	Φ	12	1243	1323-40-40	2	2	1.243	2.486	2.208
横向底筋 4	Φ	12	1440	1520-40-40	2	2	1.44	2.88	2.557
横向底筋 5	Φ	12	1590	1670-40-40	2	2	1.59	3.18	2.824
横向底筋 6	Φ	12	1706	1786-40-40	2	2	170	3.412	3.03
横向底筋 7	Φ	12	1793	1873-40-40	2	2	1.793	3.586	3.184
横向底筋 8	Φ	12	1856	1936-40-40	2	2	1.856	3.712	3.296
横向底筋 9	Φ	12	1897	1977-40-40	2	2	1.897	3.794	3.369
横向底筋 10	Φ	12	1917	1997-40-40	2	2	1.917	3.834	3.405
纵向底筋 1	Φ	12	544	624-40-40	2	2	0.544	1.088	0.966

续表

钢筋翻样							钢筋总重量：53.138kg		
筋号	级别	直径 /mm	钢筋图形	计算方法	根数	总根数	单长 /m	总长 /m	总重 /kg
纵向底筋 2	Φ	12	974	1054-40-40	2	2	0.974	1.948	1.73
纵向底筋 3	Φ	12	1243	1323-40-40	2	2	1.243	2.486	2.208
纵向底筋 4	Φ	12	1440	1520-40-40	2	2	1.44	2.88	2.557
纵向底筋 5	Φ	12	1590	1670-40-40	2	2	1.59	3.18	2.824
纵向底筋 6	Φ	12	1706	1786-40-40	2	2	1.70	3.412	3.03
纵向底筋 7	Φ	12	1793	1873-40-40	2	2	1.793	3.586	3.184
纵向底筋 8	Φ	12	1856	1936-40-40	2	2	1.856	3.712	3.296
纵向底筋 9	Φ	12	1897	1977-40-40	2	2	1.897	3.794	3.369
纵向底筋 10	Φ	12	1917	1997-40-40	2	2	1.917	3.834	3.405

3.2 条形基础翻样、算量方法与实例

3.2.1 条形基础翻样、算量方法

当条形基础底板≥ 2500mm 时，底板配筋长度减短 10% 交错配置，端部第一根钢筋不应减短，如图 3-9 所示。

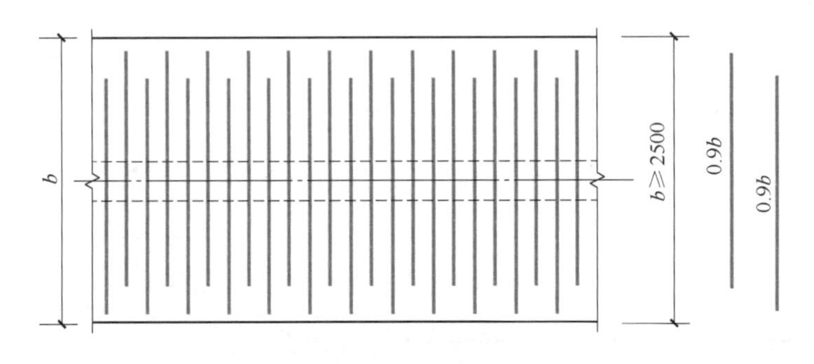

图 3-9 条形基础底板配筋长度减短 10% 构造

条形基础缩尺配筋三维动画

扫码观看视频

其钢筋长度计算方法如下：

钢筋长度 =（基础底板宽度 −2 × 保护层厚度）× 0.9

钢筋三维图如图 3-10 所示。

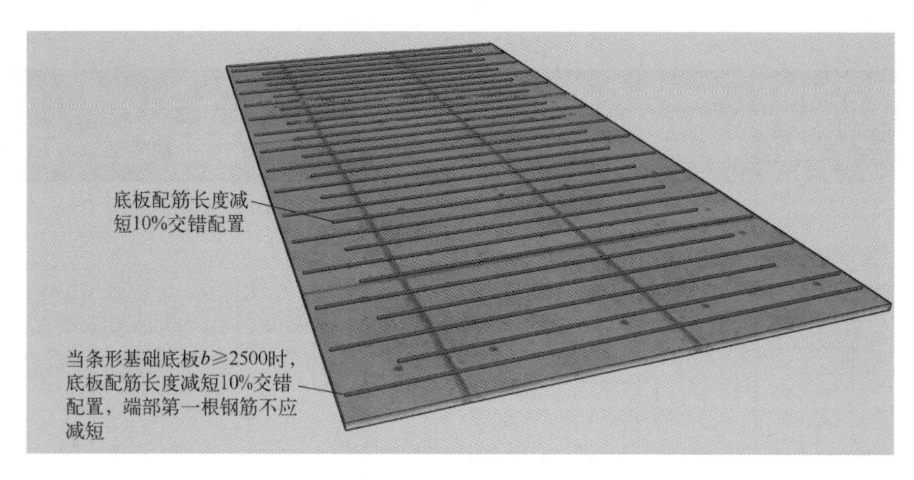

图 3-10 **钢筋三维图**

3.2.2 条形基础翻样、算量实例

【实例 3】 某工程中条形独立基础混凝土等级为 C30，保护层厚度为 40mm，其余尺寸见平面图与剖面图，试计算独立基础的钢筋量，并进行钢筋翻样。

条基平面图如图 3-11 所示，无梁配筋剖面图如图 3-12 所示。

实例 3 三维动画

扫码观看视频

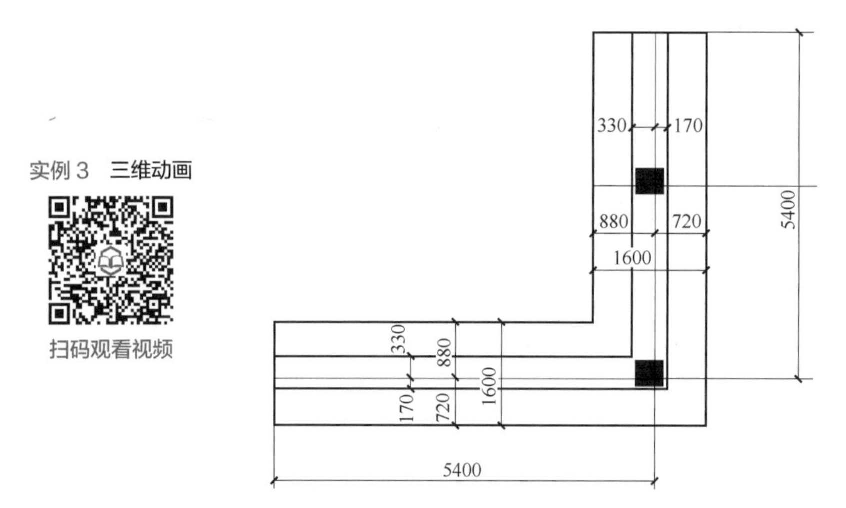

图 3-11 **条基平面图**

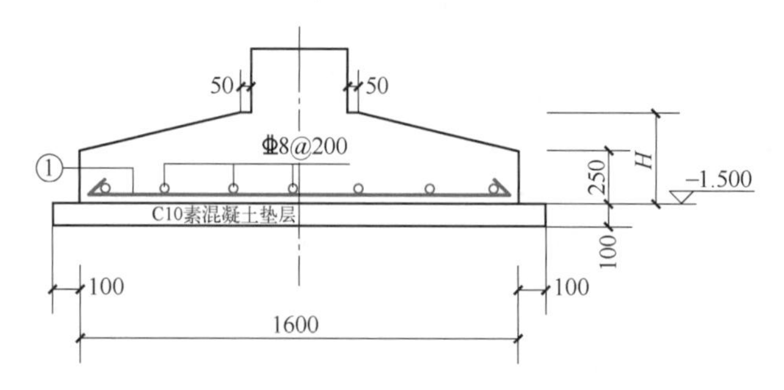

图 3-12 **无梁配筋剖面图**

其中：①钢筋为⌀ 12@200，H 为 350mm。

根据本题图纸转成三维模型如图 3-13 所示。

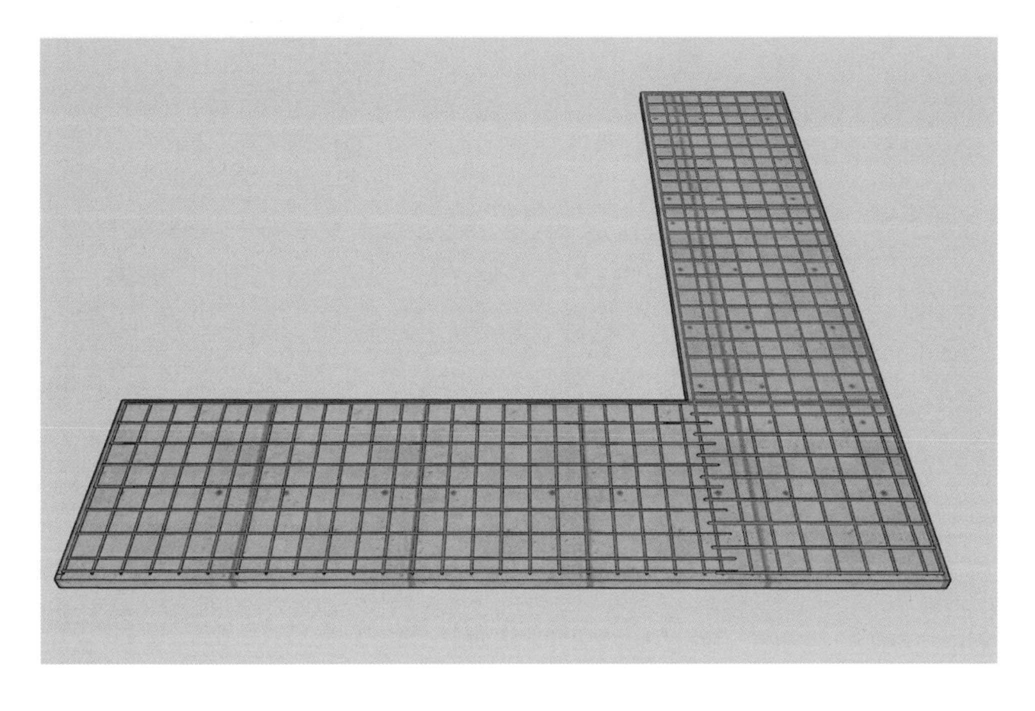

图 3-13 条基三维图

其中，端部受力筋三维图如图 3-14 和图 3-15 所示。

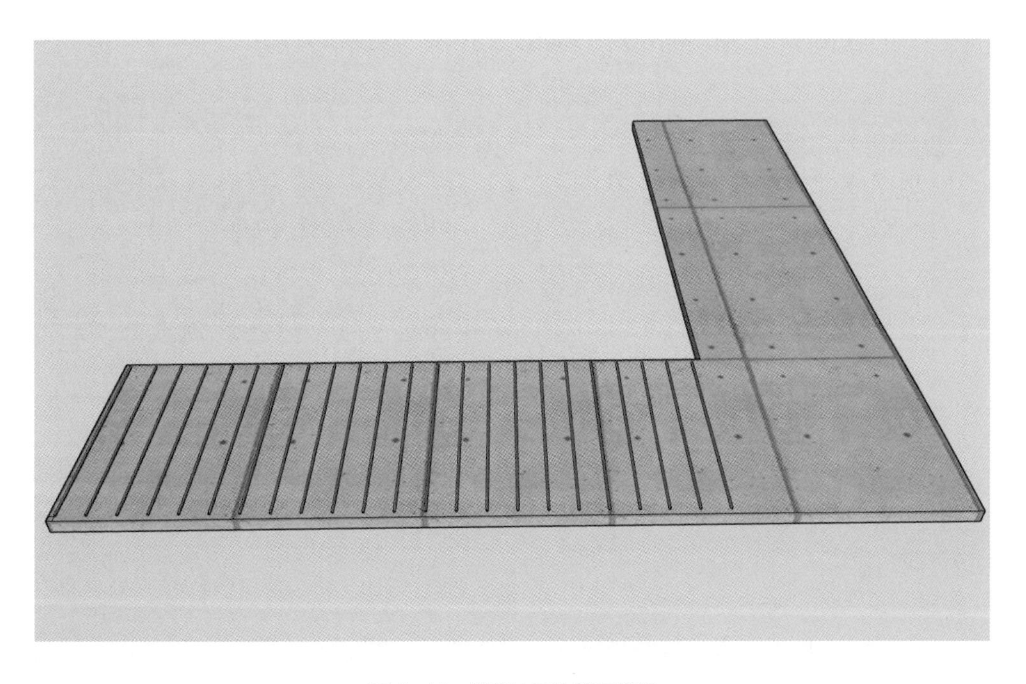

图 3-14 端部 1 受力筋三维图

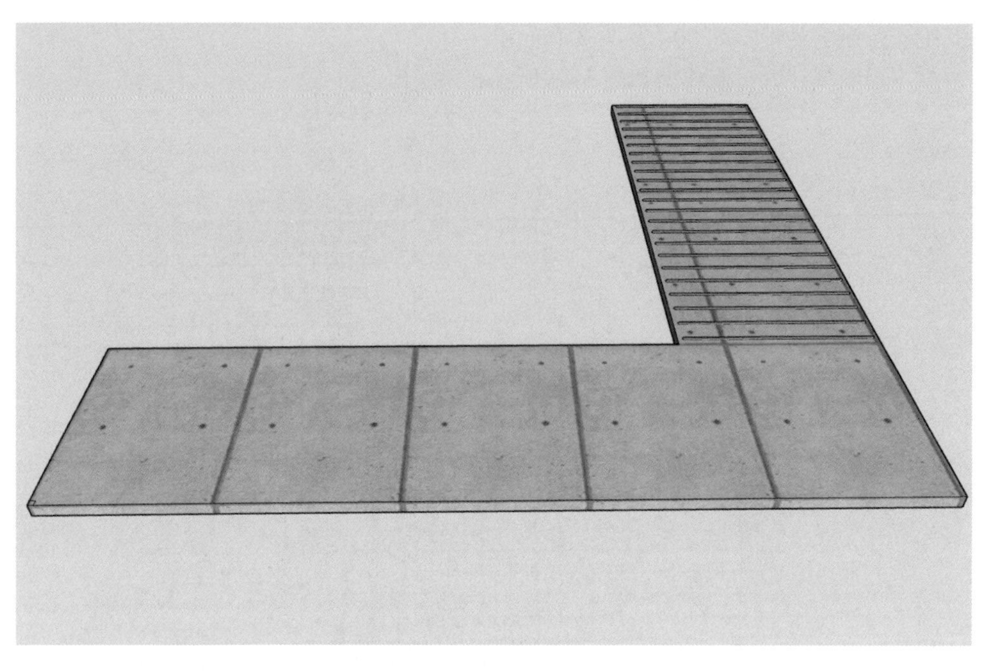

图 3-15 端部 2 受力筋三维图

端部受力筋⌀ 12@200，其工程量及计算方法如下：

单个端部受力筋根数 =Ceil [（5400-880-40）/200] +1=24（根）

两个端部受力筋总根数 = 单个条基受力筋根数 ×2=24×2=48（根）

单根受力筋长度 = 基础底宽 - 保护层厚度 ×2=1600-40×2=1520（mm）

两个端部受力筋总长度 = 单根受力筋长度 × 两个端部受力筋总根数 =1520×48=72960（mm）

两个端部受力筋总重量 = 两个端部受力筋总长度 × ⌀12 理论重量 =72.96×0.888=64.788（kg）

基础转角处钢筋如图 3-16 和图 3-17 所示。

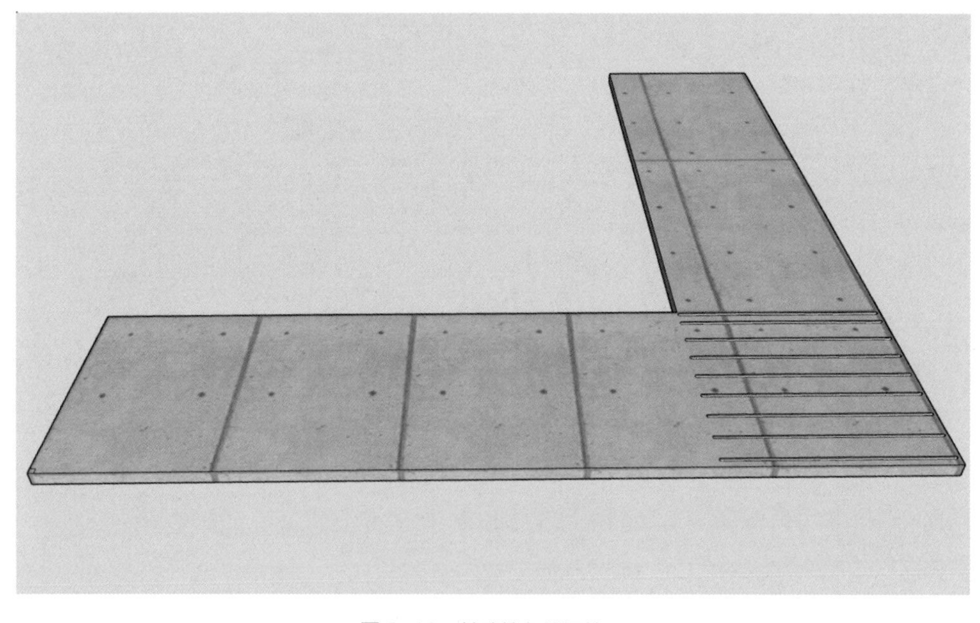

图 3-16 基础转角处钢筋 1

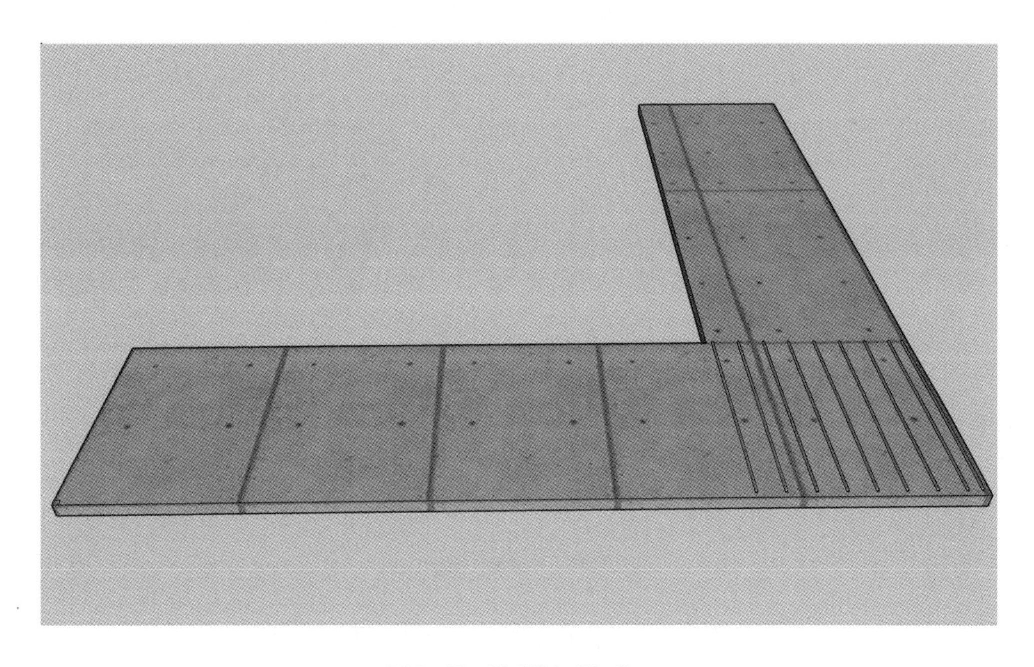

图 3-17 基础转角处钢筋 2

转角处的受力筋 ⌀ 12@200，其工程量及计算方法如下：

单向受力筋根数 =Ceil［（1600−40）/200］+1=9（根）

双向受力筋总根数 = 单个受力筋根数 ×2=9×2=18（根）

单根受力筋长度 = 基础底宽 − 保护层厚度 ×2=1600−40=1560（mm）

两个端部受力筋总长度 = 单根受力筋长度 × 两个端部受力筋总根数 =1560×18=28080（mm）

两个端部受力筋总重量 = 两个端部受力筋总长度 × ⌀ 12 理论重量 =28.08×0.888=24.935（kg）

分布筋三维图如图 3-18 和图 3-19 所示。

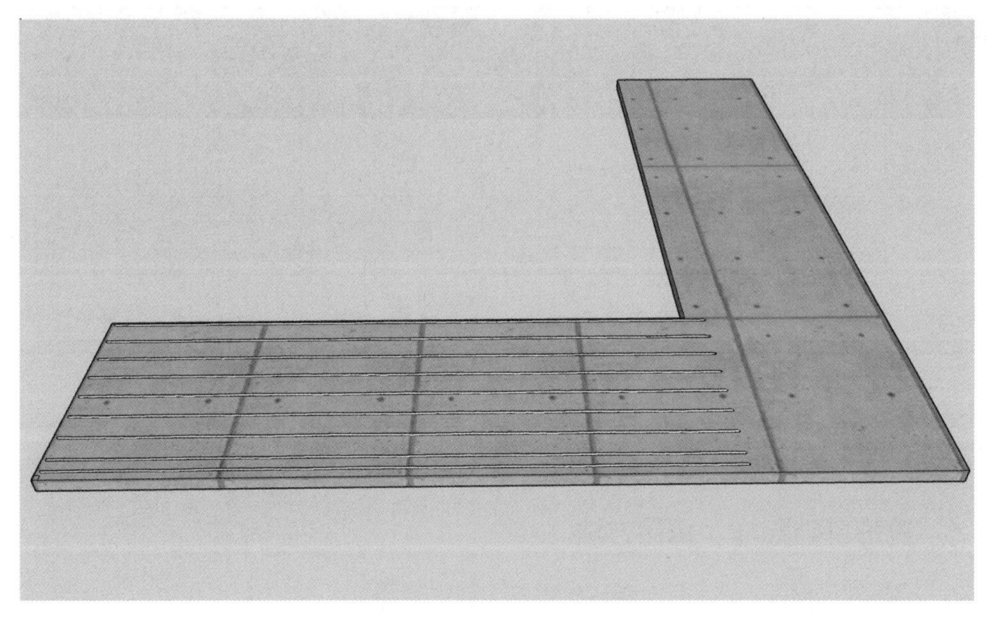

图 3-18 分布筋三维图 1

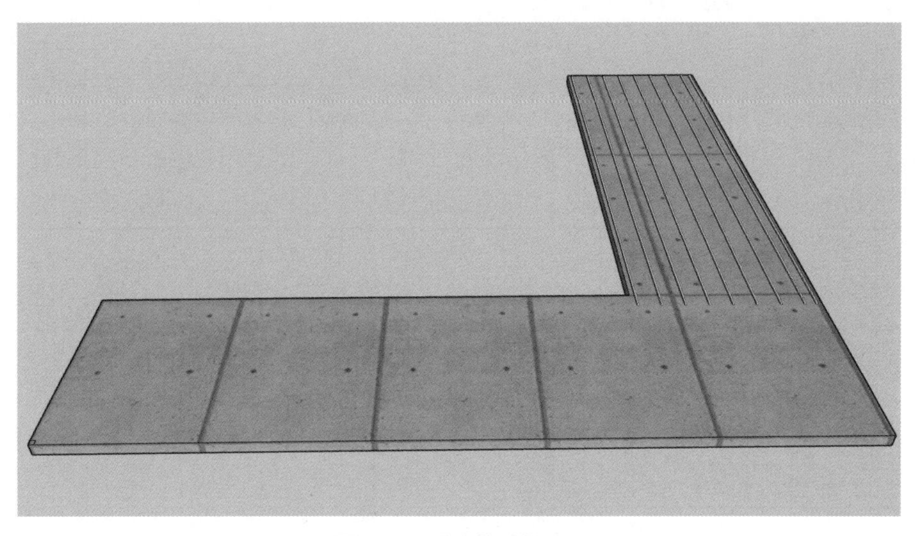

图 3-19 分布筋三维图 2

分布筋型号同受力筋 ⏀8@200，其工程量及计算方法如下：

单端分布筋根数 =Ceil [（1600−40 × 2）/200] +1=9（根）

两个条基分布筋总根数 = 单端分布筋根数 × 2=9 × 2=18（根）

单根分布筋长度 = 条基端部长度 − 保护层厚度 + 搭接长度 =5400−880−40+150=4630（mm）

两个条基分布筋总长度 = 单根分布筋长度 × 两个端部分布筋总根数 =4630 × 18=83340（mm）

两个条基分布筋总重量 = 两个条基分布筋总长度 × ⏀8 理论重量 =83.34 × 0.395=32.919（kg）

需要注意的是根据 22G101 图集的规定，在双向受力钢筋交接处的网状部位，分布钢筋与同向受力钢筋的构造搭接长度为 150mm。

条基钢筋翻样与算量表见表 3-3。

表 3-3 条基钢筋翻样与算量表

条基钢筋翻样							钢筋总重量：122.642kg		
筋号	级别	直径 /mm	钢筋图形	计算方法	根数	总根数	单长 /m	总长 /m	总重 /kg
端部受力筋	⏀	12	1520	1600−2 × 40	24	48	1.52	72.96	64.788
转角处受力筋	⏀	12	1560	1600−40	9	18	1.56	28.08	24.935
底部分布筋	⏀	8	4630	5400−880−40+150	9	18	4.63	83.34	32.919

3.3 筏形基础翻样、算量方法与实例

3.3.1 筏形基础翻样、算量方法

3.3.1.1 梁板式筏形基础端部无外伸时的翻样、算量方法

（1）筏板面筋伸入端支座，自基础主梁边缘算起满足 ≥ 12d，且至少过梁中心线，具体

计算方法如下：

$$筏板面筋长度=筏板净跨长+2\times \max(12d，h_c/2)$$

（2）筏板底筋伸入端支座，伸至基础主梁外侧，并做弯折 15d。具体计算方法如下：

$$筏板底筋长度=筏板总长-2\times 保护层厚度(c)+2\times 弯折长度(15d)$$

（3）筏板受力筋在基础梁位置不布设，筏板受力筋长度为 0。此时，板的第一根钢筋与基础梁角筋垂直面的距离为板筋间距的 1/2，如图 3-20 所示。

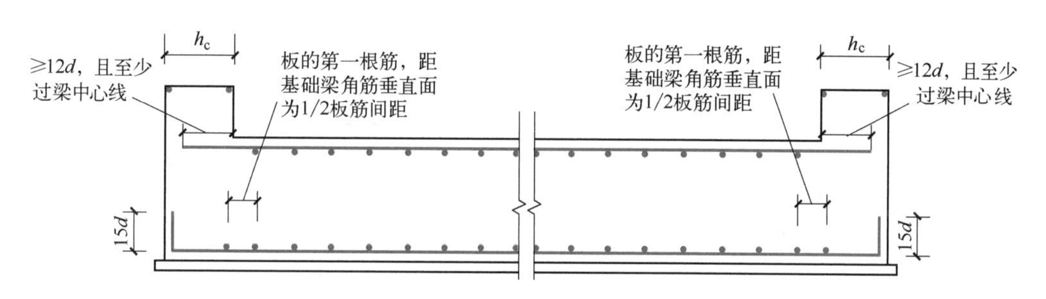

图 3-20 筏板受力筋在基础梁位置不布设

3.3.1.2 变截面构造的翻样、算量方法

梁板式筏形基础变截面构造分为：上平下不平、下平上不平、上下均不平。当筏板下部有高差时，低跨筏板必须做成 45° 或 60° 斜坡。当筏板梁两侧有高差时，不能贯通的纵筋必须相互锚固。

（1）梁板式筏形基础上平下不平，如图 3-21 所示。

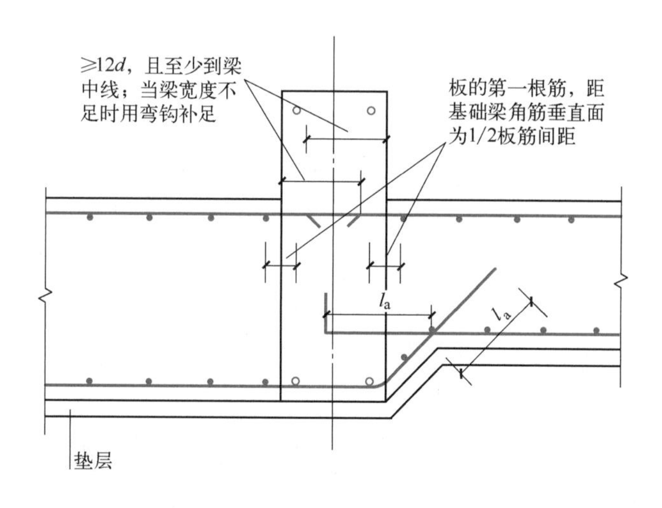

图 3-21 梁板式筏形基础上平下不平

计算方法如下：

$$高跨基础筏板下部纵筋伸入低跨内长度=l_a$$

$$低跨基础筏板下部纵筋斜弯折长度=高差值/\sin45°(或\sin60°)+l_a$$

（2）筏形基础下平上不平，如图 3-22 所示。

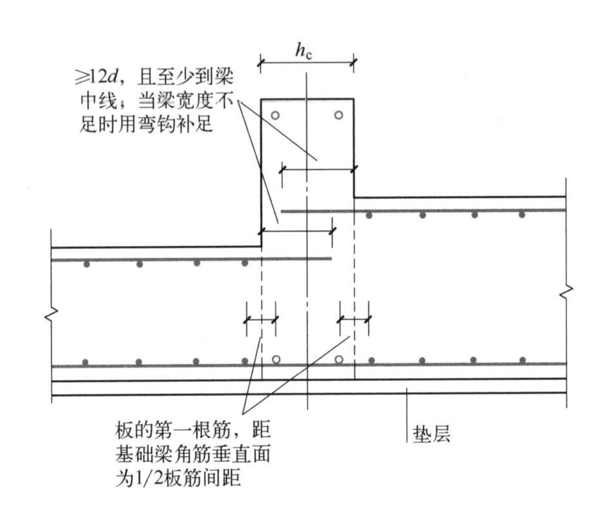

图 3-22 筏形基础下平上不平

计算方法如下：

低跨基础筏板上部纵筋伸入基础梁内长度 =max（12d，h_c/2）

高跨基础筏板上部纵筋伸入基础梁内长度 =max（12d，h_c/2）

（3）筏形基础上下均不平，如图 3-23 所示。

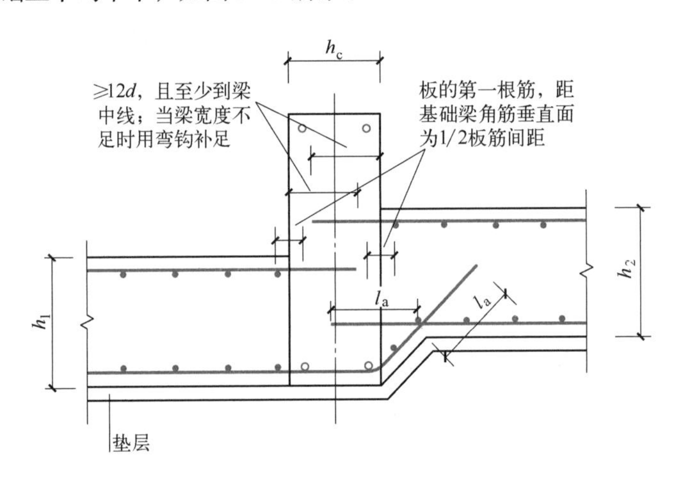

图 3-23 筏形基础上下均不平

高跨基础筏板下部纵筋伸入低跨内长度 =l_a

低跨基础筏板下部纵筋斜弯折长度 = 高差值 /sin45°（或 sin60°）+l_a

低跨基础筏板上部纵筋伸入基础梁内长度 =max（12d，h_c/2）

高跨基础筏板上部纵筋伸入基础梁内长度 =max（12d，h_c/2）

实例 4 三维动画

扫码观看视频

3.3.2 筏形基础翻样、算量实例

【实例 4】 某筏形基础混凝土等级为 C40，三级抗震，h=800mm，保护层厚度为 40mm，其余数据如图 3-24 所示，试计算此筏形基础钢筋工程量，并进行钢筋翻样。

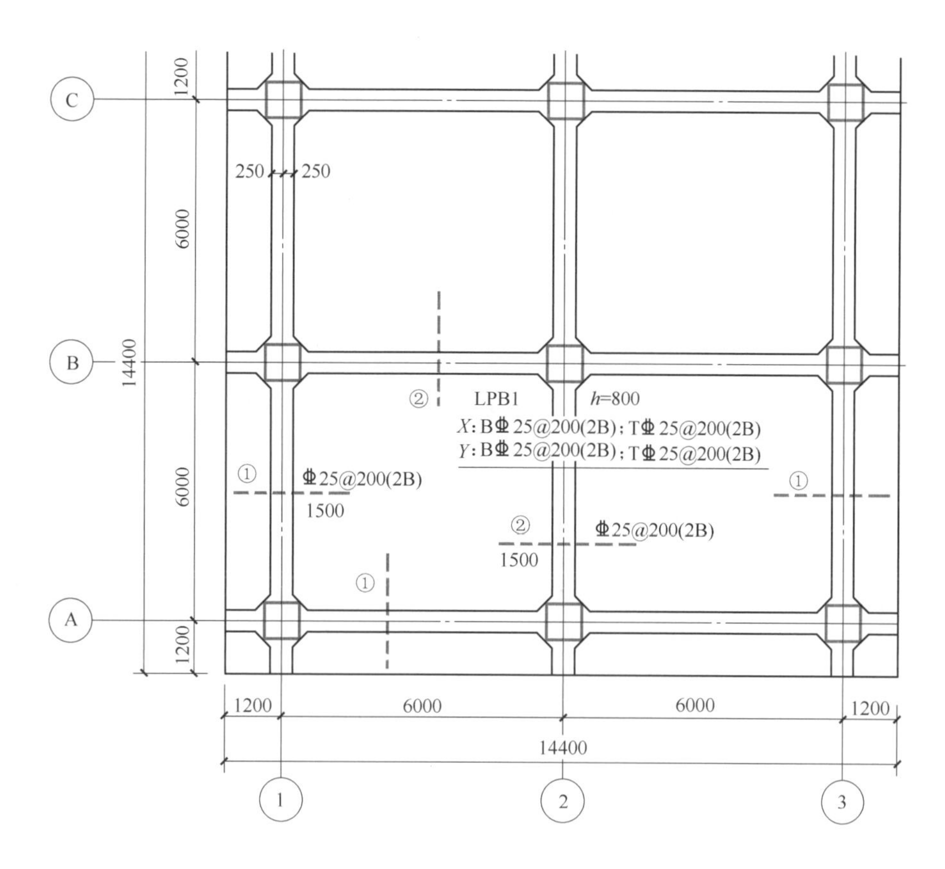

图 3-24　**筏形基础平面**

本题筏形基础钢筋三维图如图 3-25 所示，底部通长筋三维图如图 3-26 所示。

图 3-25　**主筋三维图**

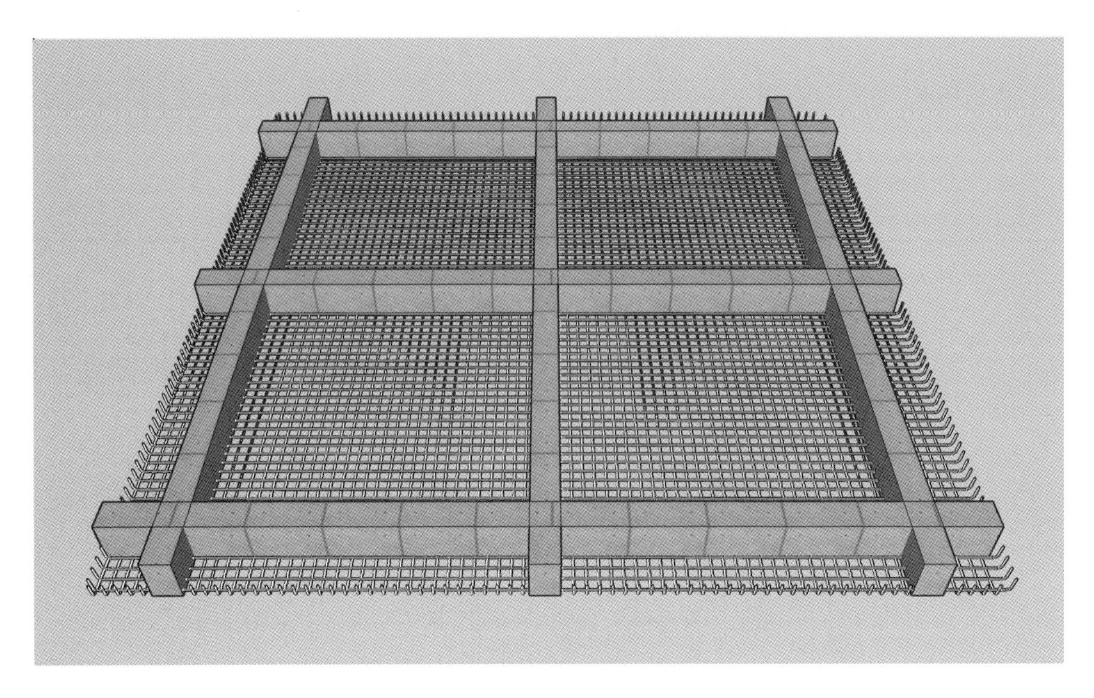

图 3-26 **底部通长筋三维图**

3.3.2.1 底部通长钢筋（X 方向）的翻样、算量

计算过程如下：

单根底部钢筋（X 方向）长度 = 基础 X 向长度 −2 × 保护层厚度 +2 × 弯折长度

=14400−40 × 2+12d × 2=14920（mm）

X 方向底部通长筋根数 =Ceil{[基础 Y 向长度 −2 × 保护层厚度 −(基础梁宽度 +75 × 2) × Y 向基础梁个数] / 间距 }+1+3=Ceil{［14400−2 × 40−（500+75 × 2）× 3］/200}+1+3=66（根）

底部通长钢筋（X 方向）总长度 = 单根底部钢筋（X 方向）长度 × X 向底部通长筋根数

=14920 × 66=984720（mm）

3.3.2.2 底部通长钢筋（Y 方向）的翻样、算量

计算过程如下：

单根底部钢筋长度 = 基础 Y 向长度 −2 × 保护层厚度 +2 × 弯折长度

=14400−40 × 2+12d × 2=14920（mm）

Y 向底部通长筋根数 =Ceil{［基础 X 向长度 −2 × 保护层厚度 −（基础梁宽度 +75 × 2）× X 向基础梁个数] / 间距 }+1+3=Ceil{［14400−2 × 40−（500+75 × 2）× 3］/200}+1+3=66（根）

底部通长钢筋（Y 方向）总长度 = 单根底部钢筋（Y 方向）长度 × Y 向底部通长筋根数

=14920 × 66=984720（mm）

3.3.2.3 底部通长筋总重量

计算过程如下：

底部通长筋总长度 = 底部通长钢筋（X 方向）总长度 + 底部通长钢筋（Y 方向）总长度

=1969440（mm）

底部通长筋总重量 = 底部通长筋总长度 × Φ25 理论重量 =1969.44 × 3.85=7582.344（kg）

上部通长筋三维图如图 3-27 所示。

图 3-27　**上部通长筋三维图**

上部通长筋计算过程参考下部通长筋计算过程，这里不做赘述。

负筋效果图如图 3-28 所示。

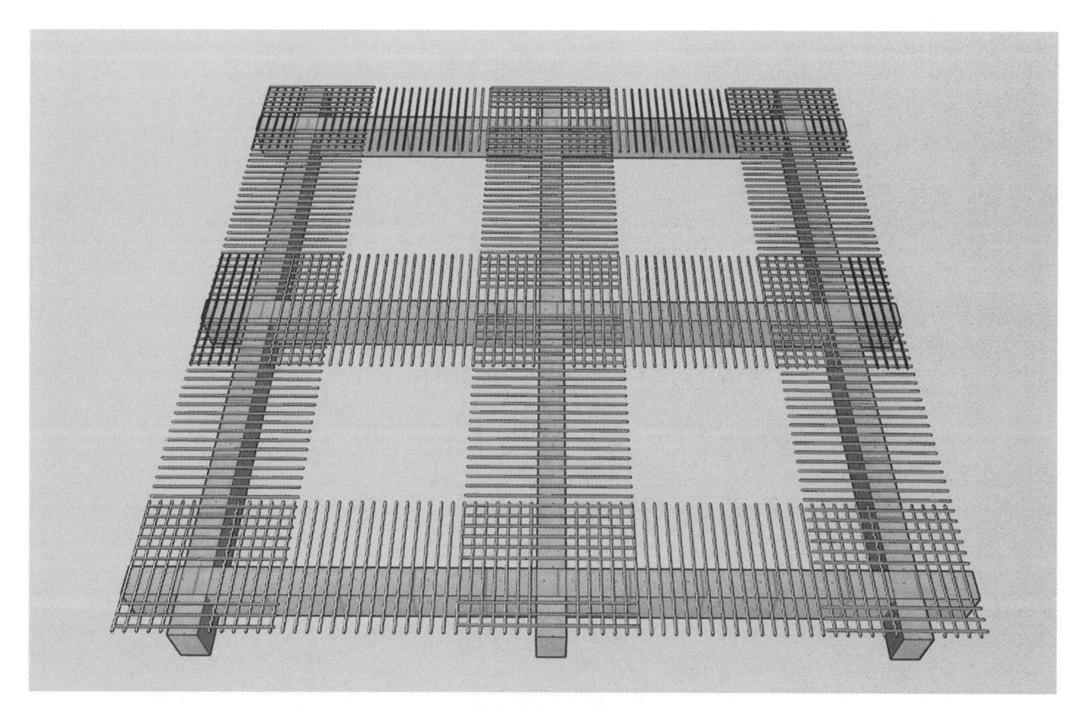

图 3-28　**负筋效果图**

①号负筋三维图如图 3-29 所示。

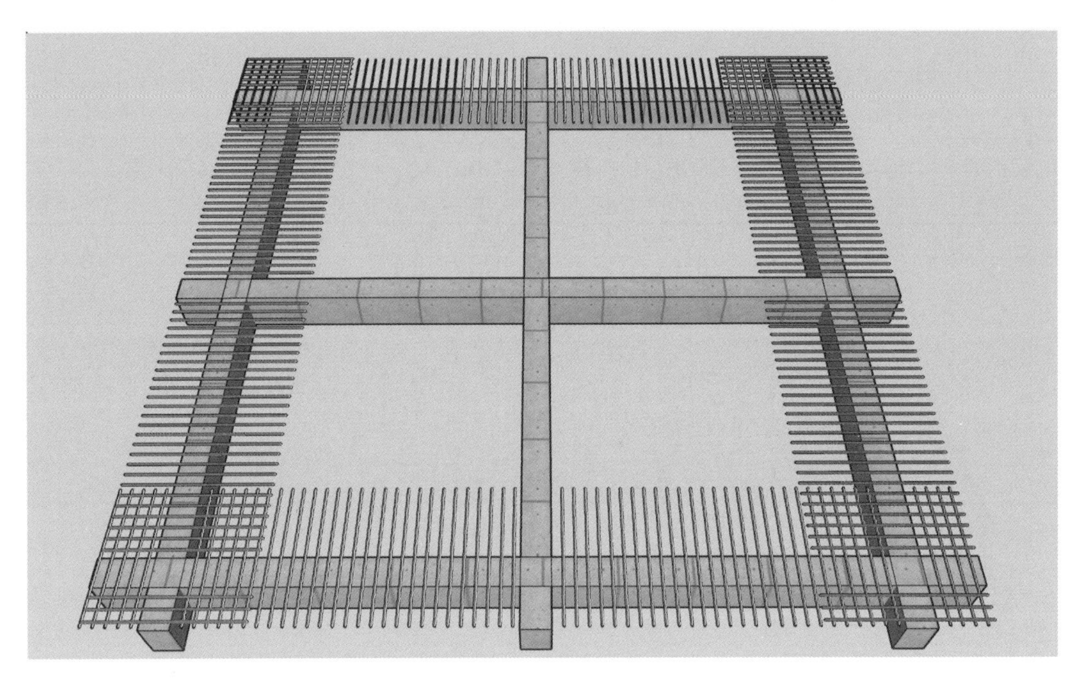

图 3-29　①号负筋三维图

①号负筋计算过程如下：

1 条轴线上单根①号钢筋长度 =1160+1500=2660（mm）

1 条轴线上①号负筋的根数 = 底部通长钢筋（*X* 方向）根数 =66（根）

①号筋总根数 =66 × 4=264（根）

①号筋总长度 = 单根①号钢筋长度 × ①号筋总根数 =2660 × 264=702240（mm）

①号筋总重量 = ①号筋总长度 × Φ25 理论重量 =702.24 × 3.85=2703.624（kg）

②号负筋三维图如图 3-30 所示。

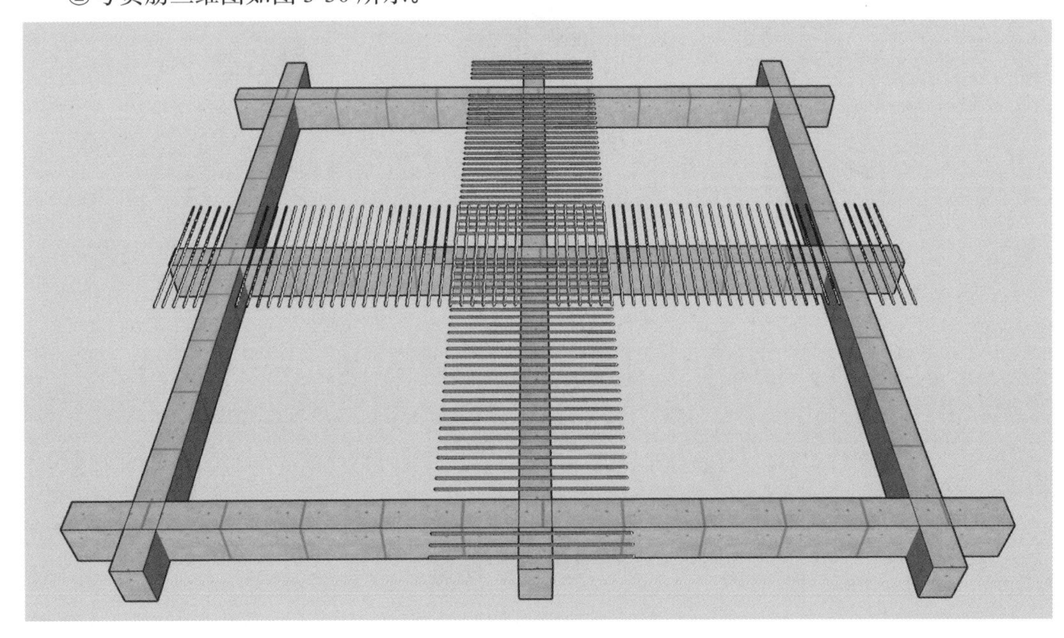

图 3-30　②号负筋三维图

②号负筋计算过程参考①号负筋计算过程，这里不做赘述。

筏形基础钢筋翻样与算量表见表 3-4。

表 3-4 筏形基础钢筋翻样与算量表

筏形基础钢筋翻样							钢筋总重量：19408.023kg		
筋号	级别	直径 /mm	钢筋图形	计算方法	根数	总根数	单长 /m	总长 /m	总重 /kg
构件名称：主筋				构件数量：1			本构件钢筋重：15164.688kg		
下部钢筋	Φ	25	300 14320 300	14400-40+12d-40+12d	132	132	14.92	1969.44	7588.252
上部钢筋	Φ	25	300 14320 300	14400-40+12d-40+12d	132	132	14.92	1969.44	7588.252
构件名称：①号负筋				构件数量：1			本构件钢筋重：2703.624kg		
钢筋	Φ	25	3000	1160+1500	264	264	2.66	702.24	2705.731
构件名称：②号负筋				构件数量：1			本构件钢筋重：1524.6kg		
钢筋	Φ	25	3000	1500+1500	132	132	3	396	1525.788

4 柱构件翻样、算量方法与实例

4.1 基础层框架柱翻样、算量方法与实例

4.1.1 基础层框架柱翻样、算量方法

4.1.1.1 基础内部插筋与箍筋翻样、算量方法

基础内部插筋与箍筋构造图如图 4-1 所示，计算方法如下：

$$框架柱在基础中插筋长度 = 竖直长度\ h_1 + 弯折长度\ a$$

$$框架柱在基础中箍筋个数 = \max[2，Ceil(h_1/500)+1]$$

基础内部插筋与箍筋三维图如图 4-2 所示。

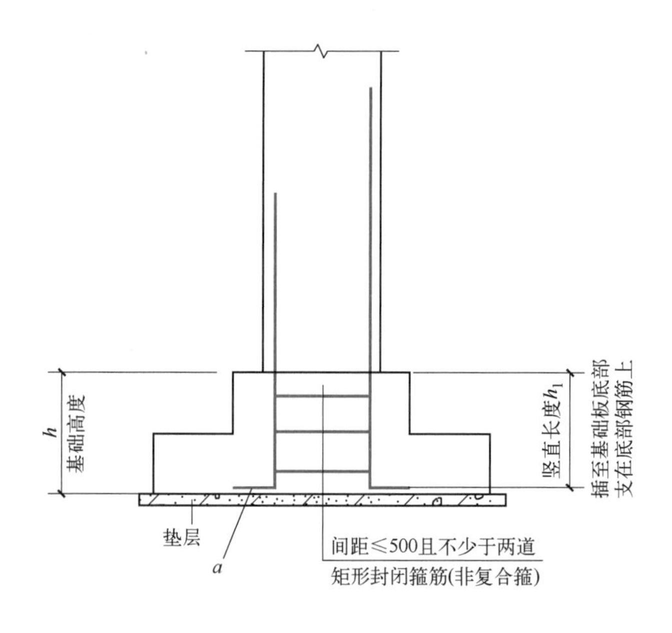

图 4-1　基础内部插筋与箍筋构造图

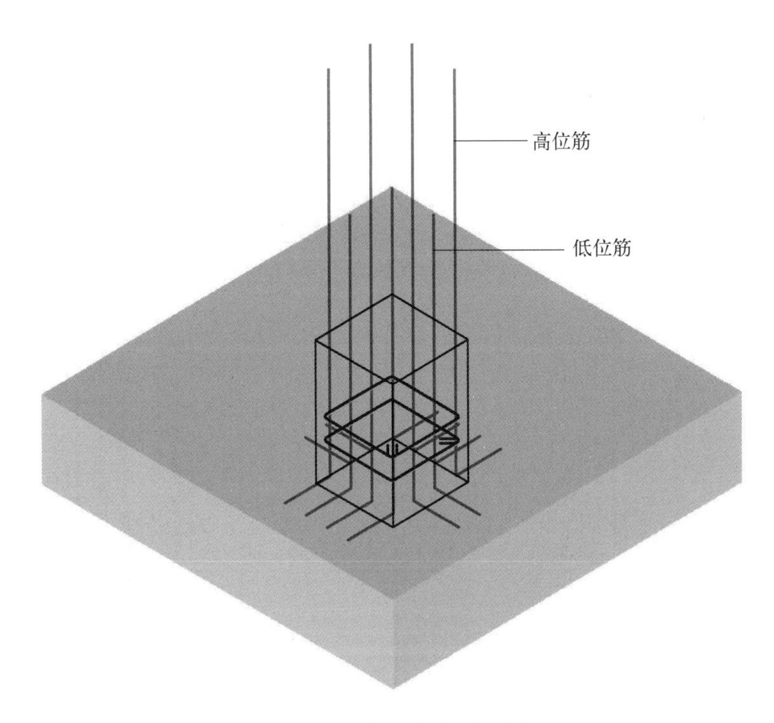

图 4-2　**基础插筋及基础内箍筋效果图**

4.1.1.2　基础顶面纵筋焊接连接时的翻样、算量方法

基础顶面柱下端非连接区段为≥ $H_n/3$，H_n 为柱净高，即为层高减去柱顶梁高。柱纵筋可以在除非连接区段外的柱身任意位置。柱纵筋相邻接头错开长度≥ 35d，且不小于 500mm。柱插筋中相对于竖向连接点处于较高位置的钢筋称为高位筋，相对于竖向连接点处于较低位置的钢筋称为低位筋。

基础顶面纵筋焊接连接构造图如图 4-3 所示，其长度计算方法如下：

基础插筋（低位筋）长度 = 竖直长度（h_1）+ 弯折长度（a）+ 非连接区段长度（$H_n/3$）

基础插筋（高位筋）长度 = 基础插筋（低位筋）长度 +max（35d，500mm）

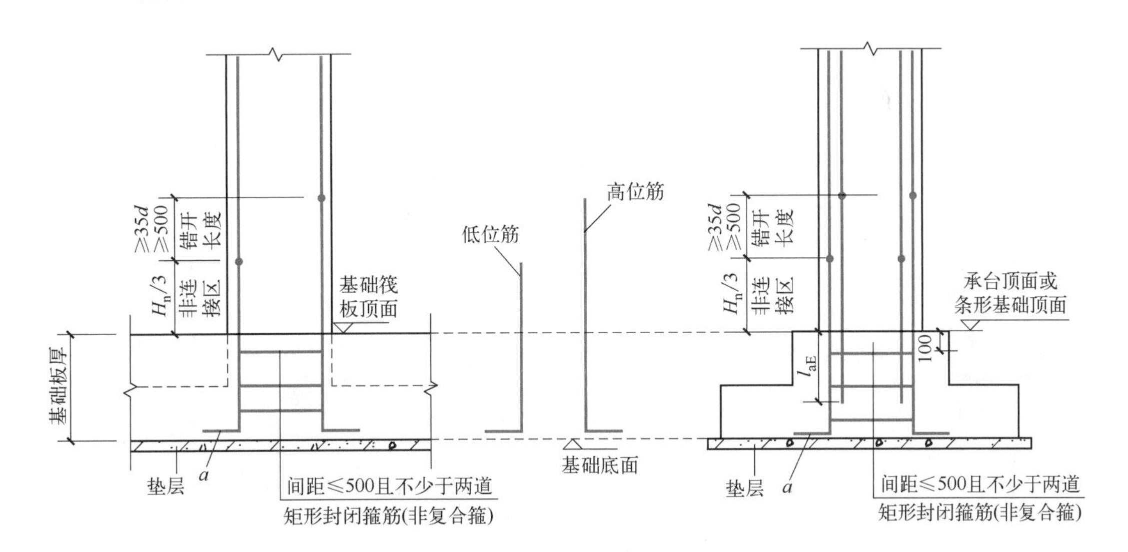

图 4-3　**基础顶面纵筋焊接连接构造图**

4.1.1.3 基础顶面纵筋绑扎连接时的翻样、算量方法

基础顶面柱下端非连接区段为≥ $H_n/3$，柱纵筋接头可以在除非连接区段外的柱身任意位置。柱纵筋相邻接头错开长度≥ $0.3l_{aE}$。

基础顶面纵筋绑扎连接构造图如图 4-4 所示，其长度计算方法如下：

基础插筋（低位筋）长度 = 竖直长度（h_1）+ 弯折长度（a）+ 非连接区段长度（$H_n/3$）+l_{aE}

基础插筋（高位筋）长度 = 基础插筋（低位筋）长度 +1.3l_{aE}

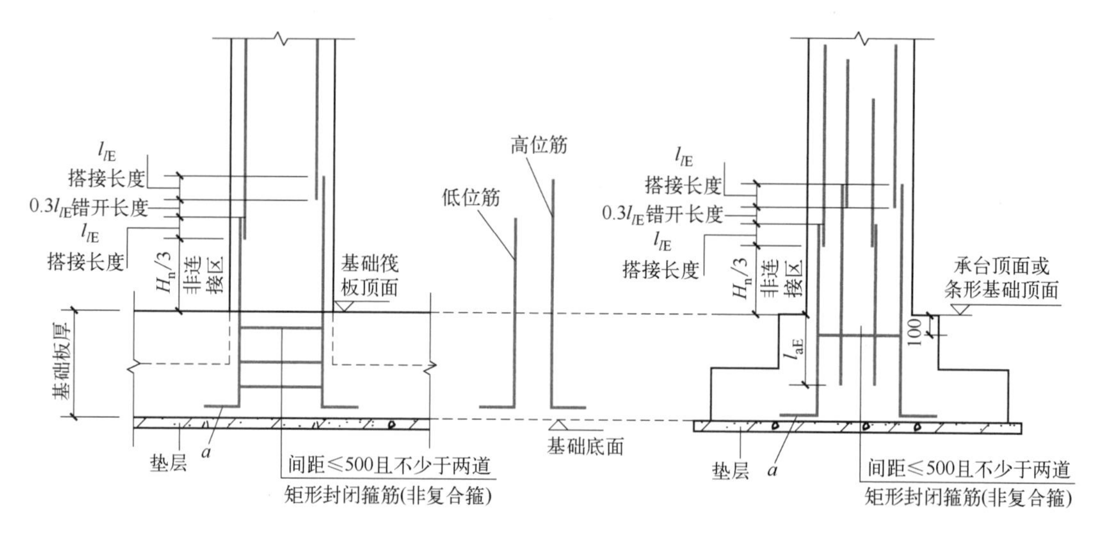

图 4-4 基础顶面纵筋绑扎连接构造图

4.1.2 基础层框架柱翻样、算量实例

【实例 5】某框架结构抗震等级为三级，共五层，基础底标高为 -4.00m，独立基础高 500mm，一层底标高为 -0.10m，二～四层层高为 3.3m，五层层高为 3.4m，柱混凝土等级为 C30，保护层厚度为 40mm，-0.1m 处与 KZ1 连接的梁高为 600mm，3.2m 处 KZ1 连接的梁高为 800mm。柱的局部平面布置如图 4-5 所示，箍筋类型图如图 4-6 所示。相应尺寸及配筋见表 4-1，试计算 KZ1 地下部分的钢筋量，并进行钢筋翻样。

实例 5 三维动画

扫码观看视频

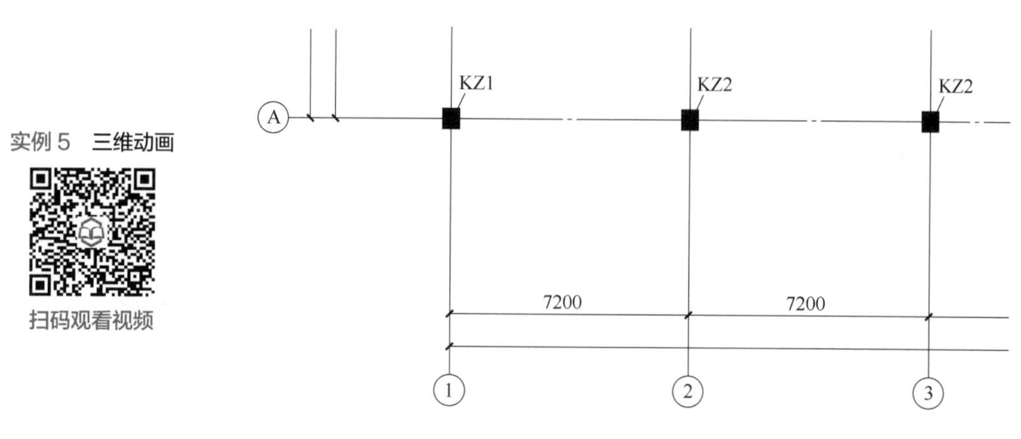

图 4-5 柱平面图

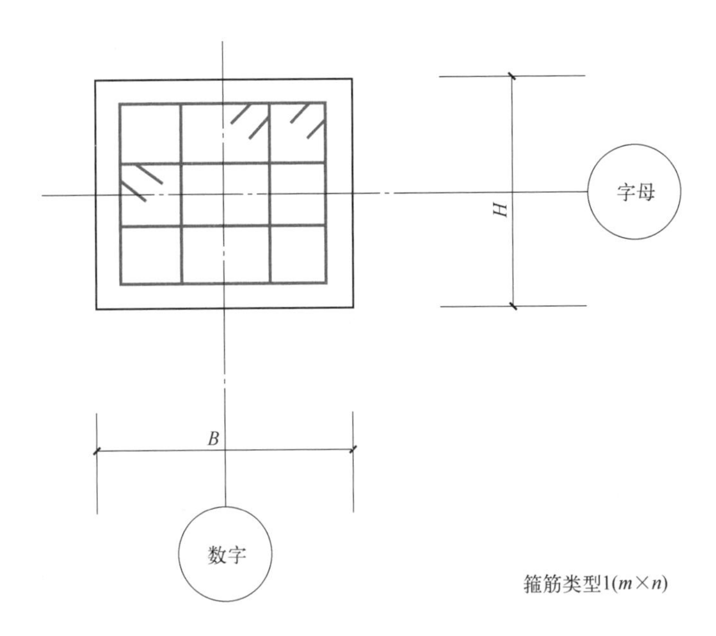

图 4-6 箍筋类型图

表 4-1 相应尺寸及配筋

柱号	标高/m	$B \times H$（直径 D）/mm	全部纵筋	角筋	B 侧中部筋	H 侧中部筋	箍筋类型	箍筋	备注
KZ1	基础顶～16.500	500 × 500	12 Φ 22	4 Φ 22	2 Φ 22	2 Φ 22	1（4 × 4）	Φ 10@100/200	
KZ1a	基础顶～16.560	500 × 500	12 Φ 22	4 Φ 22	2 Φ 22	2 Φ 22	1（4 × 4）	Φ 10@100	
KZ2	基础顶～16.500	500 × 500	12 Φ 22	4 Φ 22	2 Φ 22	2 Φ 22	1（4 × 4）	Φ 10@100/200	
KZ2a	基础顶～20.400	500 × 500	12 Φ 22	4 Φ 22	2 Φ 22	2 Φ 22	1（4 × 4）	Φ 10@100/200	
KZ2b	基础顶～20.400	500 × 500	12 Φ 22	4 Φ 22	2 Φ 22	2 Φ 22	1（4 × 4）	Φ 10@100	
KZ3	基础顶～16.500	500 × 500	12 Φ 22	4 Φ 22	2 Φ 22	2 Φ 22	1（4 × 4）	Φ 12@100/200	

4.1.2.1 基础插筋计算

基础插筋三维图如图 4-7 所示，其中，高位筋三维图如图 4-8 所示，低位筋三维图如图 4-9 所示。

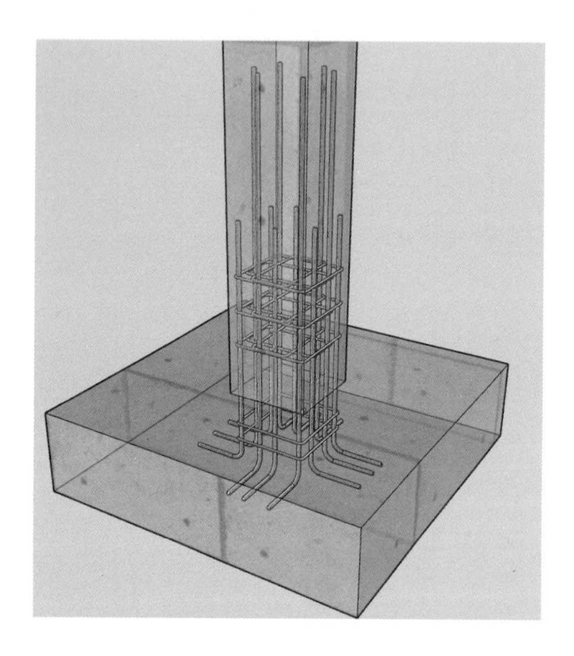

图 4-7 基础插筋三维图

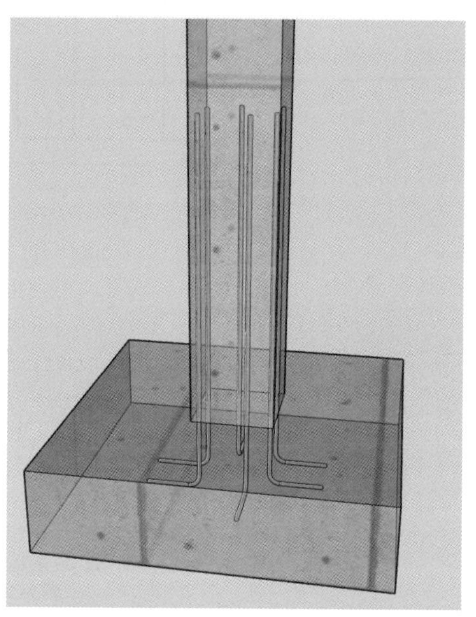

图 4-8 高位筋三维图

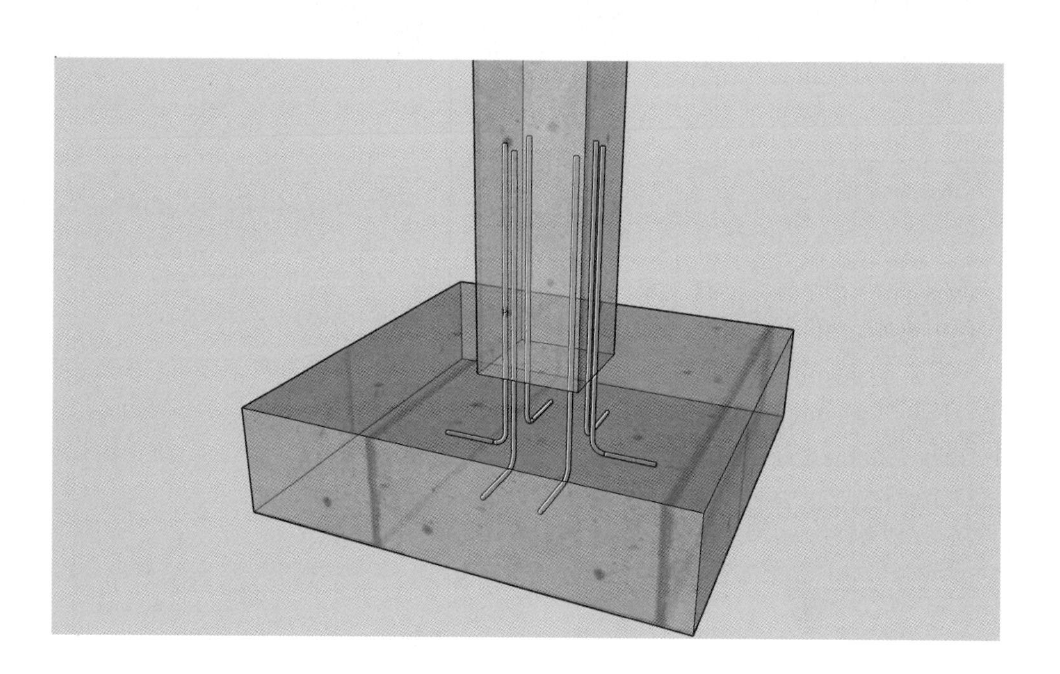

图 4-9 低位筋三维图

插筋的箍筋三维图如图 4-10 所示。

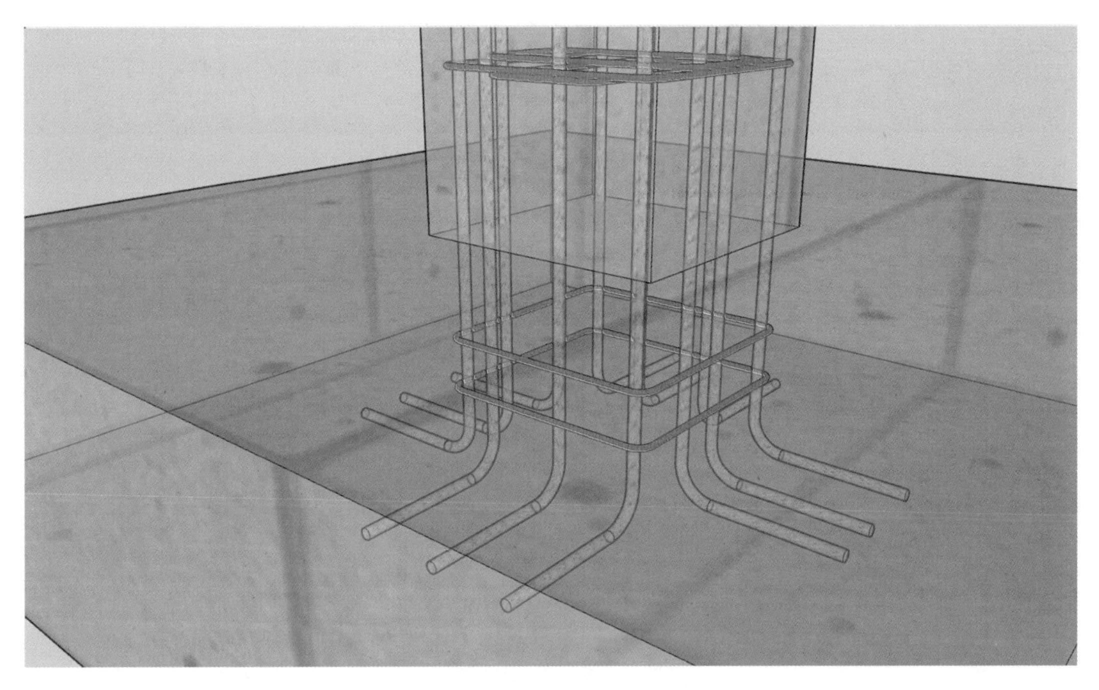

图 4-10 插筋的箍筋三维图

基础插筋计算方法如下：

高位筋长度 = 上层露出长度 + 错开距离 + 基础厚度 - 保护层厚度 + 计算设置设定的弯折长度 =2800/3+1 × max（35*d*，500）+500-40+max（12*d*，150）

低位筋长度 = 上层露出长度 + 基础厚度 - 保护层厚度 + 计算设置设定的弯折长度 =2800/3+500-40+max（12*d*，150）

箍筋长度 = [（柱截面宽度 -2 × 保护层厚度）+（柱截面高度 -2 × 保护层厚度）] × 2+11.9*d* × 2+8*d*=2 × [（500-2 × 30）+（500-2 × 30）] +2 × 11.9*d*+8*d*

上层露出长度为基础顶标高至上层梁底部距离，对于基础插筋而言即为基础顶至 -0.1m 处梁底标高，可以理解为基础层净高（H_n）。

本题中上层露出长度 = 首层标高（-0.1m）- 基础层顶部梁高（-0.1m 层梁高 600mm）- 基础底部标高（-4.0m）- 基础高度（500mm）=（-0.1）-0.6-（-4.0）-0.5=2.8（m），即为图中上层露出长度 2800mm。

柱插筋的数量、直径及钢筋种类应与柱内纵向受力钢筋相同。

KZ1 钢筋翻样与算量表见表 4-2。

表 4-2 KZ1 钢筋翻样与算量表

KZ1 插筋翻样							钢筋总重量：75.587kg		
筋号	级别	直径/mm	钢筋图形	计算方法	根数	总根数	单长/m	总长/m	总重/kg
构件位置：＜1，A＞									
B 边插筋 1	Φ	22	264 ⌊ 1393	2800/3+500-40+max（12*d*，150）	2	2	1.657	3.314	9.876

续表

KZ1 插筋翻样							钢筋总重量：75.587kg		
筋号	级别	直径/mm	钢筋图形	计算方法	根数	总根数	单长/m	总长/m	总重/kg
B 边插筋 2	Φ	22	264 2163	2800/3+1 × max（35*d*，500）+500-40+max（12*d*，150）	2	2	2.427	4.854	14.465
H 边插筋 1	Φ	22	264 2163	2800/3+1 × max（35*d*，500）+500-40+max（12*d*，150）	2	2	2.427	4.854	14.465
H 边插筋 2	Φ	22	264 1393	2800/3+500-40+max（12*d*，150）	2	2	1.657	3.314	9.876
角筋插筋 1	Φ	22	264 2163	2800/3+1 × max（35*d*，500）+500-40+max（12*d*，150）	2	2	2.427	4.854	14.465
角筋插筋 2	Φ	22	264 1393	2800/3+500-40+max（12*d*，150）	2	2	1.657	3.314	9.876
箍筋 1	Φ	10	440 440	2 × [（500-2 × 30）+（500-2 × 30）]+2 × 11.9*d*+8*d*	2	2	2.078	4.156	2.564

4.1.2.2 基础层钢筋计算

基础层竖筋三维图如图 4-11 所示。

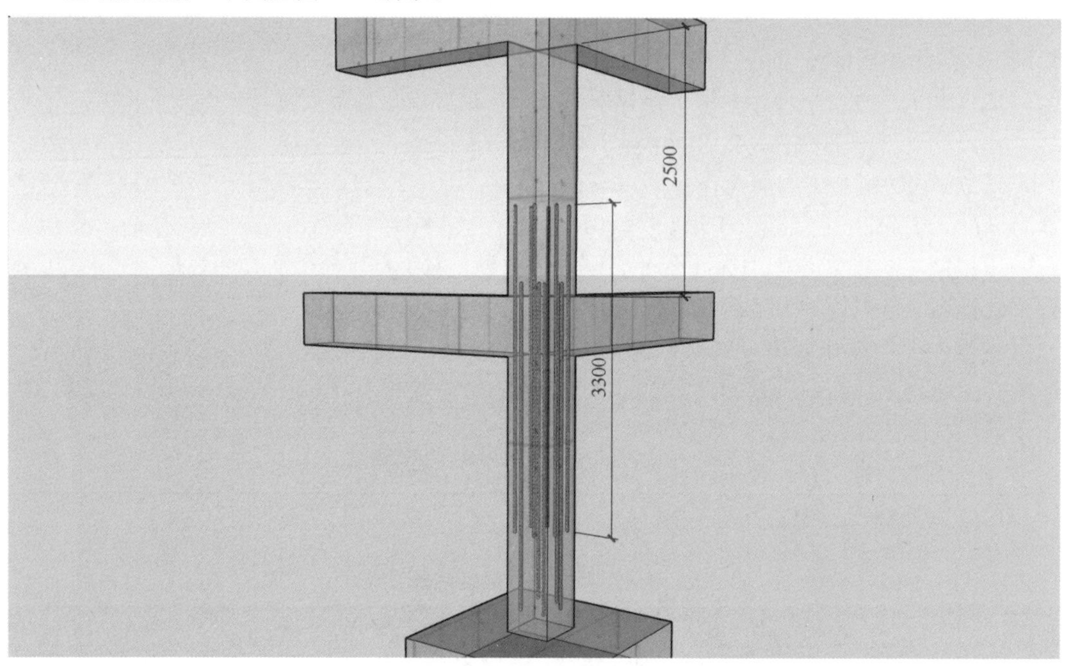

图 4-11 基础层竖筋三维图

基础层竖筋计算方法如下：

基础层竖筋长度 = 层高 − 本层的露出长度 + 上层的露出长度

=3400−2800/3+2500/3=3300（mm）

基础层层高为基础底部至上层梁底部距离，本题中层高 = 上层梁或板顶标高 - 基础顶标高 =(-0.1)-(-4+0.5)=3.4(m)。

本题中上层露出长度 = 一层顶标高(3.2m)- 一层顶部梁高(3.2m 层梁高 800mm)- 首层底标高(-0.1m)=3.2-0.8-(-0.1)=2.5(m)，即为图中上层露出长度 2500mm。

箍筋三维图如图 4-12 所示。

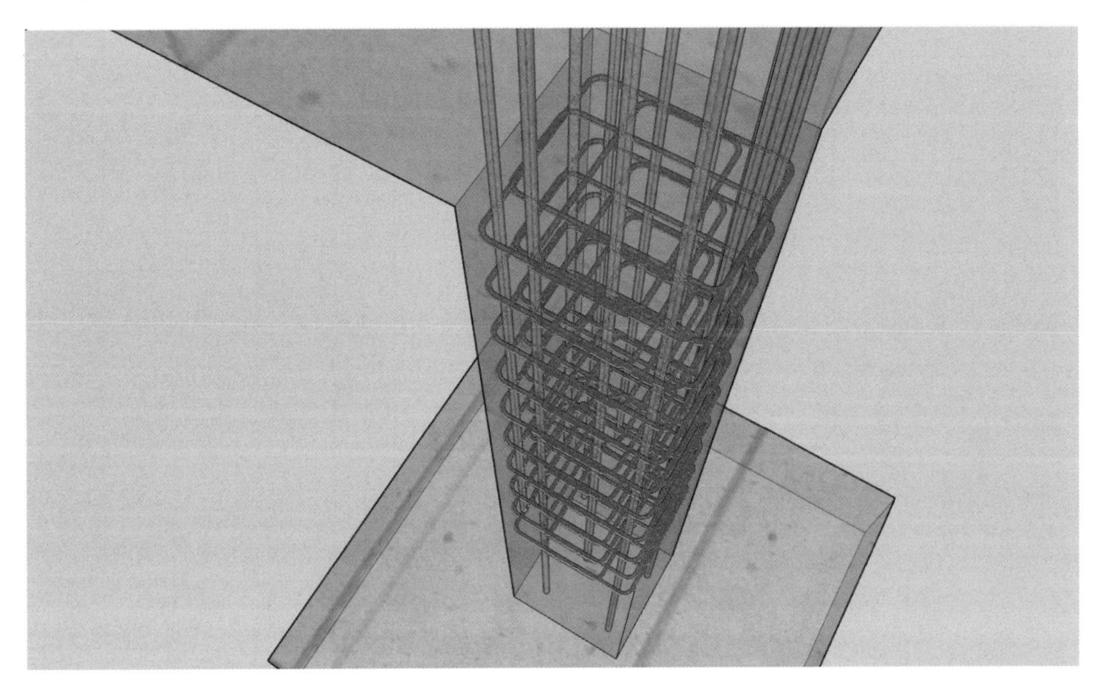

图 4-12 箍筋三维图

箍筋的计算方法如下：

箍筋长度 = $2\times(H-2\times c+B-2\times c)+2\times 11.9d+8d$

$=2\times[(500-2\times 30)+(500-2\times 30)]+2\times 11.9d+8d$

式中，H 为柱长边，B 为宽边，c 为保护层厚度，d 为箍筋直径，单位为 mm。

箍筋根数 = 2 × {Ceil [(加密区长度 -50)/ 加密间距] +1}+ [Ceil(非加密区长度 / 非加密间距)-1]

抗震框架柱和小墙肢箍筋加密区高度按设计要求，无设计要求的按表 4-3 选用。

表 4-3 KZ1 钢筋基础层翻样与算量表

基础层 KZ1 钢筋翻样							钢筋总重量：206.462kg		
筋号	级别	直径 /mm	钢筋图形	计算方法	根数	总根数	单长 /m	总长 /m	总重 /kg
构件位置：＜1，A＞									
B 边纵筋 1	Φ	22	3300	3400-1703+2500/3+1 × max(35*d*，500)	2	2	3.3	6.6	19.668
B 边纵筋 2	Φ	22	3300	3400-933+2500/3	2	2	3.3	6.6	19.668

续表

基础层 KZ1 钢筋翻样							钢筋总重量：206.462kg		
筋号	级别	直径 /mm	钢筋图形	计算方法	根数	总根数	单长 /m	总长 /m	总重 /kg
H 边纵筋 1	Φ	22	3300	3400−1703+2500/3+1 × max（35*d*，500）	2	2	3.3	6.6	19.668
H 边纵筋 2	Φ	22	3300	3400−933+2500/3	2	2	3.3	6.6	19.668
角筋 1	Φ	22	3300	3400−933+2500/3	2	2	3.3	6.6	19.668
角筋 2	Φ	22	3300	3400−1703+2500/3+1 × max（35*d*，500）	2	2	3.3	6.6	19.668
箍筋 1	Φ	10	440 440	2 ×［（500−2 × 30）+（500−2 × 30）］+2 × 11.9*d*+8*d*	28	28	2.078	58.184	35.9
箍筋 2	Φ	10	440 161	2 ×｛［（500−2 × 30−22）/3 × 1+22］+（500−2 × 30）｝+2 × 11.9*d*+8*d*	56	56	1.521	85.176	52.554

4.2 中间层框架柱翻样、算量方法与实例

4.2.1 中间层框架柱翻样、算量方法

KZ 纵向钢筋连接构造如图 4-13 所示。

柱相邻纵向钢筋连接接头相互错开，在同一截面内钢筋接头面积百分率不宜大于 50%。图中 h_c 为柱截面长边尺寸（圆柱为截面直径），H_n 为所在楼层的柱净高。

对于机械连接和焊接连接，其连接的位置在 22G101 中有严格要求，即柱纵筋的非连接区是有严格规定的。对于基础层和楼层梁而言是不同的，具体规定如下：

楼层梁上下部位的范围形成一个“非连接区”，其长度由三部分组成：梁底以下部分、梁中部分和梁顶以上部分。这三个部分构成一个完整的“柱纵筋非连接区”。

（1）梁底以下部分的非连接区长度，为下列三个数的最大值，即“三选一”：

$\geqslant H_n/6$（H_n 为所在楼层的柱净高）；

$\geqslant h_c$（h_c 为柱截面长边尺寸，圆柱为截面直径）；

≥ 500mm。

如果把上面三个数的最大值的“≥”号取成“=”号，则上述的“三选一”可以用下式表示：

梁底以下部分非连接区长度 =max（$H_n/6$，h_c，500）

（2）梁中部分的非连接区长度，就是梁的截面高度。

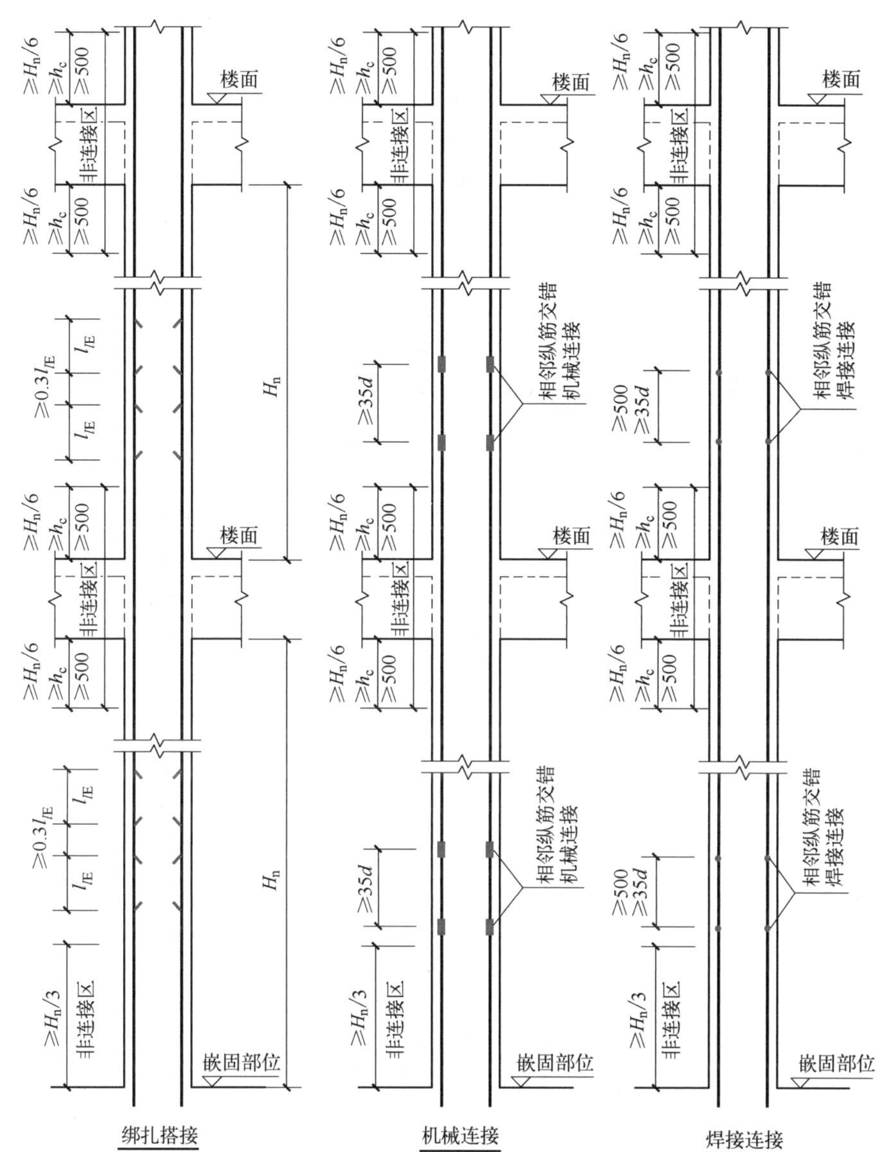

当某层连接区的高度小于纵筋分两批搭接所需要的高度时，应采用机械连接或焊接连接。

图 4-13 KZ 纵向钢筋连接构造

（3）梁顶以上部分的非连接区长度，为下列三个数的最大值，即“三选一”：

≥ $H_n/6$（H_n 为上一楼层的柱净高）；

≥ h_c（h_c 为柱截面长边尺寸，圆柱为截面直径）；

≥ 500mm。

如果把上面三个数的最大值的“≥”号取成“=”号，则上述的“三选一”可以用下式表示：

梁顶以上部分非连接区长度 =max（$H_n/6$，h_c，500）

虽然（1）和（3）的“三选一”的形式一样，但内容却不一样。因为（1）中的 H_n 为当前楼层的柱净高，（3）中的 H_n 为上一楼层的柱净高。

焊接连接情况下柱纵筋计算方法如下：

柱纵筋（低位筋）长度 = 层高 − 本层柱下端非连接区段长度 + 上层柱下端非连接区段长度

柱纵筋（高位筋）长度 = 层高 − 本层柱下端非连接区段长度 + 上层柱下端非连接区段长度 − 本层接头错开长度 + 上层接头错开长度

绑扎连接情况下柱纵筋计算方法如下：

柱纵筋（低位筋）长度 = 层高 − 本层柱下端非连接区段长度 + 上层柱下端非连接区段长度 + 上层搭接长度

柱纵筋（高位筋）长度 = 层高 − 本层柱下端非连接区段长度 + 上层柱下端非连接区段长度 − 本层 1.3 倍搭接长度 + 上层 2.3 倍搭接长度

柱钢筋三维图如图 4-14 所示。

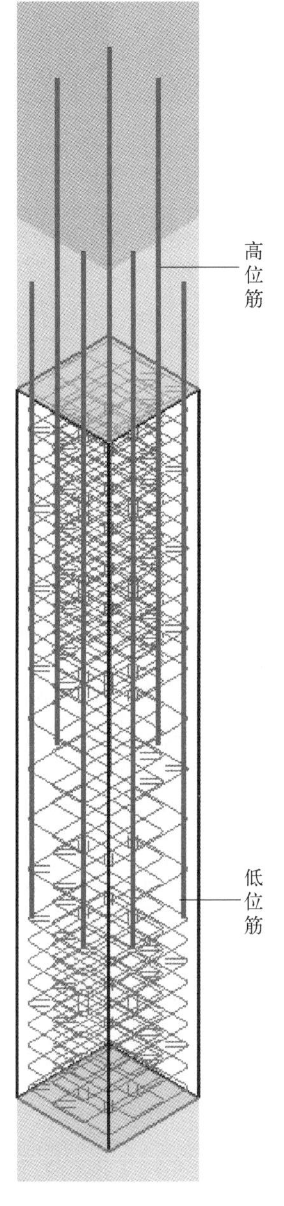

图 4-14　柱钢筋三维图

4.2.2 中间层框架柱翻样、算量实例

实例 6 三维动画

扫码观看视频

【实例 6】 某框架结构抗震等级为三级，共五层，基础底标高为 -4.00m，独立基础高 500mm，一层底标高为 -0.10m，二～四层层高为 3.3m，五层层高为 3.4m，柱混凝土等级为 C30，保护层厚度为 40mm，-0.1m 处与 KZ1 连接的梁高为 600mm，3.2m 处 KZ1 连接的梁高为 800mm。柱地上部分保护层厚度为 30mm，柱的局部平面布置如图 4-5 所示，箍筋类型如图 4-6 所示，相应尺寸及配筋见表 4-1，柱纵向钢筋三维图如图 4-15 所示，加密区箍筋三维图如图 4-16 所示。试计算 KZ1 首层的钢筋量，并进行钢筋翻样。

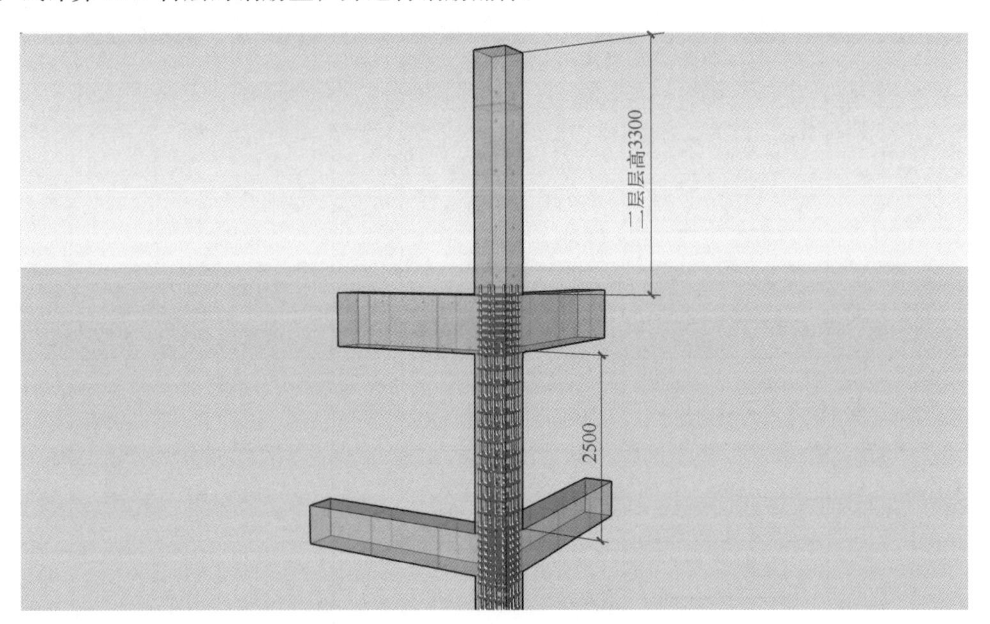

图 4-15 柱纵向钢筋三维图

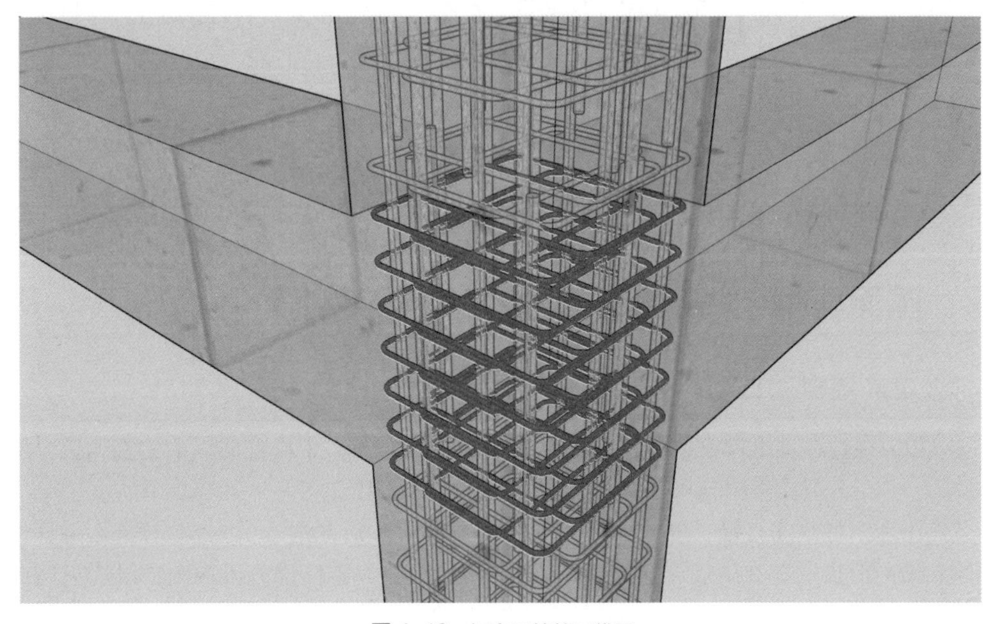

图 4-16 加密区箍筋三维图

计算方法如下：

柱纵向钢筋长度 = 层高 - 本层露出长度 + 上层露出长度

=3300-2500/3+max（2500/6,500,500）

加密区箍筋长度 =2×[(500-2×30)+(500-2×30)]+2×11.9d+8d

KZ1 首层钢筋翻样与算量表见表 4-4。

表 4-4　KZ1 首层钢筋翻样与算量表

KZ1 首层钢筋翻样									钢筋总重量：194.553kg
筋号	级别	直径/mm	钢筋图形	计算方法	根数	总根数	单长/m	总长/m	总重/kg
构件位置：＜1，A＞									
B 边纵筋 1	Φ	22	2967	3300-833+max（2500/6，500，500）	2	2	2.967	5.934	17.683
B 边纵筋 2	Φ	22	2967	3300-833+max（2500/6，500，500）	2	2	2.967	5.934	17.683
H 边纵筋 1	Φ	22	2967	3300-1603+max（2500/6，500，500）	2	2	2.967	5.934	17.683
H 边纵筋 2	Φ	22	2967	3300-833+max（2500/6，500，500）	2	2	2.967	5.934	17.683
角筋 1	Φ	22	2967	3300-833+max（2500/6，500，500）	2	2	2.967	5.934	17.683
角筋 2	Φ	22	2967	3300-1603+max（2500/6，500，500）	2	2	2.967	5.934	17.683
箍筋 1	Φ	10	440 440	2×[(500-2×30)+(500-2×30)]+2×11.9d+8d	28	28	2.078	58.184	35.9
箍筋 2	Φ	10	440 161	2×{[(500-2×30-22)/3×1+22]+(500-2×30)}+2×11.9d+8d	56	56	1.521	85.176	52.554

4.3　屋面层框架柱翻样、算量方法与实例

4.3.1　屋面层框架柱翻样、算量方法

抗震 KZ 中柱柱顶纵向钢筋构造如图 4-17 所示。抗震 KZ 中柱柱头纵向钢筋构造分四种构造做法，施工人员应根据各种做法所要求的条件正确选用。

节点①：当柱纵筋直锚长度＜ l_{aE} 时，柱纵筋伸至柱顶后向内弯折 12d，但必须保证柱纵筋的伸入梁内的长度≥ $0.5l_{abE}$。当柱顶周围没有现浇板时，不能伸入梁内的柱纵筋只能向柱内弯钩。

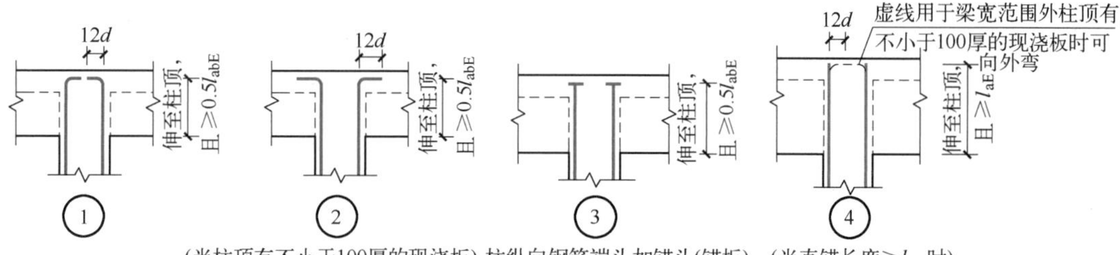

图 4-17　抗震 KZ 中柱柱顶纵向钢筋构造（①～④）

节点②：当柱纵筋直锚长度< l_{aE}，且顶层为现浇混凝土板、其强度等级≥ C20、板厚≥ 100mm 时，柱纵筋伸至柱顶后向外弯折 12d，但必须保证柱纵筋伸入梁内的长度≥ 0.5l_{abE}。

节点③：伸至柱顶，且≥ 0.5l_{abE}。

节点④：当柱纵筋直锚长度≥ l_{aE} 时，可以直锚伸至柱顶。当直锚长度> l_{aE} 时，柱纵筋可以不弯直钩，但必须通到柱顶。

节点①与节点②的构造做法相似，其不同之处在于节点①的柱纵筋弯钩朝内拐，节点②的柱纵筋弯钩朝外拐。由此可见节点②（弯钩朝外拐）的构造做法更方便些，但要满足一定的条件：柱顶有不小于 100mm 厚的现浇板。

（1）顶层中柱焊接连接情况下纵筋计算方法如下：

顶层柱纵筋（低位筋）长度 = 顶层层高 - 柱顶保护层厚度 - 本层柱下端非连接区段长度 + 弯折长度

顶层柱纵筋（高位筋）长度 = 顶层层高 - 柱顶保护层厚度 - 本层柱下端非连接区段长度 - 接头错开长度 + 弯折长度

（2）顶层中柱绑扎连接情况下纵筋计算方法如下：

顶层柱纵筋（低位筋）长度 = 顶层层高 - 柱顶保护层厚度 - 本层柱下端非连接区段长度 + 弯折长度

顶层柱纵筋（高位筋）长度 = 顶层层高 - 柱顶保护层厚度 - 本层柱下端非连接区段长度 -1.3 倍搭接长度 + 弯折长度

（3）顶层边角柱焊接连接情况下纵筋计算方法如下：

顶层柱外侧纵筋（低位筋）长度 = 顶层层高 - 柱顶保护层厚度 - 本层柱下端非连接区段长度 - 梁高 +1.5l_{aE}

顶层柱外侧纵筋（高位筋）长度 = 顶层层高 - 柱顶保护层厚度 - 本层柱下端非连接区段长度 - 接头错开长度 - 梁高 +1.5l_{aE}

顶层柱内侧纵筋（低位筋）长度 = 顶层层高 - 柱顶保护层厚度 - 本层柱下端非连接区段长度 + 弯折长度（满足直锚时弯折为 0）

顶层柱内侧纵筋（高位筋）长度 = 顶层层高 - 柱顶保护层厚度 - 本层柱下端非连接区段长度 - 本层接头错开长度 + 弯折长度（满足直锚时弯折为 0）

（4）顶层边角柱绑扎连接情况下纵筋计算方法如下：

顶层柱外侧纵筋（低位筋）长度 = 顶层层高 - 柱顶保护层厚度 - 本层柱下端非连接区段长度 - 梁高 +1.5l_{aE}

顶层柱外侧纵筋（高位筋）长度 = 顶层层高 − 柱顶保护层厚度 − 本层柱下端非连接区段长度 − 接头错开长度 −1.3 倍搭接长度 − 梁高 +1.5l_{aE}

顶层柱内侧纵筋（低位筋）长度 = 顶层层高 − 柱顶保护层厚度 − 本层柱下端非连接区段长度 + 弯折长度（满足直锚时弯折为 0）

顶层柱内侧纵筋（高位筋）长度 = 顶层层高 − 柱顶保护层厚度 − 本层柱下端非连接区段长度 − 本层接头错开长度 + 弯折长度（满足直锚时弯折为 0）

弯锚三维图如图 4-18 所示，直锚三维图如图 4-19 所示。

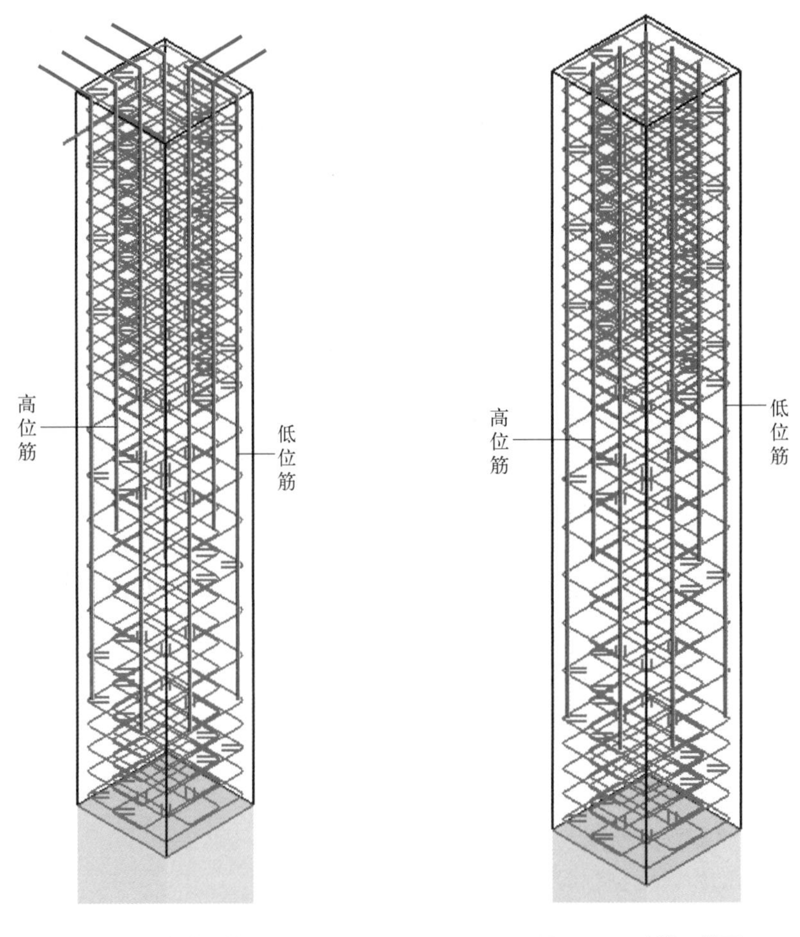

图 4-18 **弯锚三维图**　　图 4-19 **直锚三维图**

4.3.2 屋面层框架柱翻样、算量实例

4.3.2.1 屋面层柱翻样、算量实例

实例 7　三维动画

扫码观看视频

【实例 7】 某框架结构抗震等级为三级，共五层，基础底标高为 -4.00m，独立基础高 500mm，一层底标高为 -0.10m，二～四层层高为 3.3m，五层层高为 3.4m，柱混凝土等级为 C30，保护层厚度为 40mm，-0.1m 处与 KZ1 连接的梁高为 600mm，3.2m 处 KZ1 连接的梁高为 800mm。柱地上部分保护层厚度为 30mm，与 KZ1 相交的两道屋面梁尺寸为 250mm × 900mm，柱的局部平面布置如图 4-5 所示，箍筋类型如图 4-6 所示，

相应尺寸及配筋表见表 4-1。试计算 KZ1 屋面层框架柱的钢筋量，并进行钢筋翻样。

屋面直锚筋三维图如图 4-20 和图 4-21 所示，屋面箍筋三维图如图 4-22 所示。

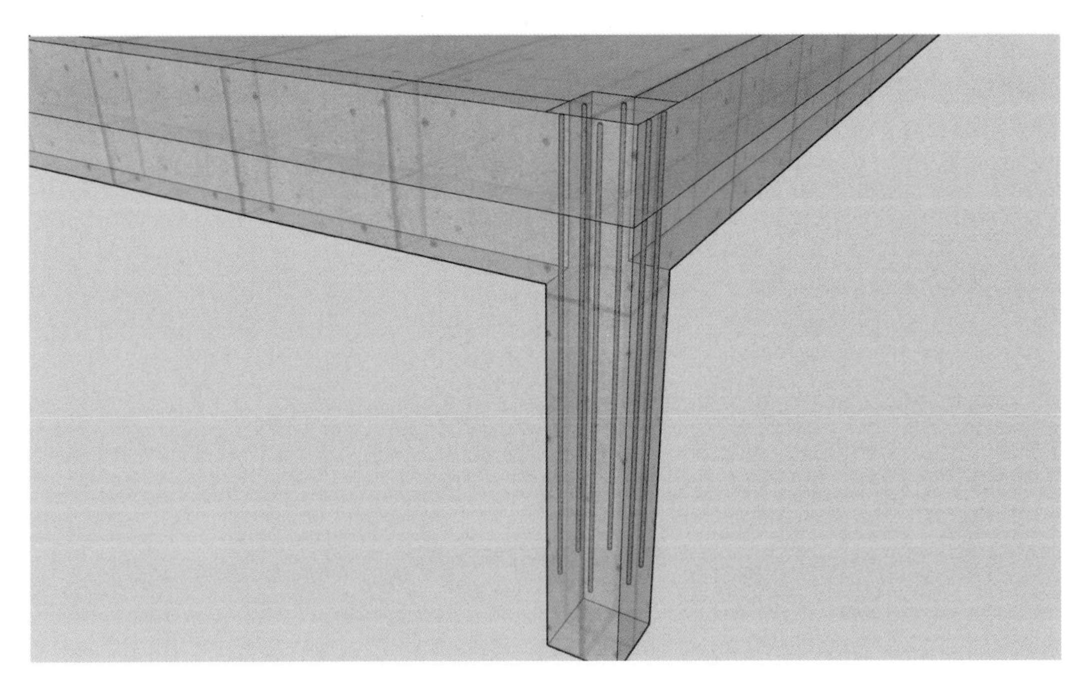

图 4-20 屋面直锚筋较长筋三维图

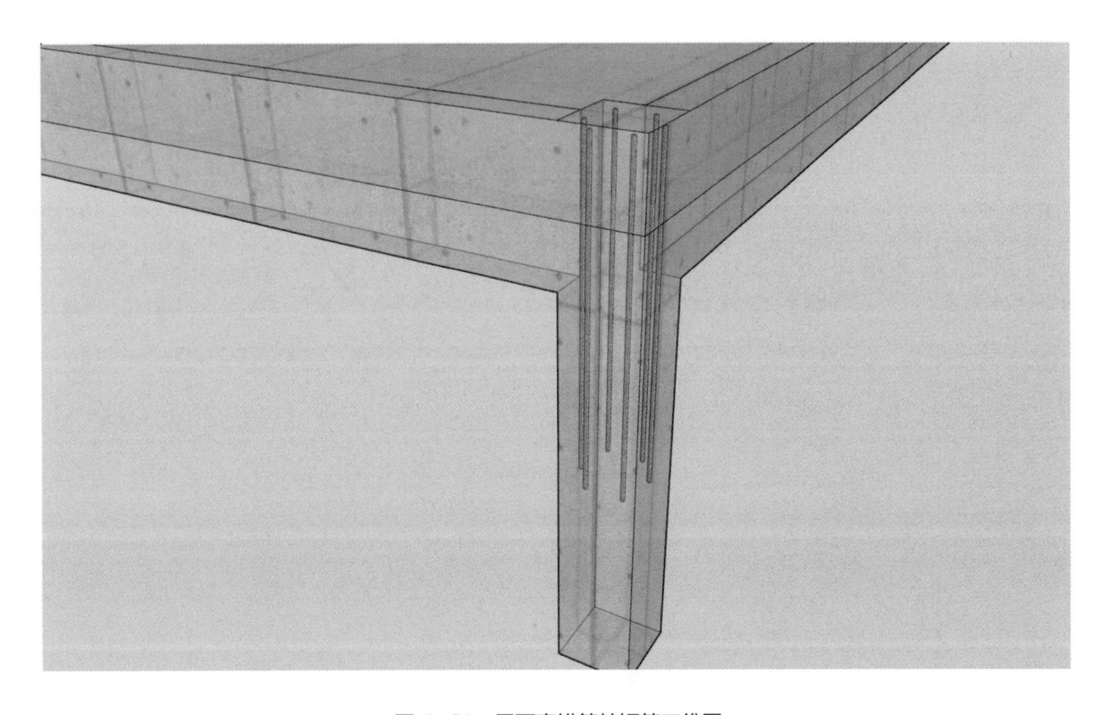

图 4-21 屋面直锚筋较短筋三维图

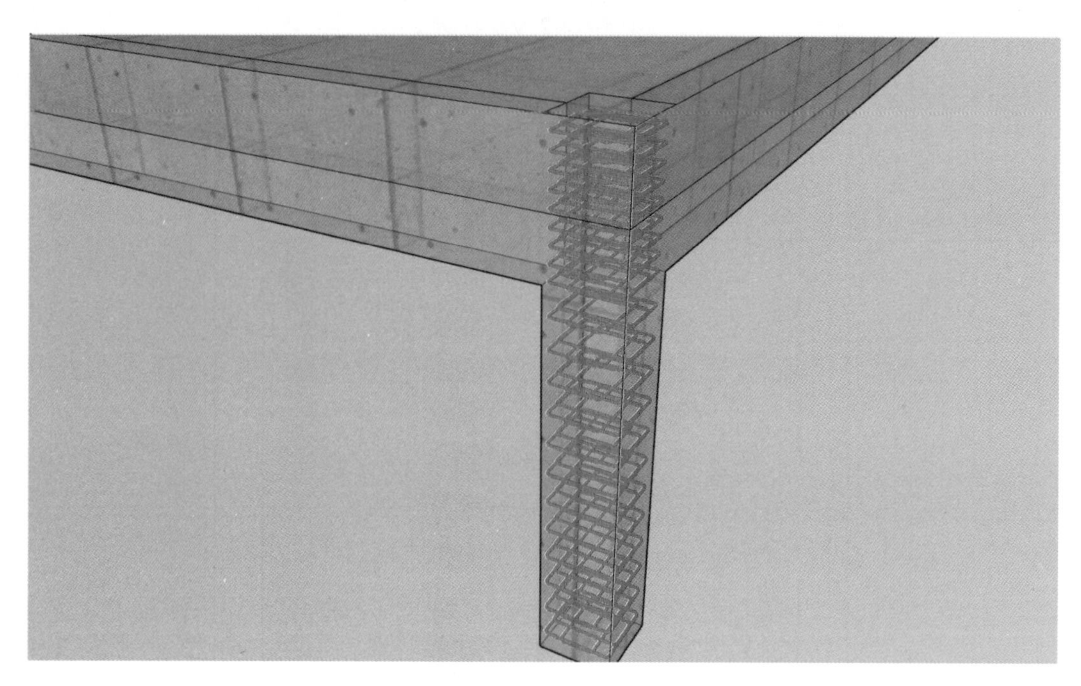

图 4-22 屋面箍筋三维图

计算方法如下：

高位筋长度 = 层高 – 本层的露出长度 – 底部节点高度 + 顶部节点高度 – 保护层厚度

=3400−500−900+900−30=2870（mm）

低位筋长度 = 层高 – 本层的露出长度 – 底部节点高度 + 顶部节点高度 – 保护层厚度

=3400−1270−900+900−30=2100（mm）

箍筋 1 长度 =2 × [（500−2 × 30）+（500−2 × 30）] +2 × 11.9d+8d

箍筋 2 长度 =2 × {[（500−2 × 30−22）/3 × 1+22] +（500−2 × 30）}+2 × 11.9d+8d

KZ1 屋面层框架柱钢筋翻样与算量表见表 4-5。

表 4-5 KZ1 屋面层框架柱钢筋翻样与算量表

KZ1 屋面层钢筋翻样							钢筋总重量：177.317kg		
筋号	级别	直径 /mm	钢筋图形	计算方法	根数	总根数	单长 /m	总长 /m	总重 /kg
构件位置：＜1，A＞									
B 边纵筋 1	Φ	22	2100	3400−1270−900+900−30	2	2	2.1	4.2	12.516
B 边纵筋 2	Φ	22	2870	3400−500−900+900−30	2	2	2.87	5.74	17.105
H 边纵筋 1	Φ	22	2100	3400−1270−900+900−30	2	2	2.1	4.2	12.516
H 边纵筋 2	Φ	22	2870	3400−500−900+900−30	2	2	2.87	5.74	17.105
角筋 1	Φ	22	2870	3400−500−900+900−30	2	2	2.87	5.74	17.105

续表

KZ1 屋面层钢筋翻样									钢筋总重量：177.317kg
筋号	级别	直径/mm	钢筋图形	计算方法	根数	总根数	单长/m	总长/m	总重/kg
角筋 2	⌀	22	2100	3400−1270−900+900−30	2	2	2.1	4.2	12.516
箍筋 1	⌀	10	440 440	2 × [(500−2 × 30)+(500−2 × 30)]+2 × 11.9*d*+8*d*	28	28	2.078	58.184	35.9
箍筋 2	⌀	10	440 161	2 × {[(500−2 × 30−22)/3 × 1+22]+(500−2 × 30)}+2 × 11.9*d*+8*d*	56	56	1.521	85.176	52.554

4.3.2.2 弯锚屋面层柱翻样、算量实例

实例 8 三维动画

扫码观看视频

【实例 8】 某框架结构抗震等级为三级，共五层，基础底标高为 -4.00m，独立基础高 500mm，一层底标高为 -0.10m，二～四层层高为 3.3m，五层层高为 3.4m，柱混凝土等级为 C30，保护层厚度为 40mm，-0.1m 处与 KZ1 连接的梁高为 600mm，3.2m 处 KZ1 连接的梁高为 800mm。柱地上部分保护层厚度为 30mm，与 KZ1 相交的两道屋面梁尺寸为 250mm × 900mm，柱的局部平面布置图如图 4-5 所示，箍筋类型如图 4-6 所示，相应尺寸及配筋见表 4-1。试计算 KZ1 五层的钢筋量，并进行钢筋翻样。

弯锚钢筋三维图如图 4-23 和图 4-24 所示；箍筋三维图如图 4-25 所示。

图 4-23 弯锚钢筋较长筋三维图

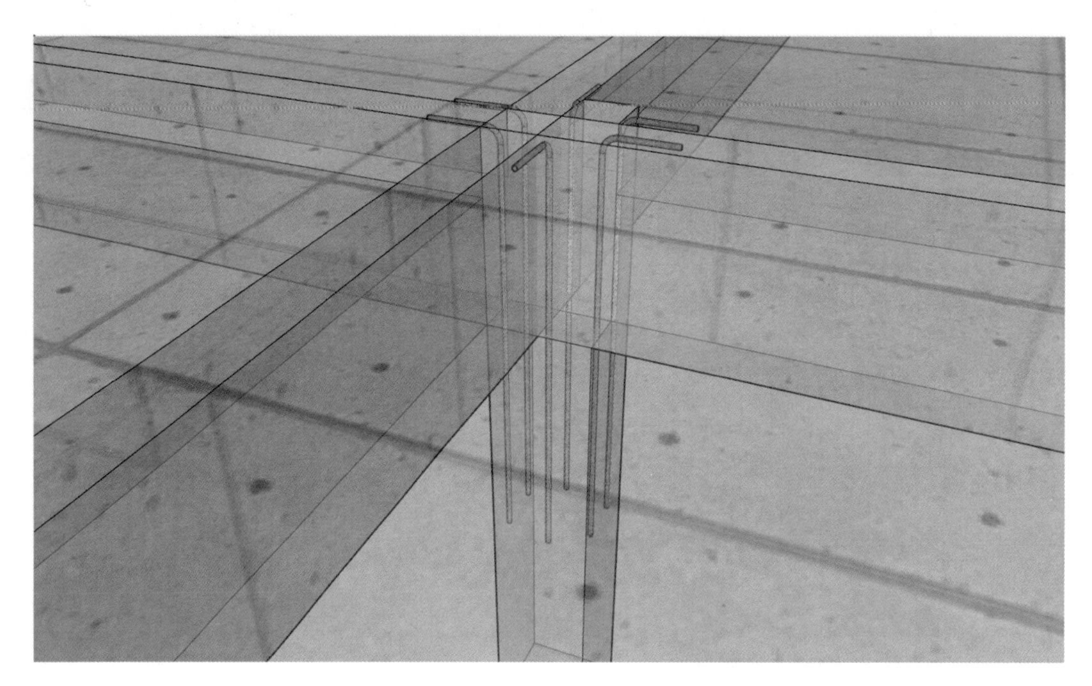

图 4-24 弯锚钢筋较短筋三维图

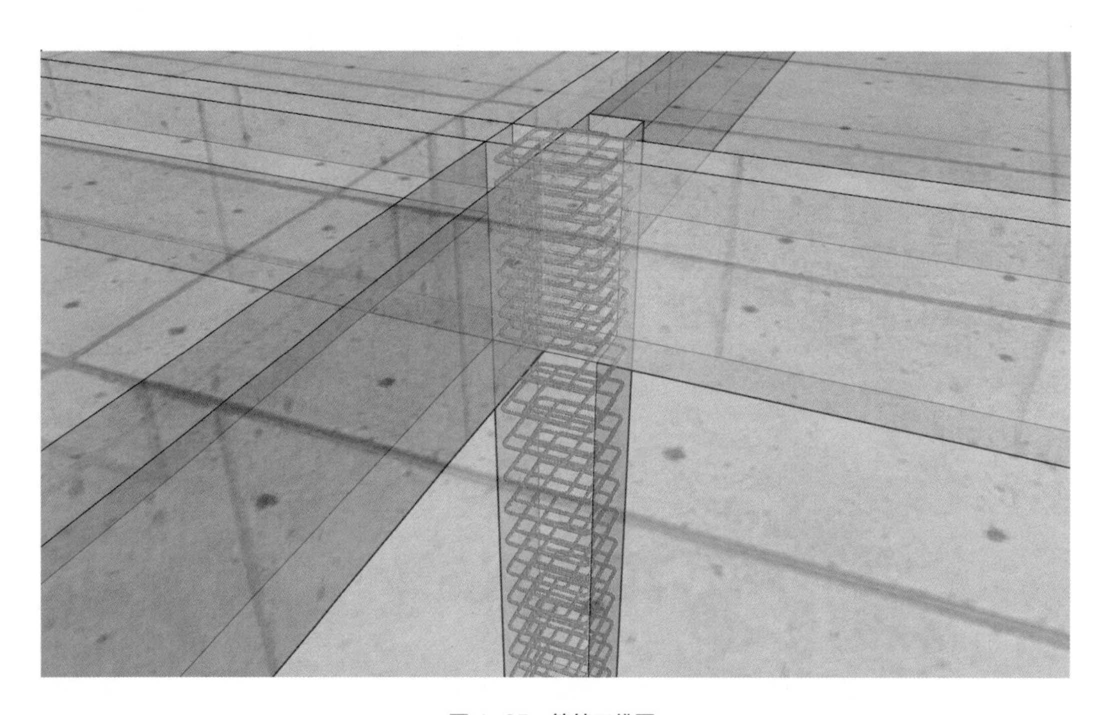

图 4-25 箍筋三维图

计算方法如下：

高位筋长度 = 层高 - 本层的露出长度 - 底部节点高度 + 顶部节点高度 - 保护层厚度 + 节点设置中的柱纵筋顶层弯折长度 =3400-500-600+600-30+12d

低位筋长度 = 层高 - 本层的露出长度 - 错开距离 - 底部节点高度 + 顶部节点高度 - 保护层厚度 + 节点设置中的柱纵筋顶层弯折长度 =3400-500-max（35d，500）-600+600-30+12d

箍筋 1 长度 =2 × [（500−2 × 30）+（500−2 × 30）]+2 × 11.9d+8d

箍筋 2 长度 =2 × {[（500−2 × 30−22）/3 × 1+22]+（500−2 × 30）}+2 × 11.9d+8d

KZ1 首层钢筋翻样与算量表见表 4-6。

表 4-6　KZ1 首层钢筋翻样与算量表

KZ1 钢筋翻样							钢筋总重量：180.439kg		
筋号	级别	直径/mm	钢筋图形	计算方法	根数	总根数	单长/m	总长/m	总重/kg
构件位置：＜1，A＞									
B 边纵筋 1	Φ	22	264 2100	3400−500−770−600+600−30+12d	2	2	2.364	4.728	14.089
B 边纵筋 2	Φ	22	264 2870	3400−500−600+600−30+12d	2	2	3.134	6.268	18.679
H 边纵筋 1	Φ	22	264 2100	3400−500−770−600+600−30+12d	2	2	2.364	4.728	14.089
H 边纵筋 2	Φ	22	264 2870	3400−500−600+600−30+12d	2	2	3.134	6.268	18.679
角筋 1	Φ	22	264 2870	3400−500−600+600−30+12d	2	2	3.134	6.268	18.679
角筋 2	Φ	22	264 2100	3400−500−770−600+600−30+12d	2	2	2.364	4.728	14.089
箍筋 1	Φ	10	440 440	2 × [（500−2 × 30）+（500−2 × 30）] +2 × 11.9d+8d	26	26	2.078	54.028	33.335
箍筋 2	Φ	10	440 161	2 × {[（500−2 × 30−22）/3 × 1+22] +（5002 × 30）}+2 × 11.9d+8d	52	52	1.52	79.092	48.8

5 剪力墙构件翻样、算量方法与实例

5.1 剪力墙构件翻样、算量方法

5.1.1 剪力墙身翻样、算量方法

5.1.1.1 竖向钢筋的翻样、算量方法

（1）剪力墙基础层插筋计算方法如下。

剪力墙插筋是剪力墙钢筋与基础梁或基础板的锚固钢筋，包括垂直长度和锚固长度两部分。

① 剪力墙插筋长度计算方法如下。

当基础层剪力墙插筋采用绑扎连接时，钢筋构造图如图 5-1 所示。

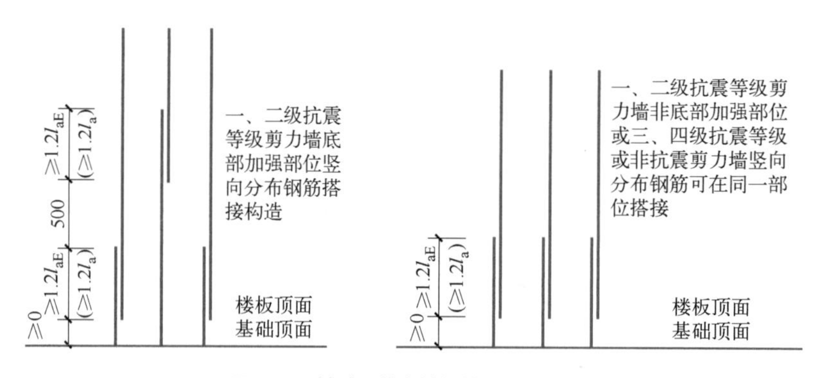

图 5-1 基础层剪力墙插筋采用绑扎连接

基础层剪力墙插筋长度计算方法如下：

基础层剪力墙插筋长度 = 弯折长度 a+ 锚固竖直长度 h_1+ 搭接长度 1.2l_{aE} 或非连接区 500

当基础层剪力墙插筋采用机械连接或焊接时（如图 5-2 所示），钢筋搭接长度不计，基础层剪力墙插筋长度计算方法如下：

基础层剪力墙插筋长度 = 弯折长度 a+ 锚固竖直长度 h_1+ 钢筋伸出基础长度 500

通常在工程预算中计算钢筋重量时，不考虑钢筋错层搭接问题，因为错层搭接对钢筋总重量没有影响。

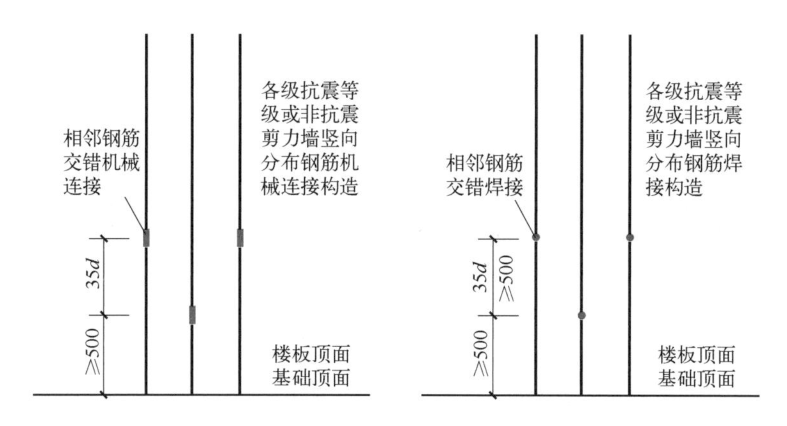

图 5-2　基础层剪力墙插筋采用机械连接或焊接

② 剪力墙插筋根数计算方法如下。

剪力墙基础插筋布置如图 5-3 所示，插筋距离暗柱边缘的距离为竖筋间距的一半。

计算方法如下：

剪力墙插筋根数 =Ceil [(墙净长 − 2 × 插筋间距 /2) / 插筋间距] −Ceil [(墙长 − 两端暗柱截面长 −2 × 插筋间距 /2)]

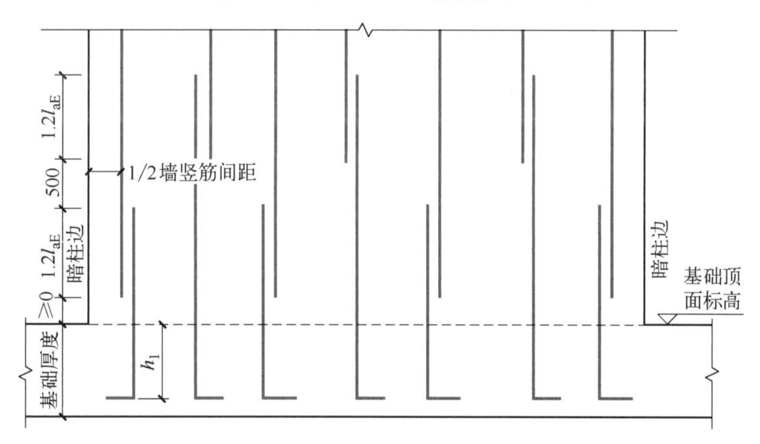

图 5-3　剪力墙基础插筋布置图

（2）中间层剪力墙竖向钢筋计算方法如下。

中间层剪力墙竖向钢筋布置分为有洞口和无洞口两种情况。无洞口时，钢筋布置图如图 5-4 所示。有洞口时，钢筋布置图如图 5-5 所示。

无洞口时，中间层竖向钢筋计算方法如下：

$$中间层竖向钢筋长度 = 层高 + 搭接长度\ 1.2l_{aE}$$

剪力墙墙身有洞口时，墙身竖向钢筋在洞口上下两边截断，分别横向弯折 15d，计算方法如下：

$$竖向钢筋长度 = 该层内钢筋净长 + 弯折长度\ 15d + 搭接长度\ 1.2l_{aE}$$

（3）顶层剪力墙竖向钢筋计算方法如下。

顶层剪力墙竖向钢筋应在板中进行锚固，锚固长度为 12d，如图 5-6 所示。

顶层竖向钢筋长度计算方法如下：

$$顶层竖向钢筋长度 = 层高 − 板厚 + 锚固长度\ 12d$$

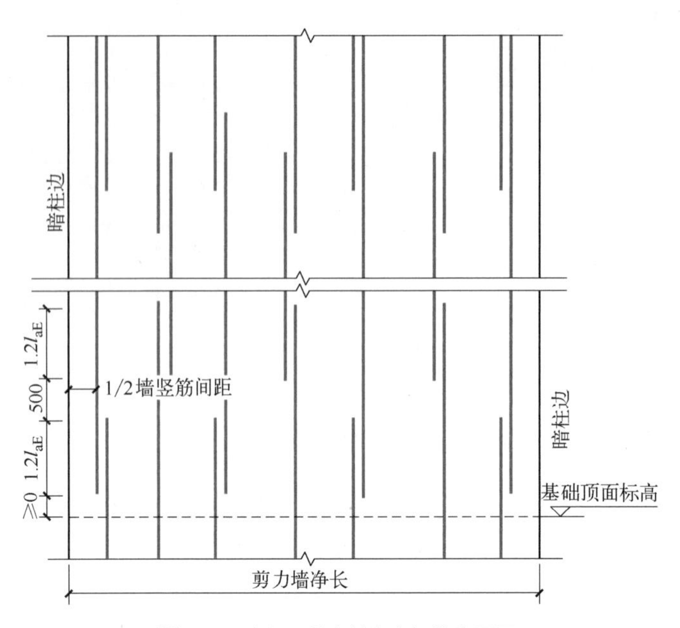

图 5-4 中间层剪力墙竖向钢筋布置图

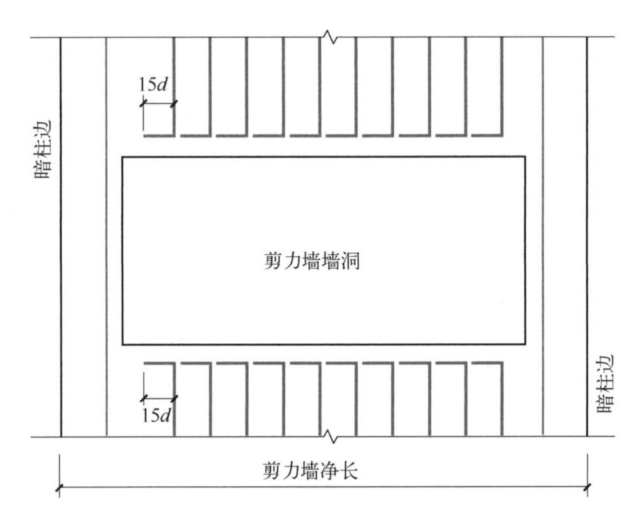

图 5-5 有洞口剪力墙竖向钢筋构造图

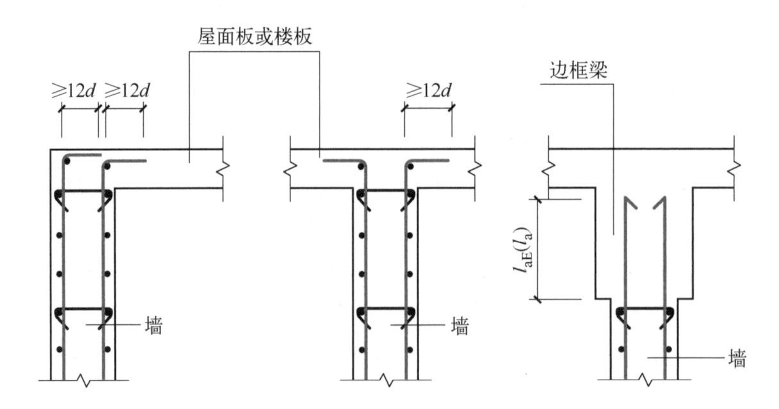

图 5-6 顶层剪力墙竖向钢筋应在板中进行锚固

5.1.1.2　水平钢筋的翻样、算量方法

（1）基础层剪力墙水平钢筋计算方法如下。

基础层剪力墙水平筋分内侧钢筋、中间钢筋和外侧钢筋。内侧钢筋在剪力墙转角处搭接，外侧钢筋在转角处可以连续通过，也可以断开搭接。当剪力墙端无暗柱时，墙水平筋在端头锚固 $10d$。

① 墙端为暗柱时计算方法如下。

当外侧钢筋连续通过，计算方法如下：

外侧钢筋长度 = 墙长 − 保护层厚度 ×2

内侧钢筋长度 = 墙长 − 保护层厚度 +$15d$×2（弯折长度）

当外侧钢筋不连续通过，计算方法如下：

外侧钢筋长度 = 墙净长 +2× l_{lE}

内侧钢筋长度 = 墙长 − 保护层厚度 +$15d$×2（弯折长度）

② 墙端为端柱时，剪力墙墙身水平钢筋在端柱中弯锚 $15d$，当墙体水平筋伸入端柱长度 ≥ l_{aE}（l_a）时，不必上下弯折。

当为端柱转角墙时，计算方法如下：

外侧钢筋长度 = 墙净长 + 端柱长 − 保护层厚度 +$15d$

内侧钢筋长度 = 墙净长 + 端柱长 − 保护层厚度 +$15d$

当为端柱翼墙或端柱端部墙时，计算方法如下：

外侧钢筋长度 = 墙净长 − 端柱长 − 保护层厚度 +$15d$

内侧钢筋长度 = 墙净长 + 端柱长 − 保护层厚度 +$15d$

③ 基础层剪力墙水平筋根数的计算方法如下。

基础层水平钢筋根数 =Ceil（层高 / 间距）+1

部分设计图纸，明确表示基础层剪力墙水平筋的根数，也可以根据图纸实际根数计算。

（2）中间层剪力墙水平筋的计算方法如下。

当剪力墙中无洞口时，中间层剪力墙中水平钢筋设置同基础层，钢筋长度计算同基础层。当剪力墙墙身有洞口时，墙身水平筋在洞口左右两边截断，分别向下弯折 $15d$。

计算方法如下：

洞口水平钢筋长度 = 该层内钢筋净长 + 弯折长度 $15d$

（3）顶层剪力墙水平筋的计算方法如下。

顶层剪力墙水平筋设置同中间层剪力墙，钢筋长度计算同中间层。

5.1.2　剪力墙柱翻样、算量方法

5.1.2.1　暗柱纵筋的翻样、算量方法

（1）基础层剪力墙插筋的计算方法如下。

① 基础层插筋长度的计算方法如下。

剪力墙暗柱插筋是剪力墙暗柱钢筋与基础梁或基础板的锚固钢筋，包括垂直长度和锚固长度两部分，剪力墙暗柱基础插筋采用绑扎连接时，暗柱基础插筋长度同剪力墙身钢筋，计算方法如下：

基础层暗柱插筋长度 = 弯折长度 a+ 锚固竖直长度 h_1+ 搭接长度 $1.2l_{aE}$

当采用机械连接时，钢筋搭接长度不计，暗柱基础插筋长度计算方法如下：

基础层暗柱插筋长度 = 弯折长度 a+ 锚固竖直长度 h_1+ 钢筋出基础长度 500

通常在工程预算中计算钢筋重量时，不考虑钢筋错层搭接问题，因为错层搭接对钢筋总重量没有影响。

② 插筋根数的计算方法如下。

基础层暗柱插筋布置范围在剪力墙暗柱内，如图 5-7 所示。每个基础层剪力墙插筋根数可以直接从图纸上面数出，总根数为：暗柱的数量 × 每根暗柱插筋的根数。

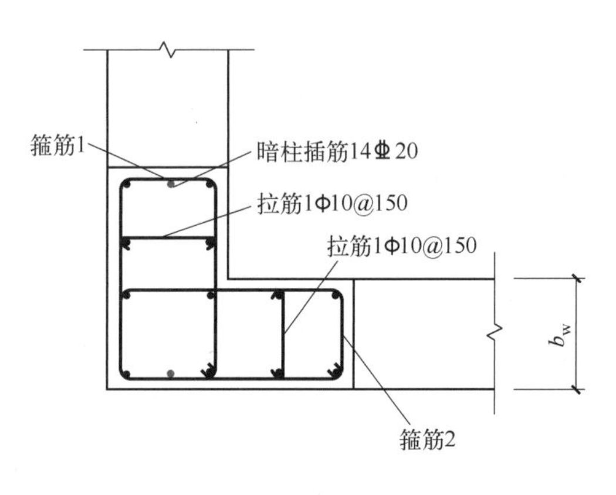

图 5-7 暗柱插筋构造图

（2）中间层剪力墙暗柱纵筋的计算方法如下。

中间层剪力墙暗柱纵筋布置在剪力墙暗柱内，钢筋连接方法分为绑扎连接和机械连接两种。HPB300 钢筋端头加 180° 的弯钩，受拉钢筋直径大于或等于 25mm，受压钢筋直径大于 28mm 时采用机械连接。当暗柱纵筋采用搭接连接时，应在柱纵筋搭接长度范围内均按≤ 5d 及≤ 100mm 的间距加密箍筋。

① 纵筋长度的计算方法如下。

绑扎连接的中间层墙柱纵筋长度 = 中间层层高 + 搭接长度 1.2l_{aE}

机械连接的中间层墙柱纵筋长度 = 中间层层高

② 中间层暗柱纵筋根数计算同基础层插筋根数的计算。

（3）顶层剪力墙暗柱纵筋的计算方法如下。

剪力墙暗柱纵筋顶部构造，钢筋在屋面板中的锚固方式可参照图 5-8。

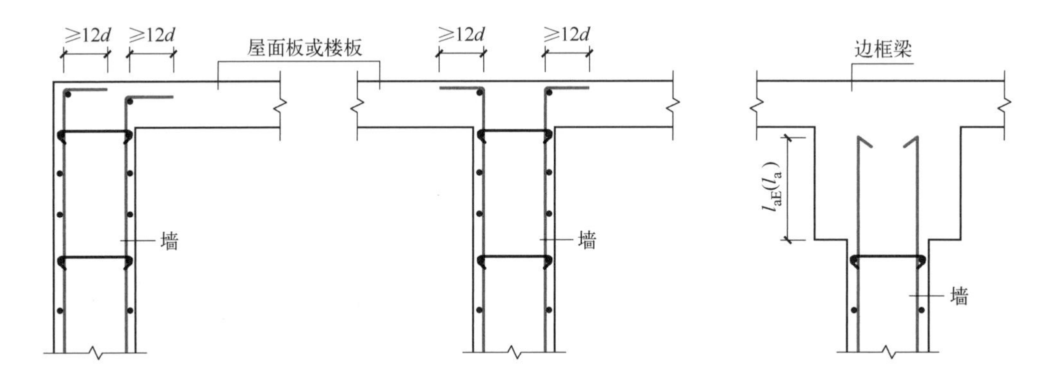

图 5-8 剪力墙暗柱竖向钢筋顶部构造

顶层墙柱纵筋长度计算方法如下：

顶层墙柱纵筋长度 = 顶层净高 − 板厚 + 顶层锚固长度

如果是端柱，顶层锚固要区分边柱、中柱、角柱，要区分外侧钢筋和内侧钢筋。因为端柱可以看作是框架柱，所以其锚固也与框架柱相同。

5.1.2.2 暗柱箍筋的翻样、算量方法

剪力墙暗柱箍筋如图 5-9 所示。

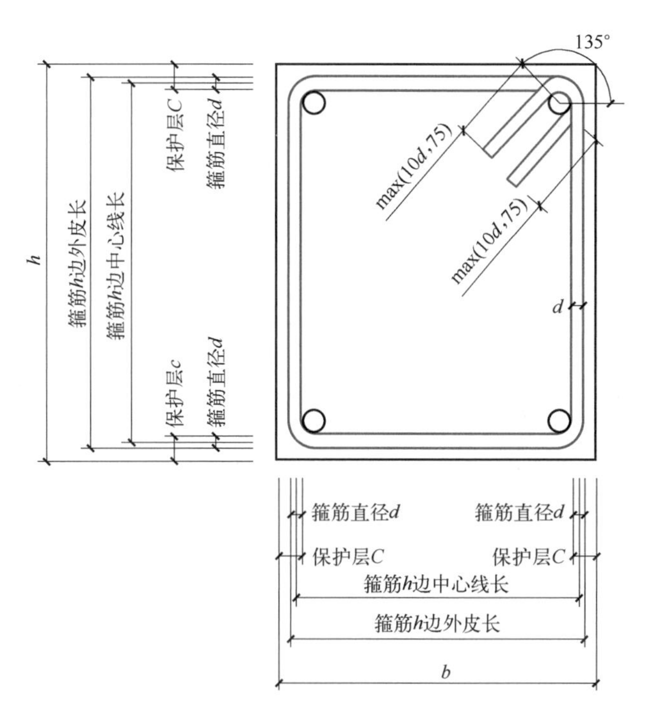

图 5-9 **暗柱两肢箍筋构造图**

（1）按照箍筋外皮计算箍筋长度，计算方法如下：

箍筋长度 =（ $b+h$ ）× 2- 保护层厚度 × 8-d/2 × 8+1.9d × 2+max（10d，75）× 2

（2）按照箍筋外皮计算箍筋长度，计算方法如下：

箍筋长度 =（ $b+h$ ）× 2- 保护层厚度 × 8+1.9d × 2+max（10d，75）× 2

（3）箍筋根数的计算方法如下。

暗柱箍筋根数在基础层、中间层、顶层布置略有不同。

① 基础层暗柱箍筋根数根据设计图纸分为以下三种情况。

a. 基础上下两端均布置箍筋时，计算方法如下：

箍筋根数 =Ceil [（基础高度 -100- 基础保护层厚度）/ 箍筋间距] +1

b. 基础上或下一端不布置箍筋时，计算方法如下：

箍筋根数 =Ceil [（基础高度 -100- 基础保护层厚度）/ 箍筋间距]

c. 基础两端均不布置箍筋时，计算方法如下：

箍筋根数 =Ceil [（基础高度 - 基础保护层厚度）/ 箍筋间距]

② 中间层、顶层暗柱箍筋根数根据搭接方法不同，采用不同的公式计算。

箍筋采用搭接连接时，搭接间距应≤ 5d 且≤ 100mm，箍筋根数计算如下：

箍筋根数 =（绑扎范围内加密区排数 + 非加密区排数）× 每排箍筋个数

加密区箍筋根数 =Ceil [（搭接范围 -50）/ 间距]+1

非加密箍筋区根数 =Ceil [（层高 - 搭接范围）/ 间距]

采用机械连接时，箍筋根数计算如下：

箍筋根数 =Ceil [（层高 -50）/ 箍筋间距] +1

5.1.2.3 剪力墙暗柱拉筋的翻样、算量方法

剪力墙暗柱拉筋设置同框架柱中拉筋，如图 5-10 所示。

按照 22G101 的规定，计算拉筋长度，分为以下几种情况：

（1）拉筋同时勾住纵筋和箍筋时，计算方法如下：

拉筋中心线长度 =（h- 保护层厚度 ×2-d/2×2）+1.9d×2+max（10d，75）×2

拉筋外皮长度 =（h- 保护层厚度 ×2-d）+1.9d×2+max（10d，75）×2

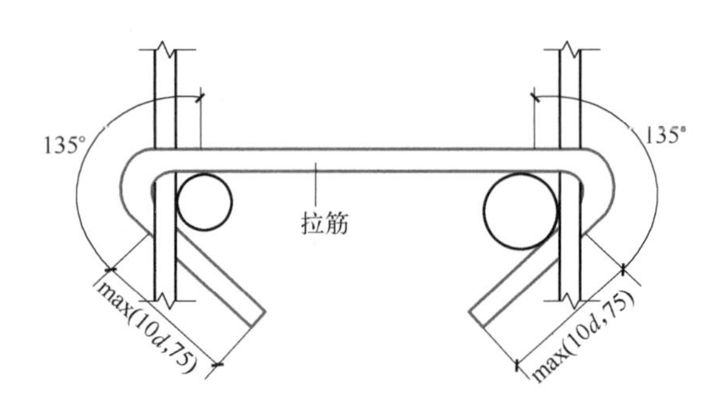

图 5-10　剪力墙暗柱拉筋构造图

（2）拉筋勾住纵筋时，计算方法如下：

拉筋中心线长度 =（h- 保护层厚度 ×2- 箍筋直径 d_1×2-d/2×2）+1.9d×2+max（10d，75）×2

拉筋外皮长度 =（h- 保护层厚度 ×2- 箍筋直径 d_1×2-d）+1.9d×2+max（10d，75）×2

（3）暗柱拉筋根数在基础层、中间层、顶层布置略有不同，其设置及计算方法同暗柱箍筋。

① 基础层暗柱拉筋根数。根据设计图纸分为以下三种情况。

a. 基础上下两端均布置拉筋时，计算方法如下：

拉筋根数 ={ Ceil [（基础高度 - 基础保护层厚度）/ 拉筋间距] +1 }× 每排拉筋根数

b. 基础上或下一端不布置拉筋时，计算方法如下：

拉筋根数 =Ceil [（基础高度 - 基础保护层厚度）/ 拉筋间距]× 每排拉筋根数

c. 基础两端均不布置拉筋时，计算方法如下：

拉筋根数 =Ceil [（基础高度 - 基础保护层厚度）/ 拉筋间距] × 每排拉筋根数

② 中间层、顶层暗柱拉筋根数根据搭接方式采用不同方法计算。

a. 拉筋采用搭接连接时，根数计算如下：

拉筋根数 =（绑扎范围内加密区排数 + 非加密区排数）× 每排拉筋个数

加密区拉筋根数 =Ceil [（搭接范围 -50）/ 间距] +1

非加密区拉筋根数 =Ceil [（层高 - 搭接范围）/ 间距]

b. 采用机械连接时，计算方法如下：

拉筋根数 ={ Ceil [（层高 -50）/ 拉筋间距] +1 }× 每排拉筋根数

基础层暗柱配筋三维图如图 5-11 所示，中间层暗柱配筋三维图如图 5-12 所示，顶层暗柱配筋三维图如图 5-13 所示。

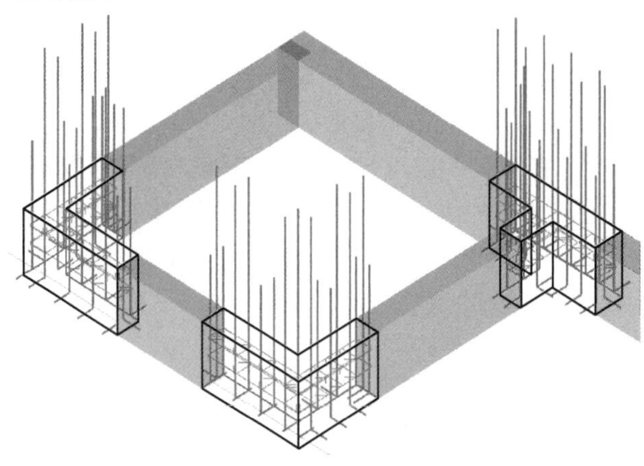
图 5-11　基础层暗柱配筋三维图

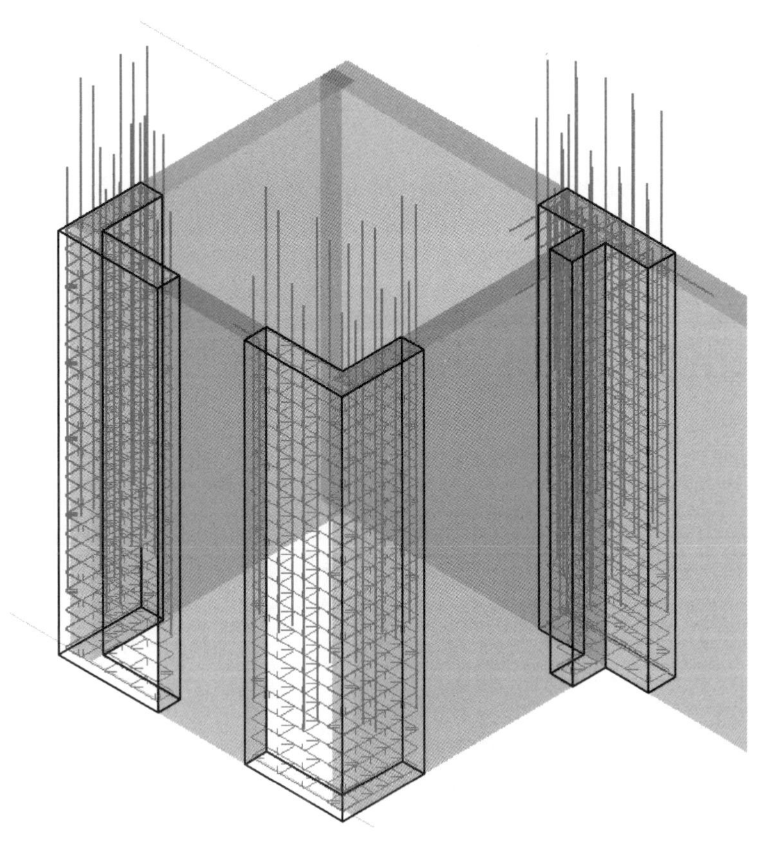

图 5-12 中间层暗柱配筋三维图

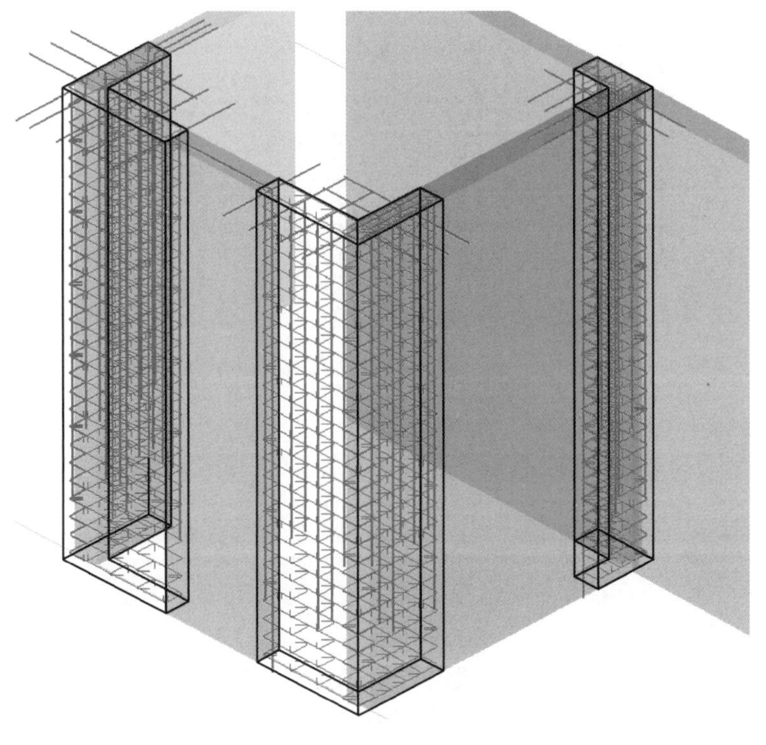

图 5-13 顶层暗柱配筋三维图

5.1.3 剪力墙梁翻样、算量方法

剪力墙墙梁包括：连梁、暗梁、边框梁、有交叉暗撑连梁、有交叉钢筋连梁等。

5.1.3.1 墙端部洞口连梁的翻样、算量方法

墙端部洞口连梁是设置在剪力墙端部洞口上的连梁，如图 5-14 和图 5-15 所示。

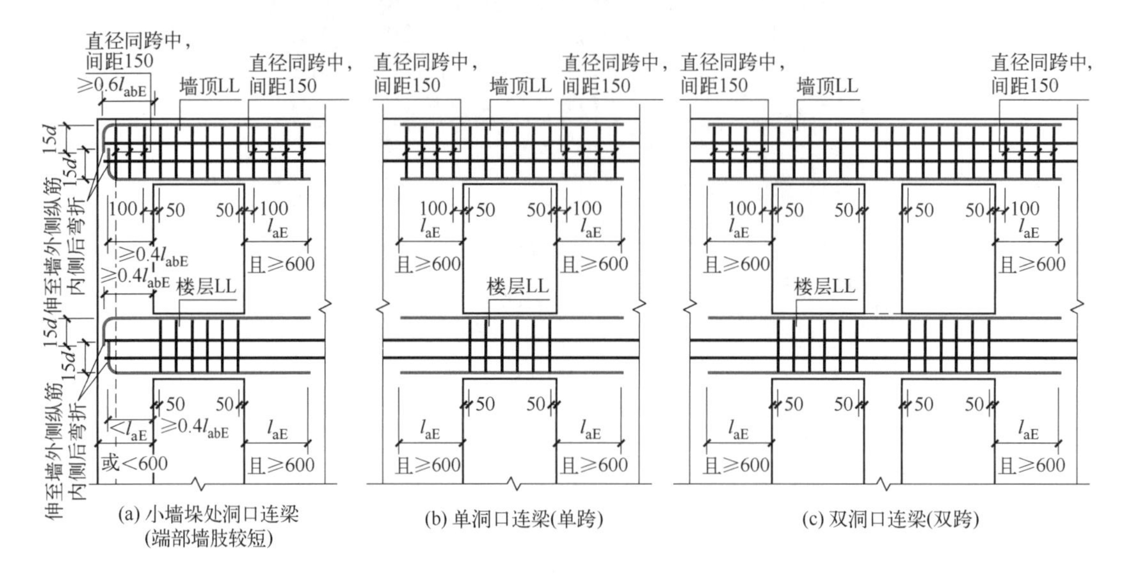

图 5-14 连梁 LL 配筋构造

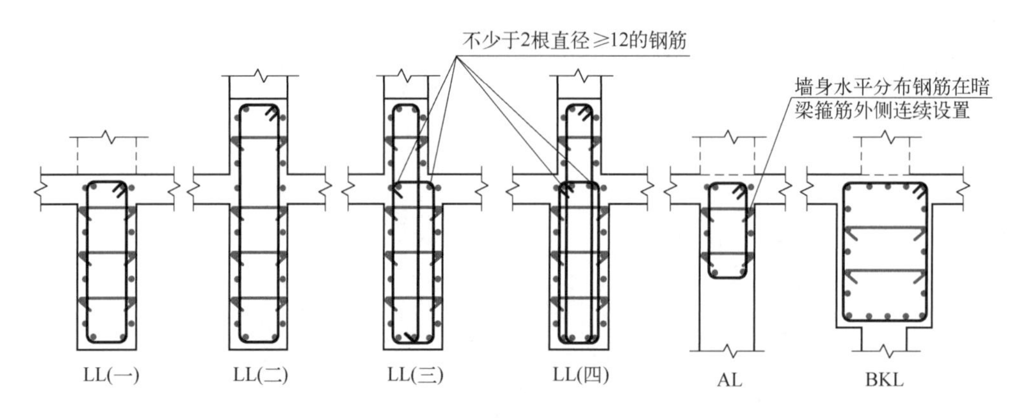

图 5-15 连梁、暗梁和边框梁侧面纵筋和拉筋构造

（1）连梁纵筋计算方法如下。

当端部小墙肢的长度满足直锚时，纵筋可以直锚。当端部小墙肢的长度无法满足直锚时，须将纵筋伸至小墙肢纵筋内侧再弯折，弯折长度为 15d。

当剪力墙连梁端部小墙肢的长度满足直锚时，计算方法如下：

$$连梁纵筋长度 = 洞口宽 + 左右两边锚固长度\ \max(l_{aE}, 600)$$

当剪力墙连梁端部小墙肢的长度不能满足直锚时，计算方法如下：

$$连梁纵筋长度 = 洞口宽度 + 右边锚固长度\ \max(l_{aE}, 600) + 左支座锚固墙肢宽度 - 保护层厚度 + 15d$$

纵筋根数根据图纸标注的根数计算。

（2）连梁箍筋计算方法如下。

连梁箍筋计算同其他构件箍筋长度计算，按照外皮计算箍筋长度，计算方法如下：

箍筋长度 =（梁宽 b+ 梁高 h−4 × 保护层厚度）× 2+1.9d × 2+max（10d，75）

中间层连梁箍筋根数 =Ceil［（洞口宽度 −50 × 2）/ 箍筋配置间距］+1

顶层连梁箍筋根数 = { Ceil［（洞口宽度 −50 × 2）/ 箍筋配置间距］+1 }+{ Ceil［（左端连梁锚固直段长度 −100）/150］+1 } + { Ceil［（右端连梁锚固直段长度 −100）/150］+1 }

5.1.3.2 单洞口连梁的翻样、算量方法

（1）连梁纵筋计算方法如下。

单洞口顶层连梁和中间层连梁纵筋在剪力墙中均采用直锚，两边各伸入墙中 max（l_{aE}，600），纵筋长度的计算方法如下：

纵筋长度 L= 洞口宽度 + 左右锚固长度 = 洞口宽度 +max（l_{aE}，600）× 2

纵筋根数见图纸所示。

（2）连梁箍筋计算方法如下。

单洞口连梁箍筋计算同其他构件箍筋长度计算，按照外皮计算箍筋长度。计算方法如下：

箍筋长度 =（梁宽 b+ 梁高 h−4 × 保护层厚度）× 2+1.9d × 2+max（10d，75）

中间层连梁箍筋根数 =Ceil［（洞口宽度 −50 × 2）/ 箍筋配置间距］+1

顶层连梁箍筋根数 = { Ceil［（洞口宽度 −50 × 2）/ 箍筋配置间距］+1 }+ { Ceil［（左端连梁锚固直段长度 −100）/150］+1 } + { Ceil［（右端连梁锚固直段长度 −100）/150］+1 }

5.1.3.3 双洞口连梁的翻样、算量方法

（1）连梁纵筋计算。

双洞口顶层连梁和中间层连梁纵筋在剪力墙中均采用直锚，两边各伸入墙中 max（l_{aE}，600），纵筋长度计算方法如下：

纵筋长度 L= 两洞口宽度合计 + 洞口间墙宽度 + 左右两端锚固长度 max（l_{aE}，600）× 2

纵筋根数见图纸所示。

（2）连梁箍筋计算。

双洞口连梁箍筋计算同其他构件箍筋长度计算，按照外皮计算箍筋长度，计算方法如下：

箍筋长度 =（梁宽 b+ 梁高 h−4 × 保护层厚度）× 2+1.9d × 2+max（10d，75）

中间层连梁箍筋根数 =Ceil［（洞口宽度 −50 × 2）/ 箍筋配置间距］+1

顶层连梁箍筋根数 = { Ceil［（洞口宽度 −50 × 2）/ 箍筋配置间距］+1 } + { Ceil［（左端连梁锚固直段长度 −100）/150］+1 } + { Ceil［（右端连梁锚固直段长度 −100）/150］+1 }

5.1.3.4 连梁中拉筋的翻样、算量方法

连梁中拉筋设置应按照设计图纸布置，当设计未标注时，侧面构造纵筋同剪力墙水平分布筋布置；当梁宽 ≤ 350mm 时，拉筋直径为 6mm，梁宽 > 350mm 时，拉筋直径为 8mm，拉筋间距为 2 倍箍筋间距，竖向沿侧面水平筋隔一拉一。

（1）拉筋长度按外皮计算。

拉筋同时勾住梁纵筋和梁箍筋时，计算方法如下：

拉筋长度 =（b− 保护层厚度 × 2）+1.9d × 2+max（10d，75）× 2

（2）拉筋根数计算方法如下：

拉筋根数 = 拉筋排数 × 每排拉筋根数

拉筋排数 = { Ceil［（连梁高 − 保护层厚度 × 2）/ 水平筋间距］+1} × 2

每排拉筋根数 =Ceil［（连梁净长 −50 × 2）/（2 × 连梁箍筋间距）］+1

5.2　剪力墙柱翻样、算量实例

【实例 9】 某五层建筑物，抗震设防类别为丙类，抗震等级为三级，基础为筏板基础 500mm 厚，混凝土强度等级为 C30，剪力墙、剪力墙柱、连梁混凝土强度等级为 C35。其余数据如表 5-1、表 5-2 和图 5-16 所示，其中图 5-16 为暗柱平面图，试计算 AZ1 中各层钢筋工程量，并进行钢筋翻样。

表 5-1　层高　　单位：m

第 5 层	3.9	首层	4.8
第 4 层	3.9	第 -1 层	4.8
第 3 层	3.9	基础层	0.5
第 2 层	4.5		

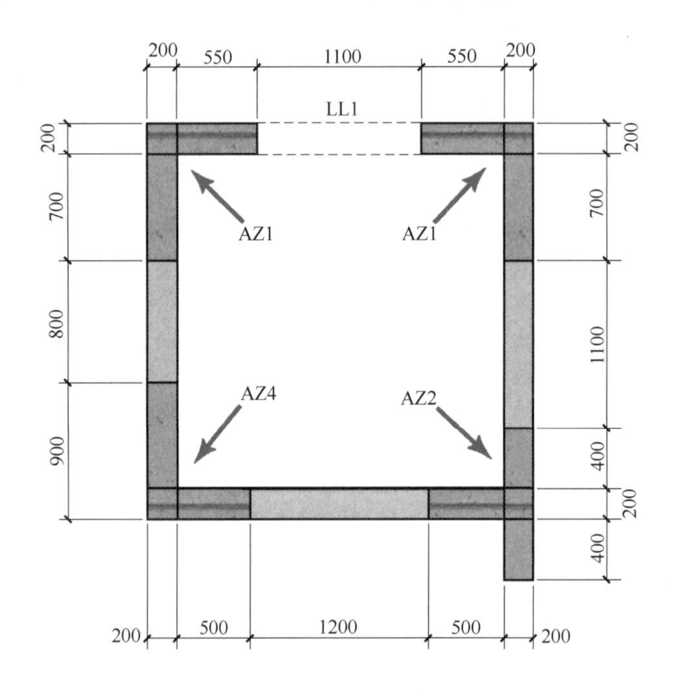

图 5-16　暗柱平面图

表 5-2　剪力墙暗柱表

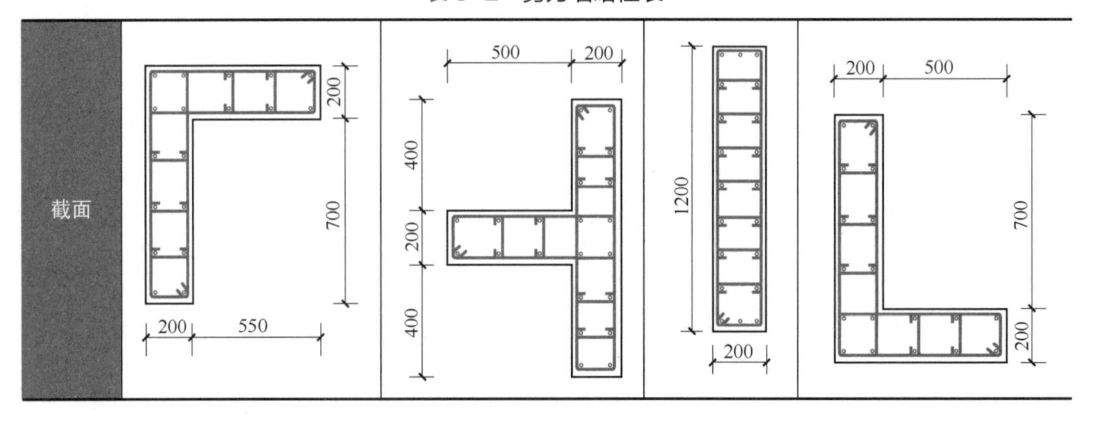

续表

编号	AZ1	AZ2	AZ3	AZ4
标高	-0.1000 ～ 4.700			
纵筋	18 ⌀ 18	22 ⌀ 18	20 ⌀ 18	18 ⌀ 18

备注：未注明时暗柱箍筋为⌀ 8@150。

实例 9　基础层三维动画

扫码观看视频

（1）基础层的计算与翻样如下。

AZ1 钢筋三维图如图 5-17 所示。AZ1 低位筋三维图如图 5-18 所示。AZ1 高位筋三维图如图 5-19 所示。

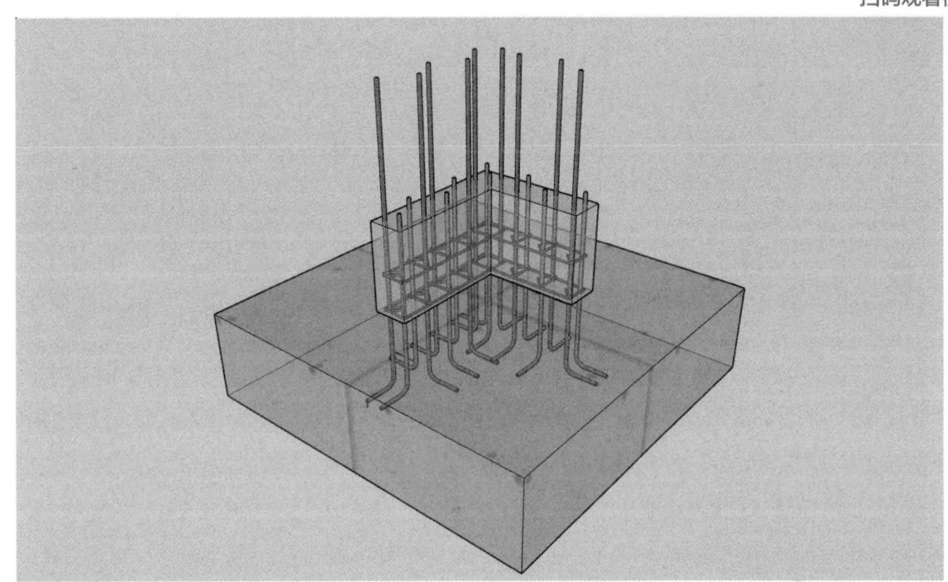

图 5-17　AZ1 钢筋三维图

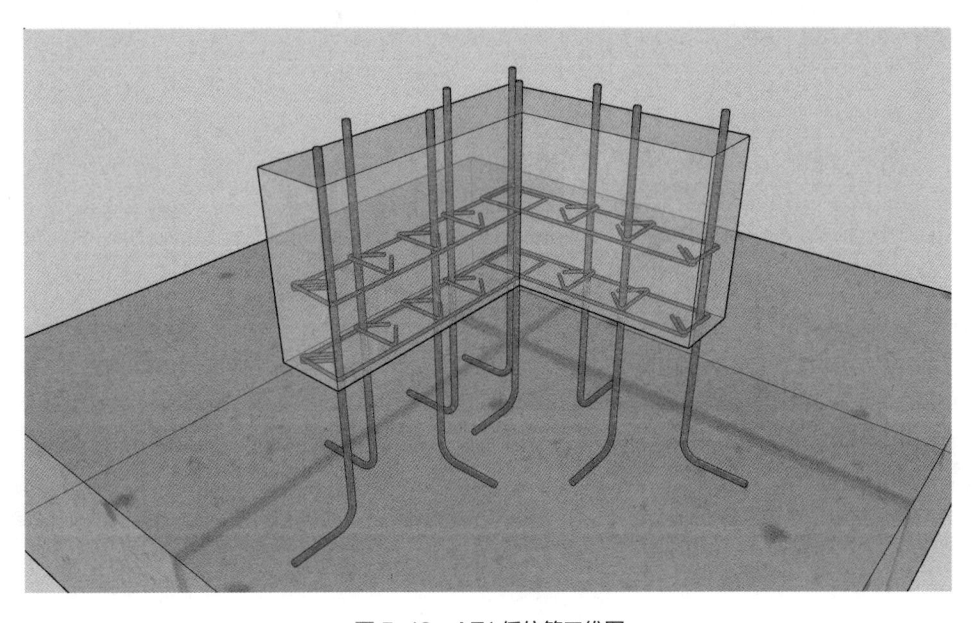

图 5-18　AZ1 低位筋三维图

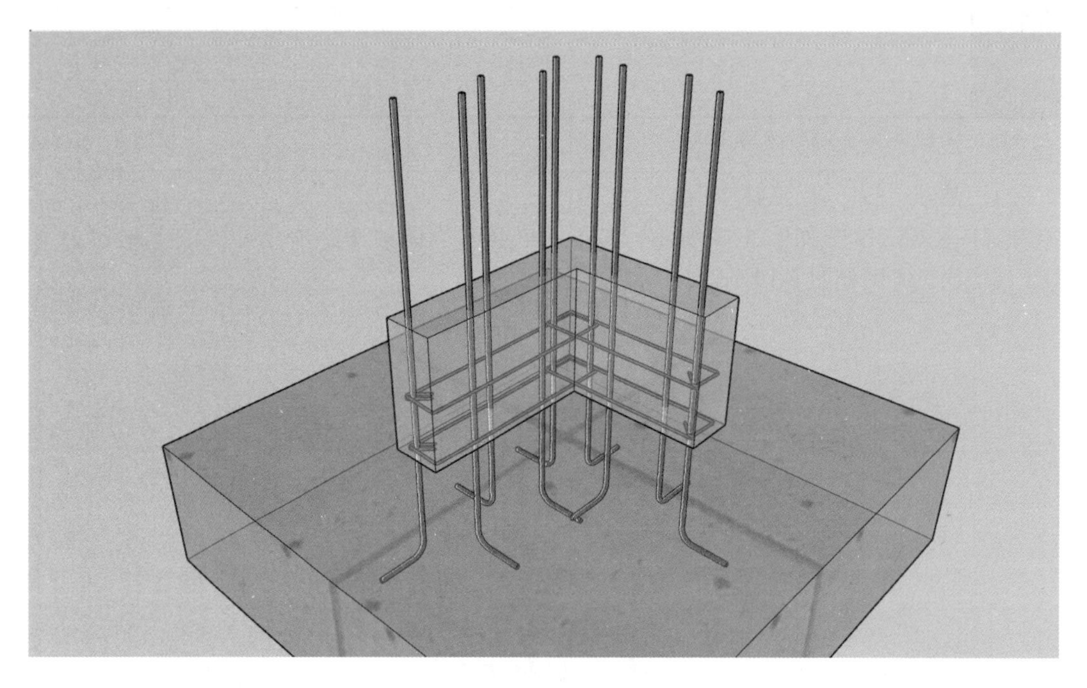

图 5-19　AZ1 高位筋三维图

1 号箍筋三维图如图 5-20 所示。2 号箍筋三维图如图 5-21 所示。拉结筋三维图如图 5-22 所示。

图 5-20　1 号箍筋三维图

图 5-21　2 号箍筋三维图

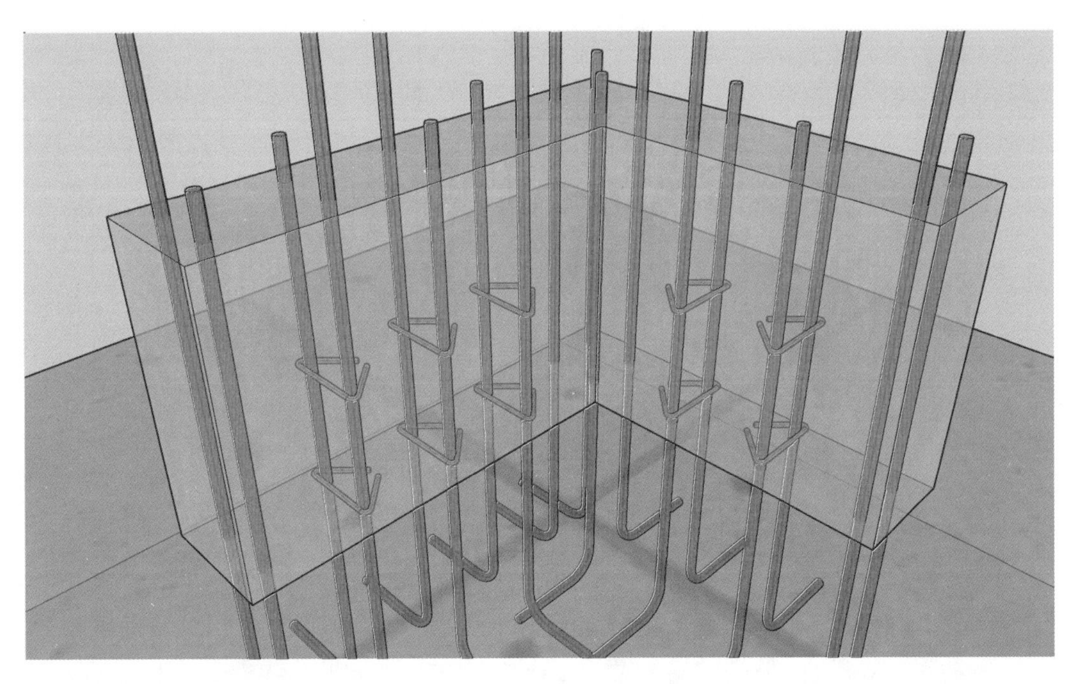

图 5-22　拉结筋三维图

实例 9　负一层暗柱三维动画

扫码观看视频

AZ1 基础层钢筋翻样与算量表见表 5-3。

（2）负一层暗柱的计算和翻样如下。

负一层暗柱三维图如图 5-23 所示。纵向钢筋三维图如图 5-24 所示。1 号箍筋三维图如图 5-25 所示。2 号箍筋三维图如图 5-26 所示。拉结筋三维图如图 5-27 所示。

表 5-3　AZ1 基础层钢筋翻样与算量表

AZ1 基础层钢筋翻样								钢筋总重量：55.928kg	
筋号	级别	直径 /mm	钢筋图形	计算方法	根数	总根数	单长 /m	总长 /m	总重 /kg
全部纵筋插筋 1	Φ	18	150 1590	500+1 × max（35*d*，500）+500−40+max（8*d*，150)	9	9	1.74	15.66	31.32
全部纵筋插筋 2	Φ	18	150 960	500+500−40+max（8*d*，150）	9	9	1.11	9.99	19.98
箍筋 1	Φ	8	140 690	2 ×（200+550−2 × 30+200−2 × 30）+ 2 × 11.9*d*+8*d*	2	2	1.914	3.828	1.512
拉筋 1	Φ	8	140	200−2 × 30+2 × 11.9*d*+2*d*	6	6	0.346	2.076	0.82
箍筋 2	Φ	8	140 840	2 ×（200+700−2 × 30+200−2 × 30）+ 2 × 11.9*d*+8*d*	2	2	2.214	4.428	1.749
拉筋 2	Φ	8	140	200−2 × 30+2 × 11.9*d*+2*d*	4	4	0.346	1.384	0.547

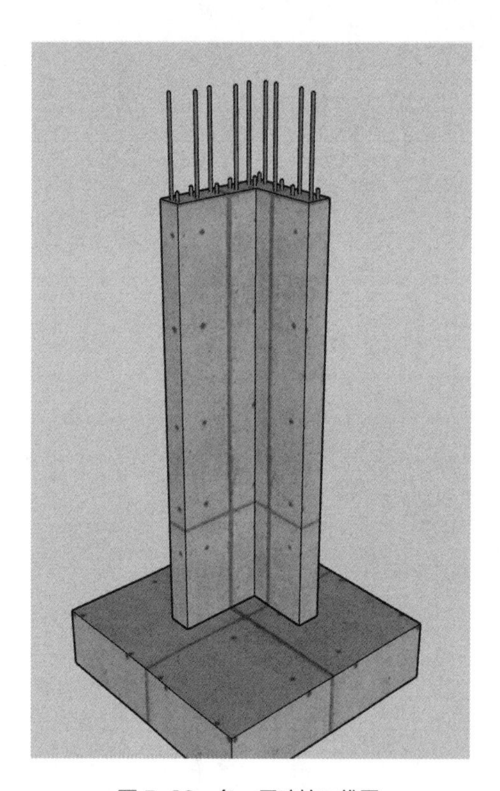

图 5-23　负一层暗柱三维图

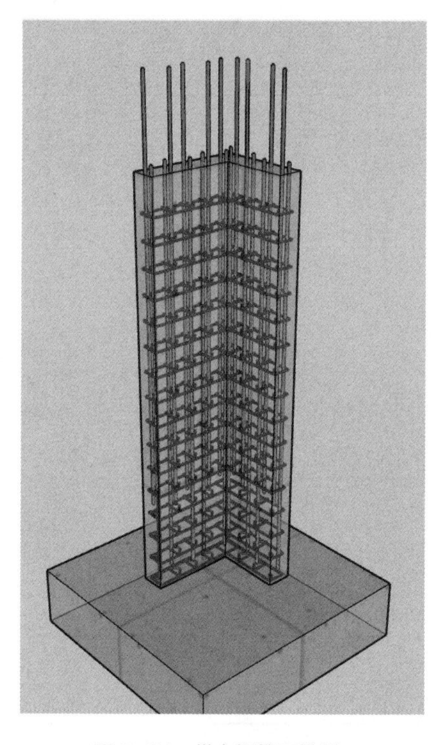

图 5-24　纵向钢筋三维图

图 5-25 1 号箍筋三维图

图 5-26 2 号箍筋三维图

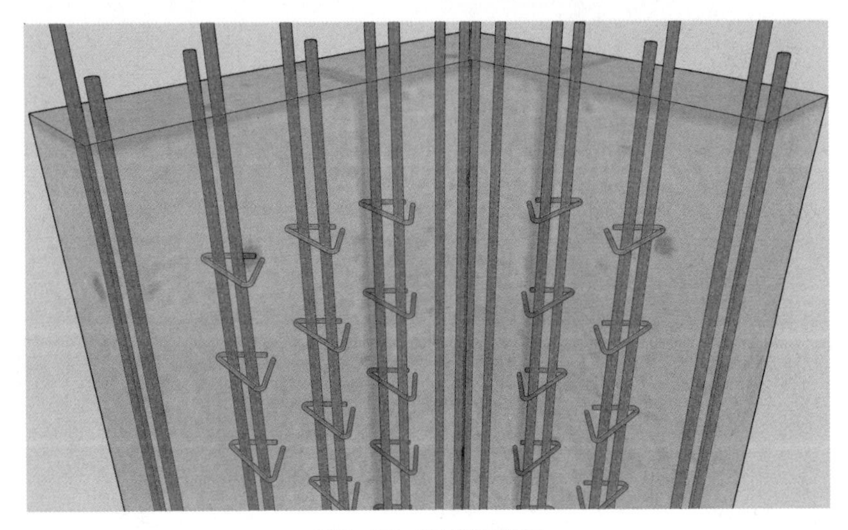

图 5-27 拉结筋三维图

AZ1 负一层翻样与算量表见表 5-4。

表 5-4　AZ1 负一层翻样与算量表

AZ1 负一层翻样									钢筋总重量：172.02kg
筋号	级别	直径 /mm	钢筋图形	计算方法	根数	总根数	单长 /m	总长 /m	总重 /kg
全部纵筋 1	Φ	18	3300	3300−1130+500+1 × max（35*d*，500）	9	9	3.3	29.7	59.4
全部纵筋 2	Φ	18	3300	3300−500+500	9	9	3.3	29.7	59.4
箍筋 1	Φ	8	140 690	2 ×（200+550−2 × 30+200−2 × 30）+2 × 11.9*d*+8*d*	23	23	1.914	44.022	17.389
拉筋 1	Φ	8	140	200−2 × 30+2 × 11.9*d*+2*d*	69	69	346	23.874	9.43
箍筋 2	Φ	8	140 840	2 ×（200+700−2 × 30+200−2 × 30）+2 × 11.9*d*+8*d*	23	23	2.214	50.922	20.114
拉筋 2	Φ	8	140	200−2 × 30+2 × 11.9*d*+2*d*	46	46	0.346	15.916	6.287

实例 9　顶层三维动画

扫码观看视频

（3）顶层的计算和翻样如下。

AZ1 顶层三维图如图 5-28 所示。AZ1 较短纵筋三维图如图 5-29 所示。AZ1 较长纵筋三维图如图 5-30 所示。1 号箍筋三维图如图 5-31 所示。2 号箍筋三维图如图 5-32 所示。拉结筋三维图如图 5-33 所示。

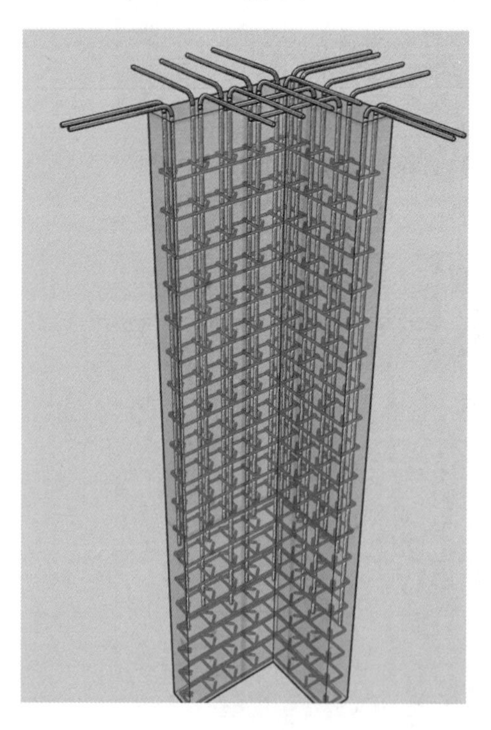

图 5-28　AZ1 顶层三维图

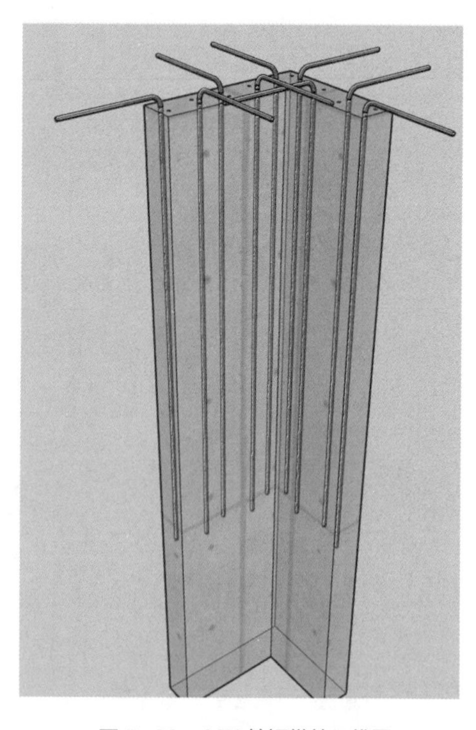

图 5-29　AZ1 较短纵筋三维图

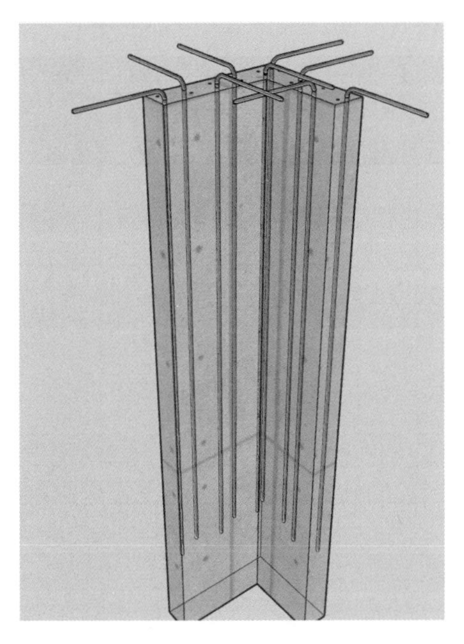

图 5-30 AZ1 较长纵筋三维图

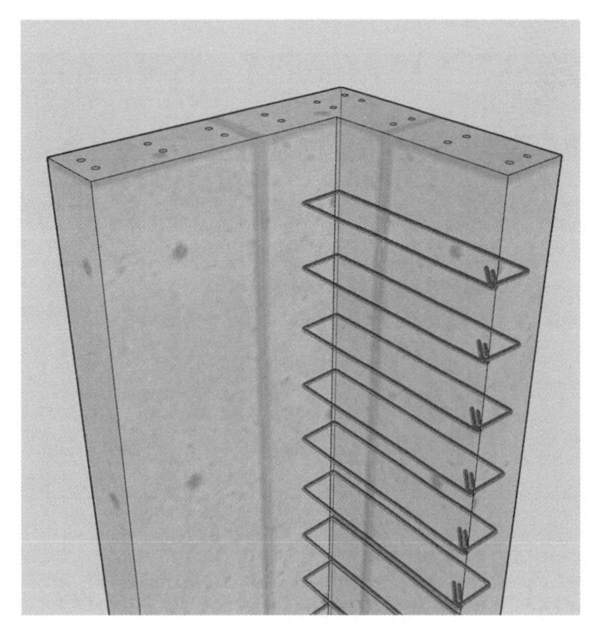

图 5-31 1 号箍筋三维图

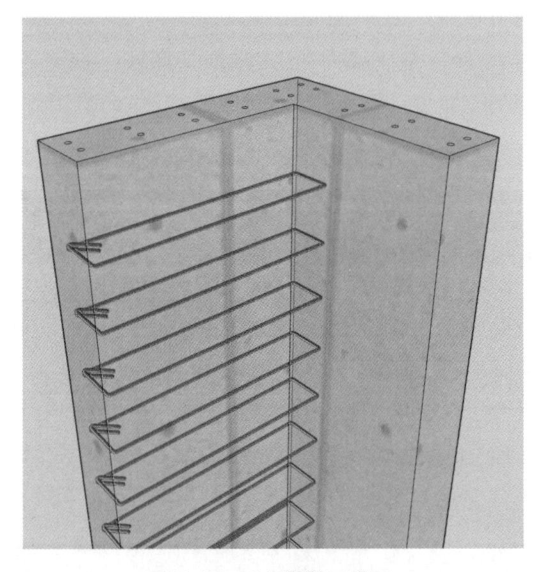

图 5-32 2 号箍筋三维图

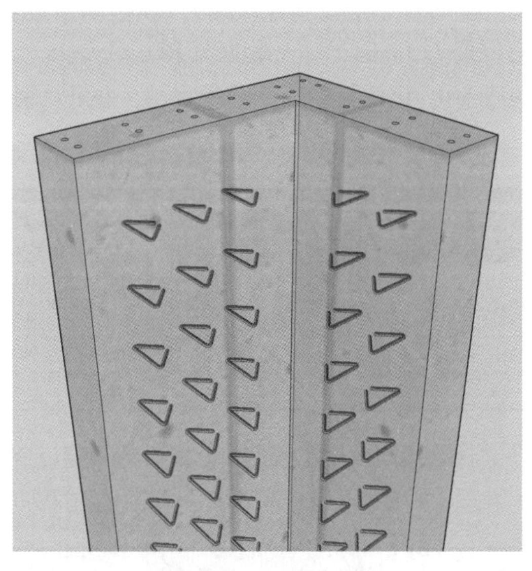

图 5-33 拉结筋三维图

AZ1 顶层钢筋翻样与算量表见表 5-5。

表 5-5 AZ1 顶层钢筋翻样与算量表

AZ1 顶层钢筋翻样							钢筋总重量：190.168kg		
筋号	级别	直径 /mm	钢筋图形	计算方法	根数	总根数	单长 /m	总长 /m	总重 /kg
全部纵筋 1	Φ	18	492 2740	3900−1130−150+34d	9	9	3.232	29.088	58.176
全部纵筋 2	Φ	18	492 3370	3900−500−150+34d	9	9	3.862	34.758	69.516

续表

AZ1 顶层钢筋翻样									
筋号	级别	直径 /mm	钢筋图形	计算方法	根数	总根数	单长 /m	总长 /m	总重 /kg
箍筋 1	$\underline{\Phi}$	8	140 690	2×（200+550−2×30+200−2×30）+2×11.9*d*+8*d*	27	27	1.914	51.678	20.413
拉筋 1	$\underline{\Phi}$	8	140	200−2×30+2×11.9*d*+2*d*	81	81	0.346	28.026	11.07
箍筋 2	$\underline{\Phi}$	8	140 840	2×（200+700−2×30+200−2×30）+2×11.9*d*+8*d*	27	27	2.214	59.778	23.612
拉筋 2	$\underline{\Phi}$	8	140	200−2×30+2×11.9*d*+2*d*	54	54	0.346	18.684	7.38

5.3　剪力墙梁翻样、算量实例

【实例 10】 某五层建筑物，抗震设防类别为丙类，抗震等级为三级，基础为筏板基础 500mm 厚，混凝土强度等级为 C30，剪力墙、剪力墙柱、连梁混凝土强度等级为 C35，保护层厚度为 25mm，其余数据见表 5-1、表 5-2 和图 5-16，其中图 5-16 为暗柱平面图，连梁表见表 5-6，试计算 LL1 钢筋工程量，并进行钢筋翻样。

表 5-6　剪力墙连梁表

编号	所在楼层	相对本层顶板高差 /m	梁截面 /mm		上下纵筋均为	箍筋	备注
			梁宽	梁高			
LL1	2	0	200	2600	4 $\underline{\Phi}$ 18　2/2	$\underline{\Phi}$ 12@100（2）	
LL2	2	0	200	400	4 $\underline{\Phi}$ 22　2/2	Φ 10@100（2）	
LL2a	2	+0.400	200	800	4 $\underline{\Phi}$ 22　2/2	Φ 10@100（2）	
LL3	2	0	200	1200	4 $\underline{\Phi}$ 18　2/2	Φ 8@100（2）	

连梁钢筋翻样比较简单，其计算方法、钢筋工程量及钢筋翻样见表 5-7。

表 5-7　LL1 钢筋翻样与算量表

LL1 钢筋翻样							钢筋总重量：75.071kg		
筋号	级别	直径 /mm	钢筋图形	计算方法	根数	总根数	单长 /m	总长 /m	总重 /kg
连梁全部纵筋 1	$\underline{\Phi}$	18	2324	1100+34*d*+34*d*	4	4	2.324	9.296	18.592
连梁箍筋 1	$\underline{\Phi}$	12	2550 150	2×[（200−2×25）+（2600−2×25）]+2×11.9*d*+8*d*	11	11	5.782	63.602	56.479

6 梁构件翻样、算量方法与实例

6.1 楼层框架梁翻样、算量方法

6.1.1 楼层框架梁贯通钢筋翻样、算量方法

6.1.1.1 梁两端均为直锚时通长筋的翻样、算量方法

当梁的支座 h_c（h_c 为柱截面沿框架方向的高度）足够宽时，梁上、下部纵筋伸入支座的长 $l \geqslant l_{aE}$，且 $l \geqslant 0.5h_c+5d$ 时，纵筋直锚于支座内，如图 6-1 所示。

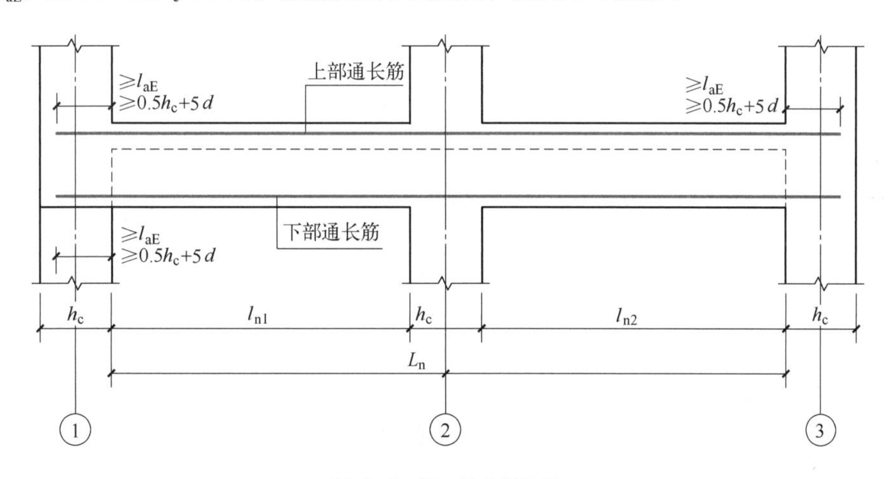

图 6-1 梁两端直锚构造

楼层框架梁上下部贯通钢筋长度的计算方法如下：

楼层框架梁上下部贯通钢筋长度 $=l_n+$ 左右锚入支座内长度 $\max(l_{aE}, 0.5h_c+5d)$

式中，l_n 为通跨净长；h_c 为柱截面沿框架梁方向的宽度；l_{aE} 为钢筋锚固长度；d 为钢筋直径。

6.1.1.2 梁两端均为弯锚时通长筋的翻样、算量方法

当梁的支座宽度 h_c 较小时，梁上、下部纵筋伸入支座的长度不能满足锚固要求，钢筋在端支座可以弯锚和加锚头（锚板）两种方式锚固，如图 6-2 所示。

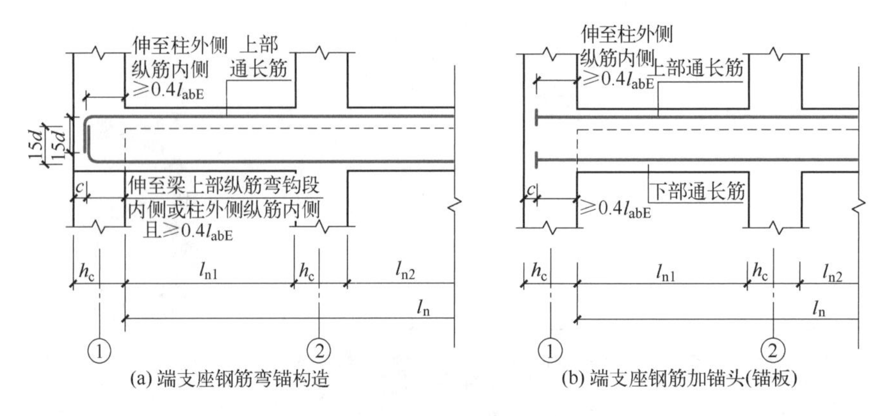

图 6-2 梁两端锚固构造

上、下部贯通筋长度的计算方法如下：

上、下部贯通筋长度 = 通跨净长 +（锚入左支座内平直长度 + 弯钩长度）+（锚入右支座内长度 + 弯钩长度）

梁贯通钢筋长度的计算方法如下：

弯折锚固长度 =max（l_{aE}，$0.4l_{aE}+15d$，支座宽度 h_c- 保护层厚度 +15d）

端支座加锚板时，梁纵筋伸至柱外侧纵筋内侧且伸入柱中长度≥ $0.4l_{abE}$，同时在钢筋端头加锚头或锚板。

弯锚时，楼层框架梁上部贯通筋长度的计算方法如下：

楼层框架梁上部贯通筋长度 = 通跨净跨长 l_n+ 左右锚入支座内长度 max（l_{aE}，$0.4l_{aE}+15d$，支座宽度 h_c- 保护层厚度 +15d）

钢筋端头加锚头或锚板时，楼层框架梁上、下部贯通筋长度的计算方法如下：

楼层框架梁上、下部贯通筋长度 = 通跨净跨长 l_n+ 左右锚入支座内长度 max（$0.4l_{abE}$，支座宽度 h_c- 保护层厚度）+ 锚头长度

梁钢筋三维图如图 6-3 所示。

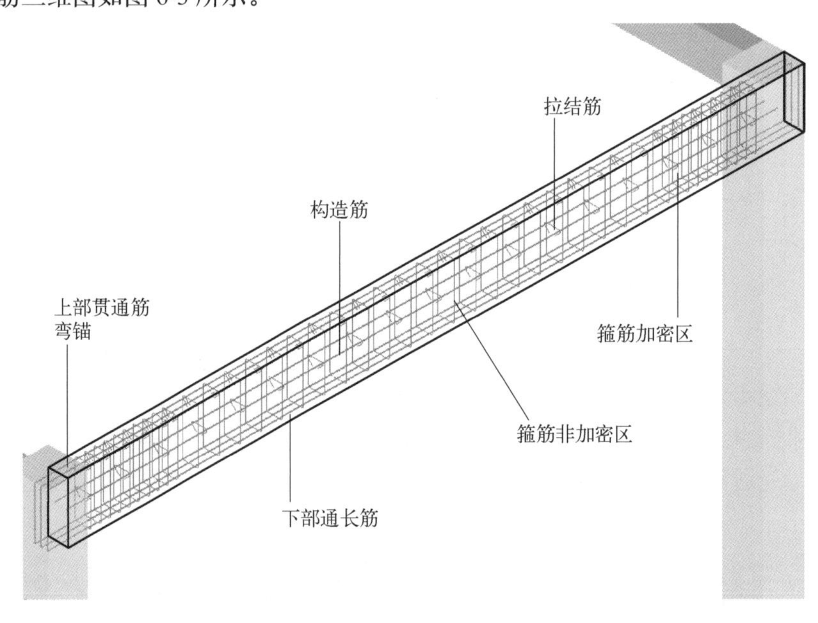

图 6-3 梁钢筋三维图

6.1.2 楼层框架梁顶部非贯通钢筋翻样、算量方法

6.1.2.1 端支座梁顶部非贯通钢筋的翻样、算量方法

端支座梁顶部非贯通钢筋构造如图 6-4 所示。

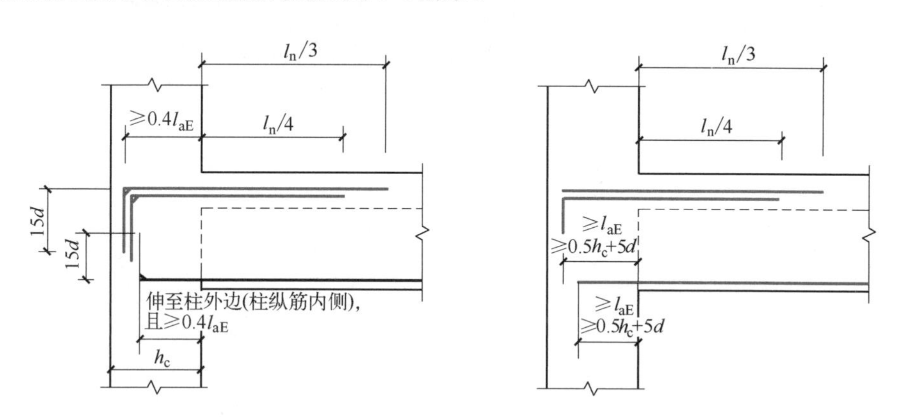

图 6-4 端支座梁顶部非贯通钢筋构造

框架梁端支座上部非通长纵筋从柱边缘算起延伸长度 a_0 值统一取值为：①第一排延伸至 $l_{n1}/3$ 处；②第二排延伸至 $l_{n1}/4$ 处。其中，l_{n1} 为端支座当前跨的梁的净长。

（1）端支座弯锚非贯通钢筋计算方法如下：

第一排非贯通钢筋长度 =1/3 梁净长 + 锚入端支座内平直长度 + 弯钩长度

第二排非贯通钢筋长度 =1/4 梁净长 + 锚入端支座内平直长度 + 弯钩长度

（2）端支座直锚非贯通钢筋计算方法如下：

第一排非贯通钢筋长度 =1/3 梁净长 + 锚入端支座长度

第二排非贯通钢筋长度 =1/4 梁净长 + 锚入端支座长度

6.1.2.2 中间支座梁顶部非贯通钢筋的翻样、算量方法

中间支座梁顶部非贯通钢筋构造如图 6-5 所示。

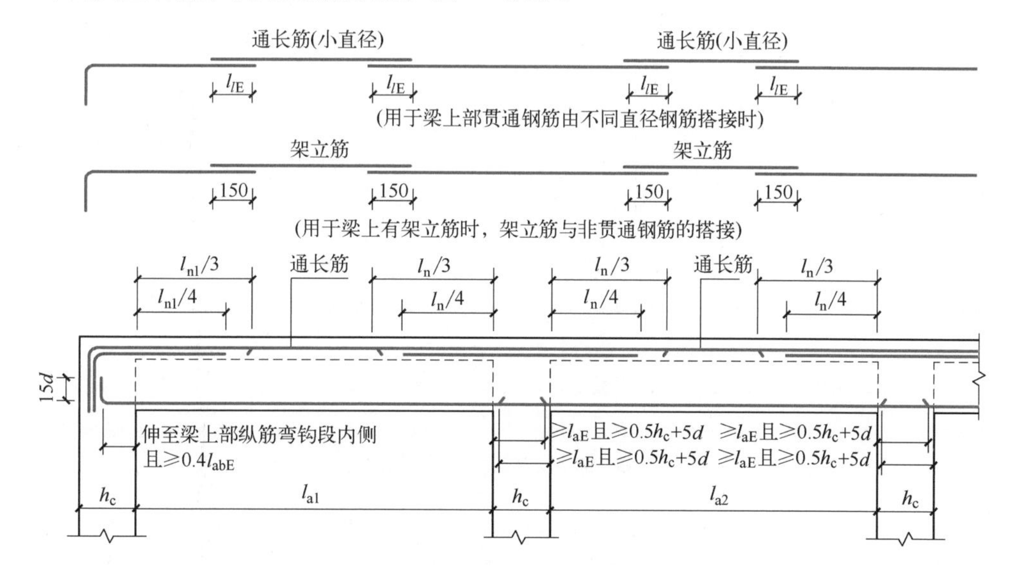

图 6-5 中间支座梁顶部非贯通钢筋构造

框架梁中间支座上部非通长纵筋从柱边缘算起延伸长度 a_0 值统一取值为：①第一排延伸至 $l_n/3$ 处；②第二排延伸至 $l_n/4$ 处。其中，l_n 为中间支座相邻两跨的梁的净长的较大值。

计算方法如下：

$$第一排非贯通钢筋长度 = l_n/3 + 中间支座宽度 + l_n/3$$

$$第二排非贯通钢筋长度 = l_n/4 + 中间支座宽度 + l_n/4$$

端支座上部非通长筋如图 6-6 所示，中间支座上部非通长筋如图 6-7 所示。

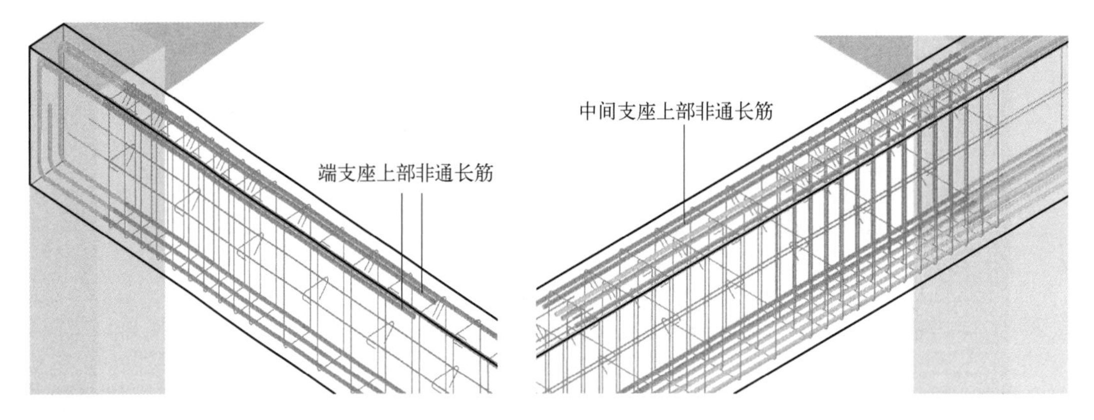

图 6-6　端支座上部非通长筋　　图 6-7　中间支座上部非通长筋

6.1.3　楼层框架梁底部非贯通钢筋翻样、算量方法

6.1.3.1　伸入支座的非贯通钢筋的翻样、算量方法

伸入支座的非贯通钢筋构造如图 6-8 所示。

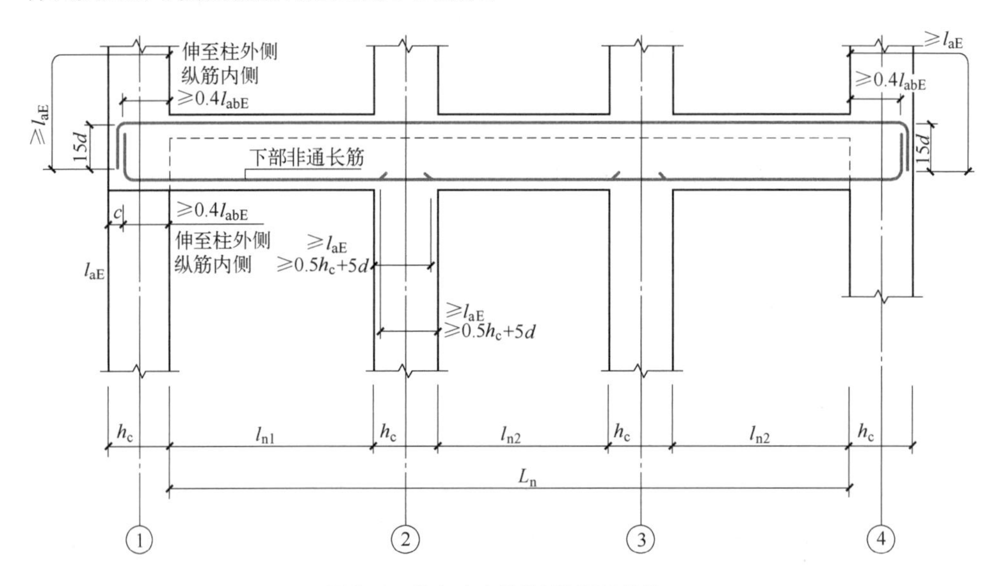

图 6-8　伸入支座的非贯通钢筋构造

（1）当支座不能满足直锚时，端支座下部非贯通钢筋长度（第一跨）计算方法如下：

第一跨下部非贯通筋长度 = 净跨 l_{n1} +（锚入左支座内平直长度 + 弯钩长度）+ 锚入右支座内长度

（2）中间跨下部非贯通长度（第二跨）计算方法如下：

第二跨下部非贯通筋长度 = 净跨 l_{n2}+ 锚入左支座内长度 + 锚入右支座内长度

（3）当支座能满足直锚时，端支座下部非贯通筋长度（第三跨）计算方法如下：

第三跨下部非贯通筋长度 = 净跨 l_{n3}+ 锚入左支座内长度 + 锚入右支座内长度

6.1.3.2 不伸入支座的非贯通钢筋的翻样、算量方法

框架梁下部纵筋不伸入柱支座构造如图 6-9 所示。

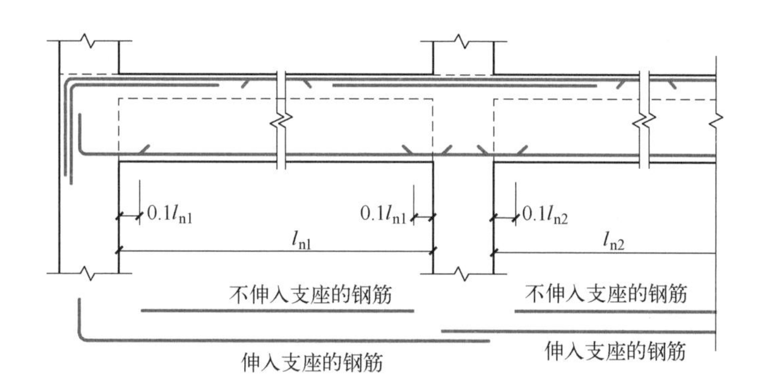

图 6-9 框架梁下部纵筋不伸入柱支座构造

按照设计注明的梁下部纵筋不伸入柱支座的根数，在距离支座 0.1l_{n1} 位置截断。

计算方法如下：

框架梁下部纵筋不伸入支座长度 = 当前跨净跨长 l_{n1}−0.1 × 2 × 当前跨净跨长 l_{n1}=0.8 × l_{n1}

6.1.4 屋面框架梁贯通钢筋翻样、算量方法

6.1.4.1 柱包梁的翻样、算量方法

柱包梁构造如图 6-10 所示。

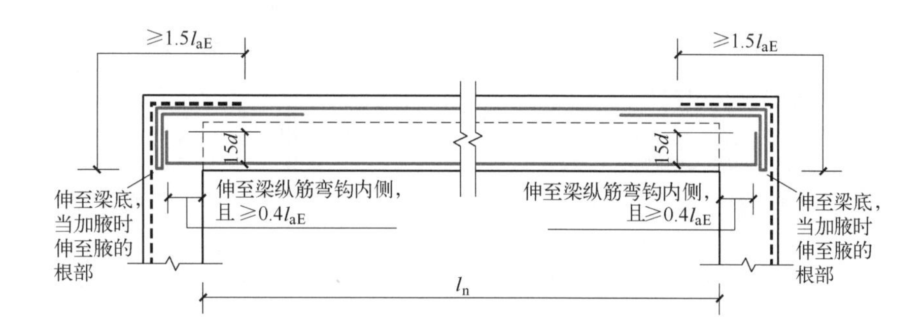

图 6-10 柱包梁构造

计算方法如下：

上部贯通筋长度 = 通跨净长 +（锚入左支座内平直长度 + 弯钩长度）+（锚入右支座内平直长度 + 弯钩长度）

下部贯通筋长度 = 通跨净长 +（锚入左支座内平直长度 + 弯钩长度）+（锚入右支座内平直长度 + 弯钩长度）

6.1.4.2 梁包柱的翻样、算量方法

梁包柱构造如图 6-11 所示。

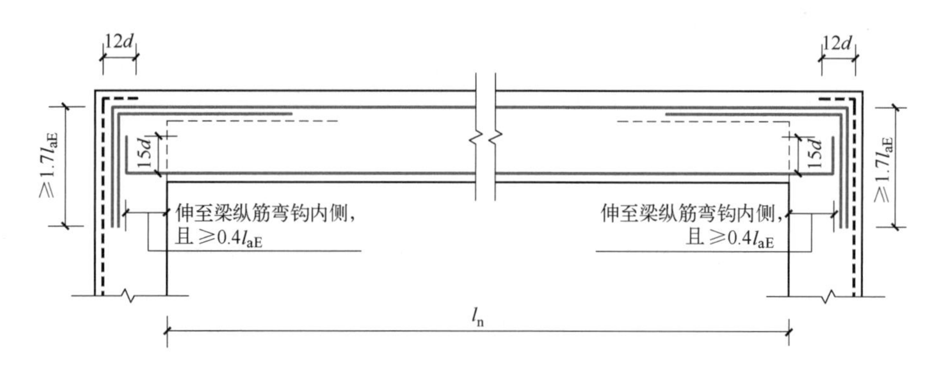

图 6-11 梁包柱构造

计算方法如下：

上部贯通筋长度 = 通跨净长 +（锚入左支座内平直长度 + 弯钩长度）+（锚入右支座内平直长度 + 弯钩长度）

下部贯通筋长度 = 通跨净长 +（锚入左支座内平直长度 + 弯钩长度）+（锚入右支座内平直长度 + 弯钩长度）

6.1.5 屋面框架梁顶部非贯通钢筋翻样、算量方法

6.1.5.1 端支座梁顶部非贯通钢筋的翻样、算量方法

端支座梁顶部非贯通钢筋构造如图 6-12 所示。

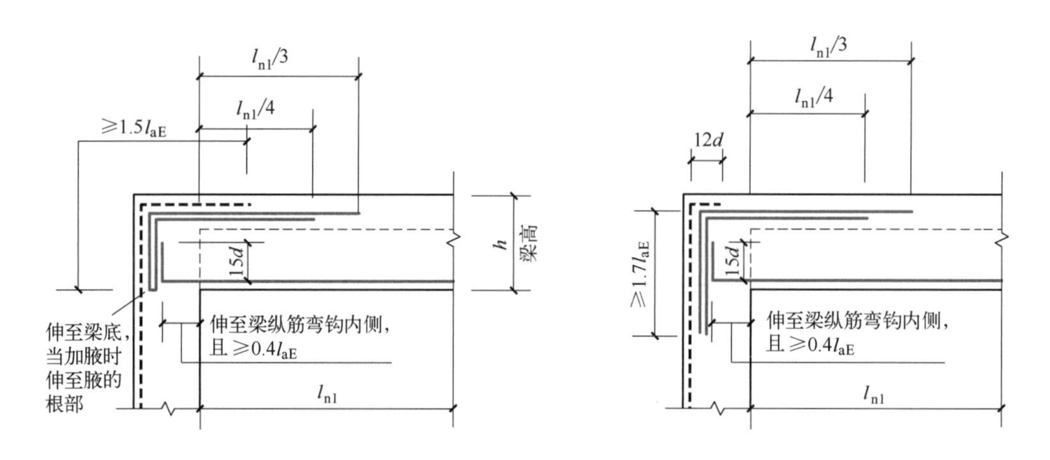

图 6-12 端支座梁顶部非贯通钢筋构造

框架梁端支座上部非通长纵筋从柱边缘算起的延伸长度 a_0 值统一取值为：①第一排延伸至 $l_{n1}/3$ 处；②第二排延伸至 $l_{n1}/4$ 处。其中，l_{n1} 为端支座当前跨的梁的净长。

（1）采用柱包梁时非贯通钢筋计算方法如下：

第一排非贯通钢筋长度 =1/3 梁净长 + 锚入端支座内平直长度 + 弯钩长度

第二排非贯通钢筋长度 =1/4 梁净长 + 锚入端支座内平直长度 + 弯钩长度

（2）采用梁包柱时非贯通钢筋计算方法如下：

第一排非贯通钢筋长度 =1/3 梁净长 + 锚入端支座内平直长度 + 弯钩长度

第一排非贯通钢筋长度 =1/4 梁净长 + 锚入端支座内平直长度 + 弯钩长度

6.1.5.2 中间支座梁顶部非贯通钢筋的翻样、算量方法

中间支座梁顶部非贯通钢筋构造如图 6-13 所示。

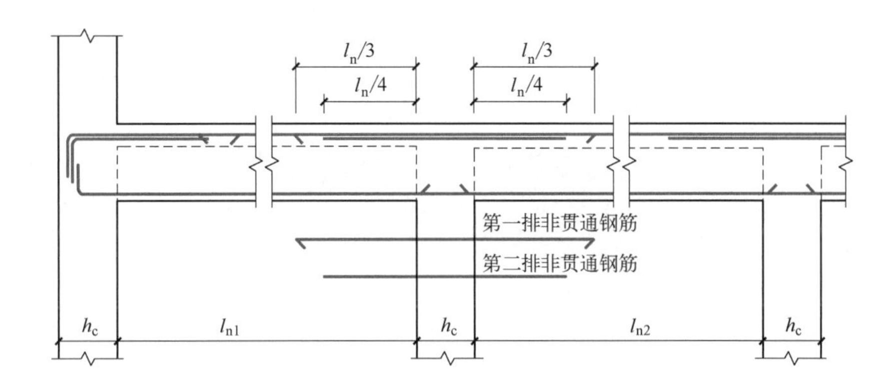

图 6-13 中间支座梁顶部非贯通钢筋构造

框架梁中间支座上部非通长纵筋从柱边缘算起延伸长度 a_0 值统一取值为：①第一排延伸至 $l_n/_3$ 处；②第二排延伸至 $l_n/_4$ 处。其中，l_n 为中间支座相邻两跨的较大梁的净长。

计算方法如下：

第一排非贯通钢筋长度 =$l_{n/3}$+ 中间支座宽度 +$l_{n/3}$

第二排非贯通钢筋长度 =$l_{n1/4}$+ 中间支座宽度 +$l_{n1/4}$

实例 11 三维动画

扫码观看视频

6.2 框架梁翻样、算量实例

【实例 11】 某框架结构抗震等级为三级，框架柱截面为 500mm × 500mm，混凝土等级为 C30，KL2a 混凝土等级为 C30，保护层厚度为 25mm，梁平面图如图 6-14 所示。试计算 KL2a 的钢筋工程量，并进行钢筋翻样。

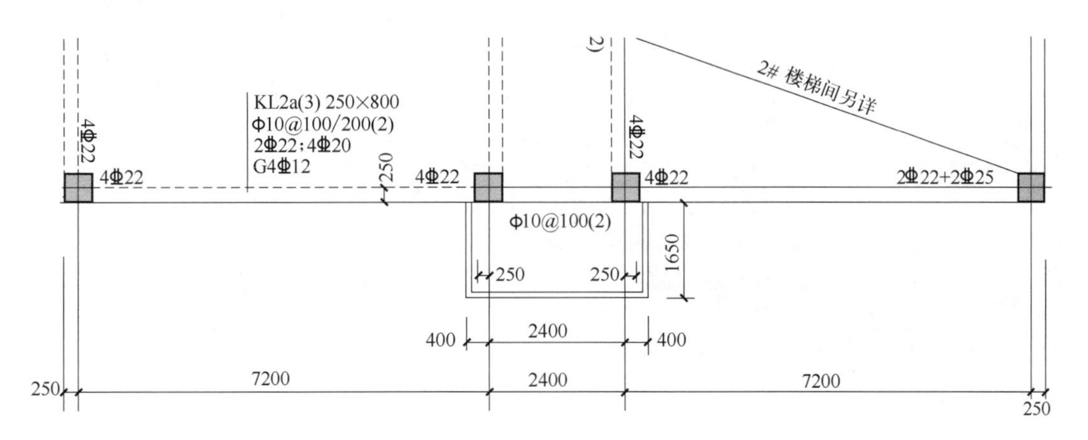

图 6-14 梁平面图

第一跨钢筋三维图如图 6-15 所示。第二跨钢筋三维图如图 6-16 所示。第三跨钢筋三维图如图 6-17 所示。

图 6-15 第一跨钢筋三维图

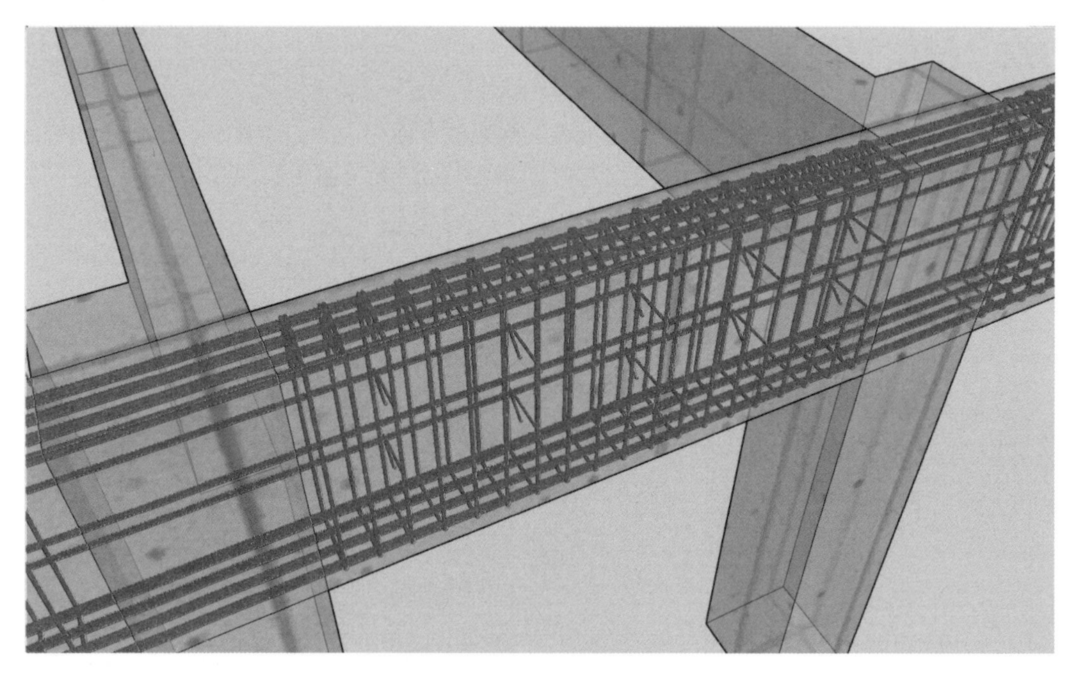

图 6-16 第二跨钢筋三维图

图 6-17 **第三跨钢筋三维图**

上部通长筋三维图如图 6-18 所示。下部通长筋三维图如图 6-19 所示。1 跨负筋三维图如图 6-20 所示。

1 跨右支座 +3 跨左支座负筋三维图如图 6-21 所示。

图 6-18 **上部通长筋三维图**

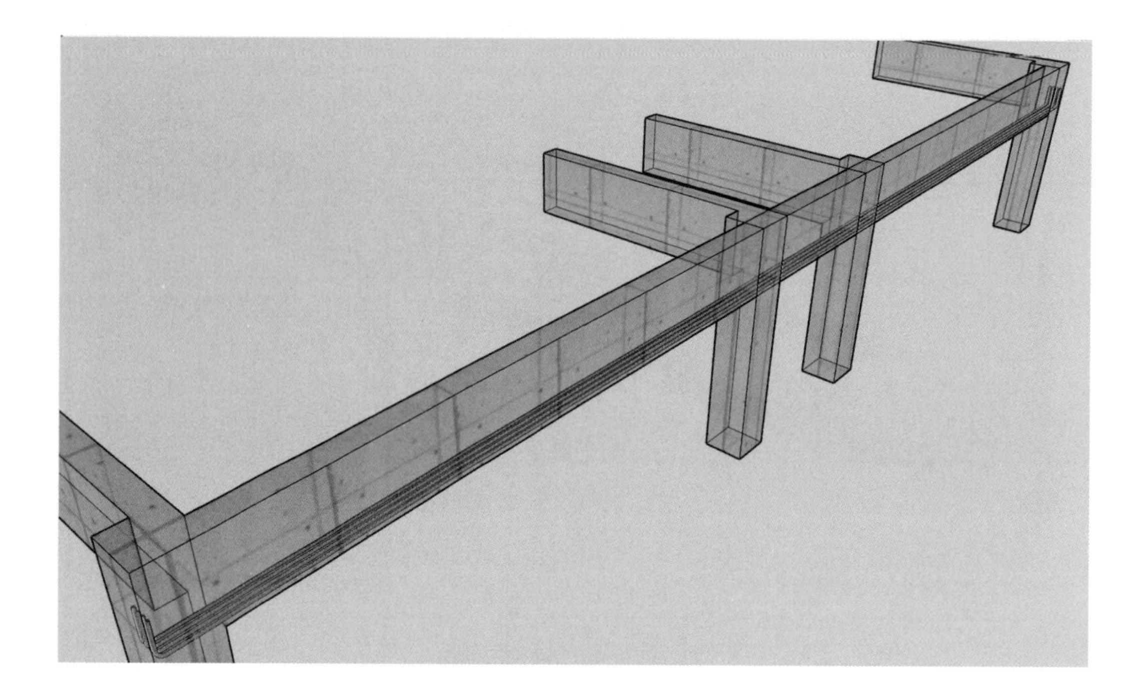

图 6-19　下部通长筋三维图

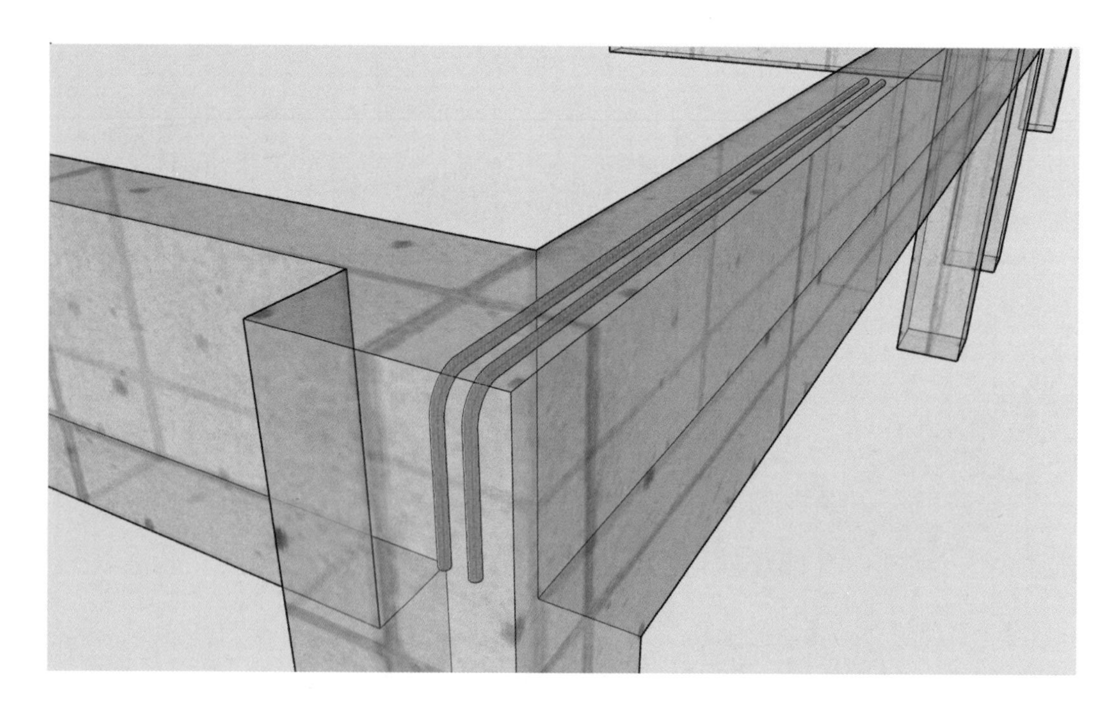

图 6-20　1 跨负筋三维图

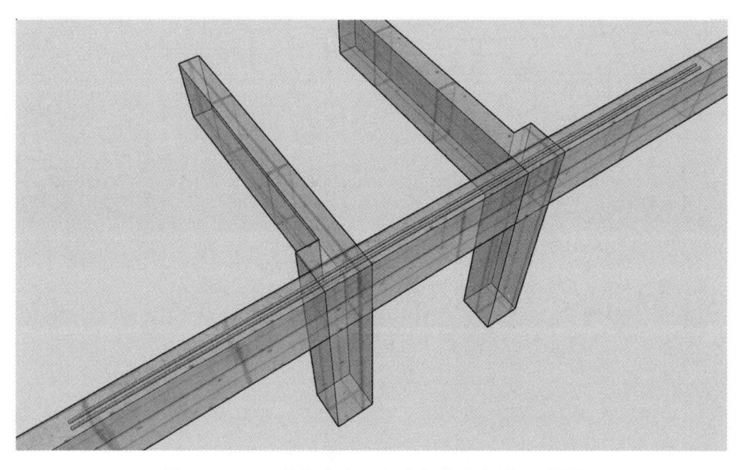

图 6-21 1 跨右支座 +3 跨左支座负筋三维图

为了方便施工，框架梁的所有支座和非框架梁（不包括井字梁）的中间支座上部纵筋的伸出长度 a_0 值在标准构造详图中统一取值为：第一排非通长筋及与跨中直径不同的通长筋从柱（梁）边起伸出至 $l_n/3$ 位置；第二排非通长筋伸出至 $l_n/4$ 位置。l_n 的取值规定为：对于端支座，l_n 为本跨的净跨值；对于中间支座，l_n 为支座两边较大一跨的净跨值。

计算方法如下：

上部通长筋长度 =1 跨左支座宽度 - 保护层厚度 + 弯折长度 + 净长 +3 跨右支座宽度 - 保护层厚度 + 弯折长度 =500-25+15d+［7200-（500-250）+2400+7200-（500-250）］+ 500-25+15d

下部通长筋长度 =1 跨左支座宽度 - 保护层厚度 + 弯折长度 + 净长 +3 跨右支座宽度 - 保护层厚度 + 弯折长度 =500-25+15d+［7200-（500-250）+2400+7200-（500-250）］+ 500-25+15d

第一跨负筋长度 =1 跨左支座宽度 - 保护层厚度 + 弯折长度 + 搭接长度 =500-25+15d+（7200-250-250）/3

第一跨右支座 + 第三跨左支座负筋长度 = 搭接长度 +1 跨右支座宽度 + 净长 +3 跨左支座宽度 + 搭接长度 =（7200-250-250）/3+500+（2400-250-250）+500+（7200-250-250）/3

构造钢筋三维图如图 6-22 所示。拉结筋三维图如图 6-23 所示。箍筋三维图如图 6-24 所示。

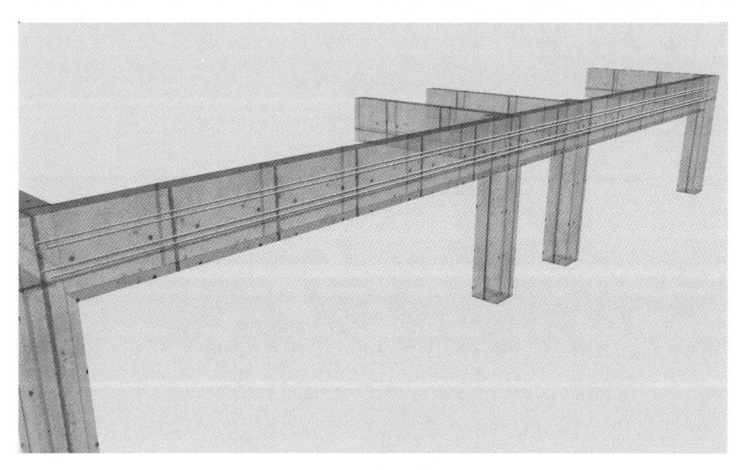

图 6-22 构造钢筋三维图

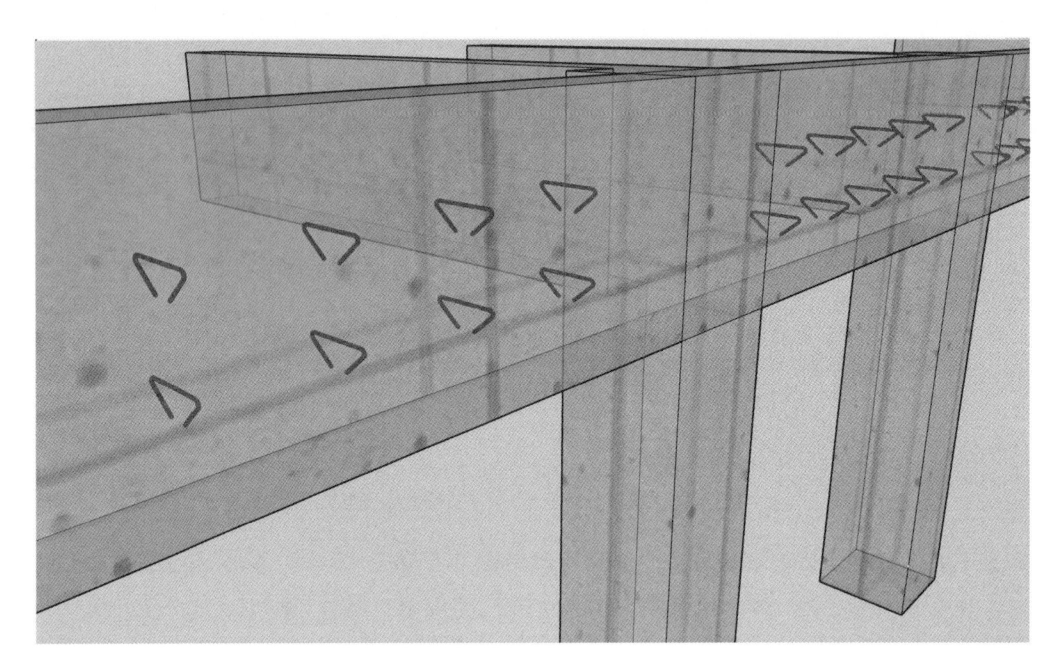

图 6-23 拉结筋三维图

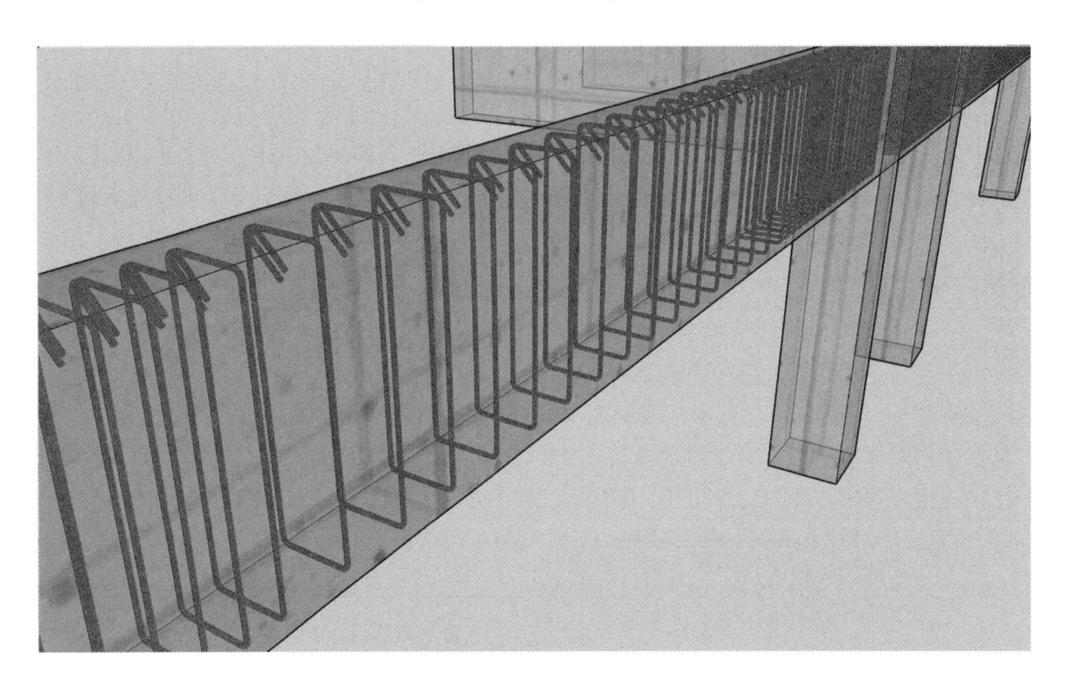

图 6-24 箍筋三维图

计算方法如下：

构造筋长度 = 锚固长度 + 净长 + 锚固长度 + 构造交错长度

$=15d+[7200-(500-250)+2400+7200-(500-250)]+15d+180$

拉结筋长度 $=(250-2\times25)+2\times(75+1.9d)+2d$

箍筋长度 $=2\times[(250-2\times25)+(800-2\times25)]+2\times11.9d+8d$

KL2a 钢筋翻样与算量表见表 6-1。

表 6-1 KL2a 钢筋翻样与算量表

KL2a 钢筋翻样								钢筋总重量：591.188kg	
筋号	级别	直径/mm	钢筋图形	计算方法	根数	总根数	单长/m	总长/m	总重/kg
构件位置：<6，A><6，D+124>									
1 跨上部通长筋 1	Φ	22	330 17250 330	500−25+15d+16300+500−25+15d	2	2	17.91	35.82	106.744
1 跨左支座筋	Φ	22	330 2708	500−25+15d+6700/3	2	2	3.038	6.076	18.106
1 跨右支座 +3 跨左支座负筋	Φ	22	7366	6700/3+500+1900+500+6700/3	2	2	7.366	14.732	43.901
1 跨侧面构造通长筋 1	Φ	12	16840	15d+16300+15d+180	4	4	16.84	67.36	59.816
1 跨下通长筋 1	Φ	20	330 17250 330	500−25+15d+16300+500−25+15d	4	4	17.85	71.4	176.358
3 跨右支座筋 1	Φ	25	375 2708	6700/3+500−25+15d	2	2	3.083	6.166	23.758
1 跨箍筋 1	ϕ	10	750 200	2×[(250−2×25)+(800−2×25)]+2×11.9d+8d	47	47	2.218	104.246	64.32
1 跨拉筋 1	ϕ	6	200	(250−2×25)+2×(75+19d)+2d	36	36	0.385	13.8	3.077
2 跨箍筋 1	ϕ	10	750 200	2×[(250−2×25)+(800−2×25)]+2×11.9d+8d	19	19	2.218	42.142	26.002
2 跨拉筋	ϕ	6	200	(250−2×25)+2×(75+1.9d)+2d	20	20	0.385	7.7	1.709
3 跨箍筋 1	ϕ	10	750 200	2×[(250−2×25)+(800−2×25)]+2×11.9d+8d	47	47	2.218	104.246	64.32
3 跨拉筋 1	ϕ	6	200	(250−2×25)+2×(75+1.9d)+2d	36	36	0.385	13.86	3.077

6.3 屋面框架梁翻样、算量实例

【实例 12】 某框架结构抗震等级为三级，WKL1 混凝土等级都为 C30，保护层厚度为 25mm，屋面框架梁平面图如图 6-25 所示。试计算 WKL1 的钢筋工程量，并进行钢筋翻样。

实例 12 三维动画

扫码观看视频

屋面框架梁钢筋三维图如图 6-26 所示。上部通长筋三维图如图 6-27 所示。构造钢筋三维图如图 6-28 所示。下部通长筋三维图如图 6-29 所示。箍筋三维图如图 6-30 所示。拉结筋三维图如图 6-31 所示。

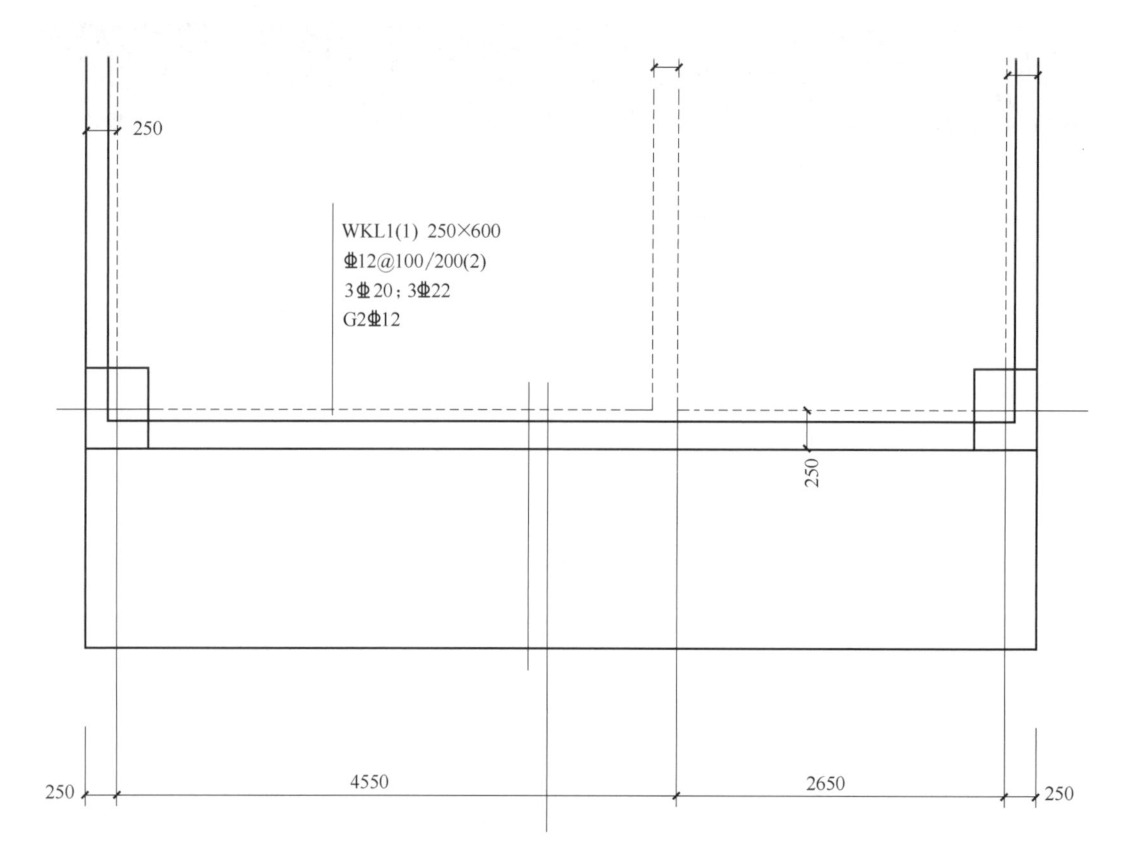

图 6-25　屋面框架梁平面图

图 6-26　屋面框架梁钢筋三维图

图 6-27 上部通长筋三维图

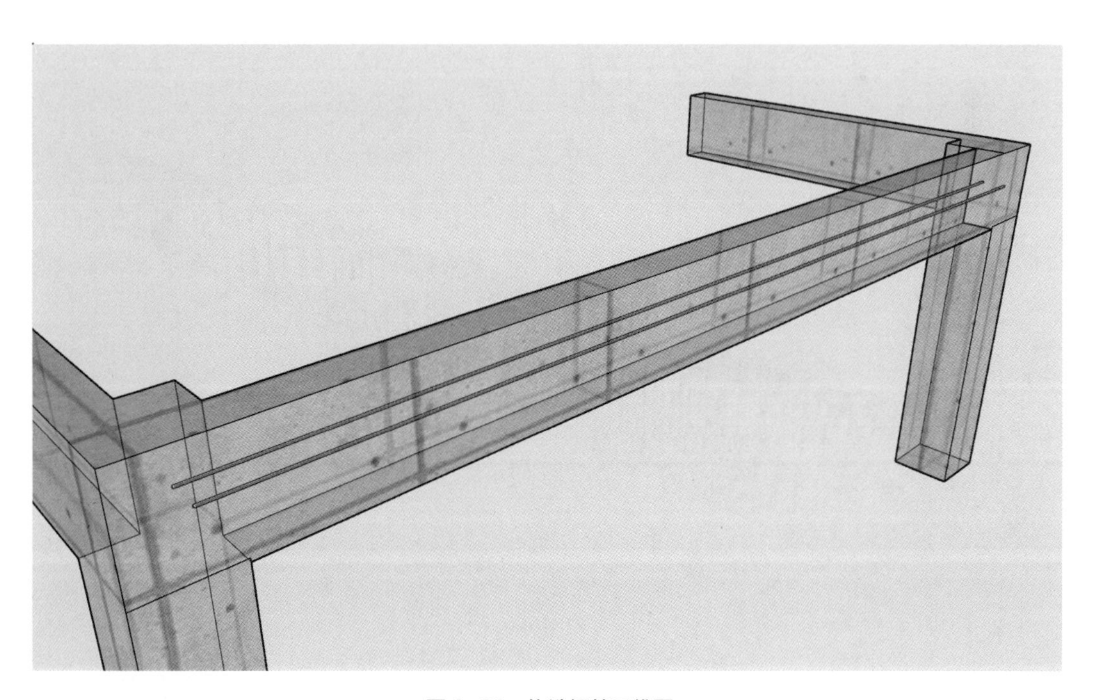

图 6-28 构造钢筋三维图

图 6-29　下部通长筋三维图

图 6-30　箍筋三维图

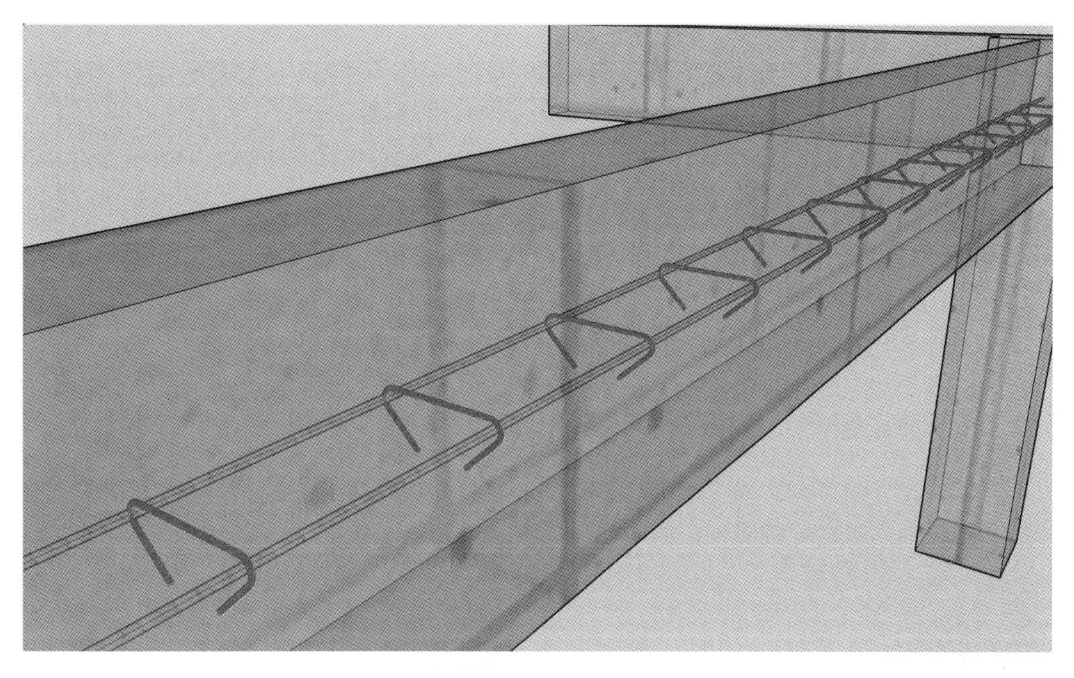

图 6-31 拉结筋三维图

计算方法如下：

上部通长筋长度 = 左侧支座宽度 − 保护层厚度 + 弯折长度 + 净长 + 右侧支座宽度 − 保护层厚度 + 弯折长度 =500−25+15d+（4550−250+2650−250）+500−25+15d

构造钢筋长度 = 锚固长度 + 净长 + 锚固长度 =15d+6700+15d

下部通长筋长度 = 左侧支座宽度 − 保护层厚度 + 弯折长度 + 净长 + 右侧支座宽度 − 保护层厚度 + 弯折长度 =500−25+15d+（4550−250+2650−250）+500−25+15d

箍筋长度 =2 ×［（250−2 × 25）+（600−2 × 25）］+2 × 11.9d+8d

拉筋长度 =（250−2 × 25）+2 ×（75+1.9d）+2d

WKL1 钢筋翻样与算量表见表 6-2。

表 6-2 WKL1 钢筋翻样与算量表

WKL1 钢筋翻样							钢筋总重量：222.936kg		
筋号	级别	直径/mm	钢筋图形	计算方法	根数	总根数	单长/m	总长/m	总重/kg
构件位置：<5-100，C-125><6+99，C-125>									
1 跨上部通长筋 1	Φ	20	575 7650 575	500−25+15d+（4550−250+2650−250）+500−25+15d	3	3	8.25	24.75	61.034
1 跨侧面构造筋 1	Φ	12	7060	15d+6700+15d	2	2	7.06	14.12	12.539
1 跨下部钢筋 1	Φ	22	330 7650 330	500−25+15d+（4550−250+2650−250）+500−25+15d	3	3	8.31	24.93	74.291
1 跨箍筋 1	Φ	12	550 200	2 ×［（250−2 × 25）+（600−2 × 25）］+2 × 11.9d+8d	44	44	1.882	82.808	73.534

续表

WKL1 钢筋翻样									
筋号	级别	直径/mm	钢筋图形	计算方法	根数	总根数	单长/m	总长/m	总重/kg
1 跨拉筋 1	Φ	6	200	(250−2×25)+2×(75+1.9d)+2d	18	18	0.385	6.93	1.538

6.4 非框架梁翻样、算量方法与实例

6.4.1 普通梁翻样、算量方法与实例

【实例 13】某框架结构抗震等级为三级，L1 混凝土等级都为 C30，保护层厚度为 25mm，梁平面图如图 6-32 所示。试计算 L1 的钢筋工程量，并进行钢筋翻样。

实例 13　三维动画

扫码观看视频

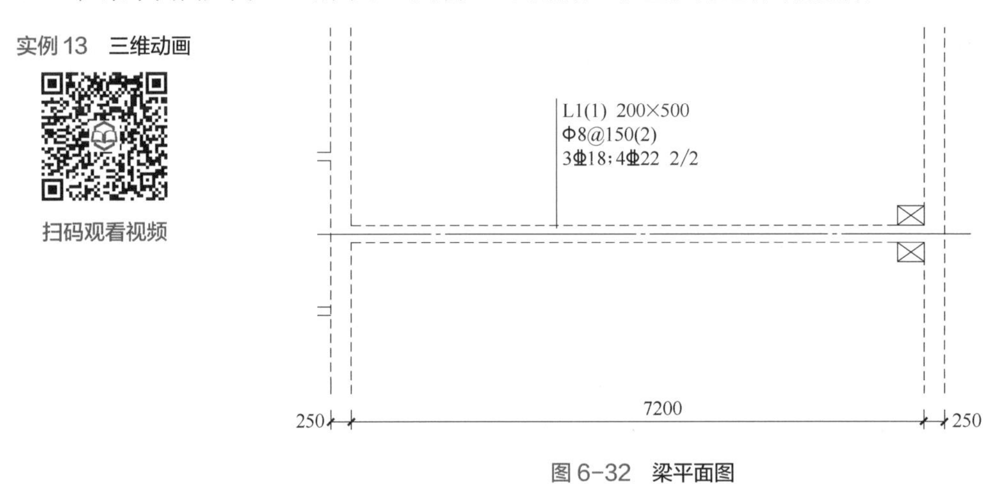

图 6-32　梁平面图

钢筋三维图如图 6-33 所示。上部通长筋三维图如图 6-34 所示。下部通长筋三维图如图 6-35 所示。

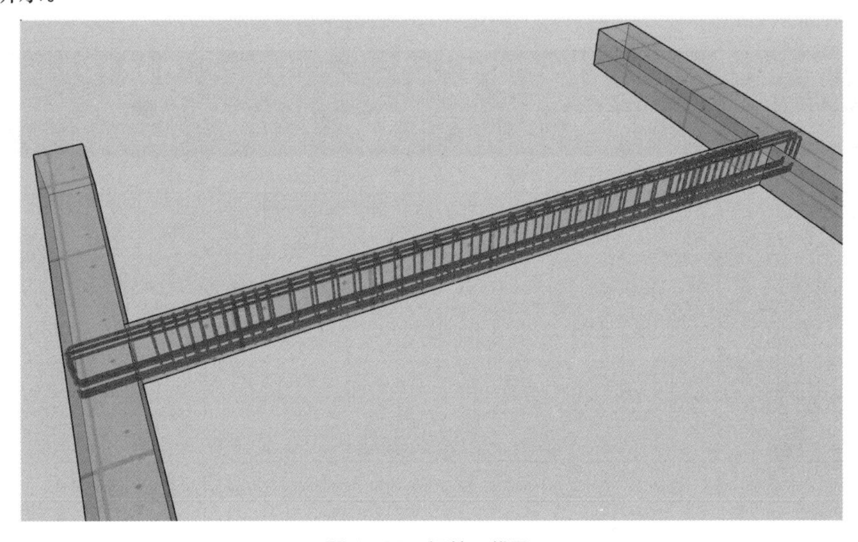

图 6-33　钢筋三维图

图 6-34 上部通长筋三维图

图 6-35 下部通长筋三维图

本题中，下部梁放置方式为 2/2，即分两排放置，需放置梁垫铁设置上下层。所谓梁垫铁是指在梁钢筋有双排钢筋及以上时，排与排之间按照构造要求，钢筋与钢筋之间要保证不小于 25mm 的净距，为了满足这个净距，在排与排之间用直径 25mm 的钢筋将两排钢筋隔开，这种做法中所垫的 25mm 的钢筋就是梁垫铁。垫铁间距一般为 1 ～ 1.5m，垫铁长度 = 梁宽 -2× 保护层厚度。构造图如图 6-36 所示。

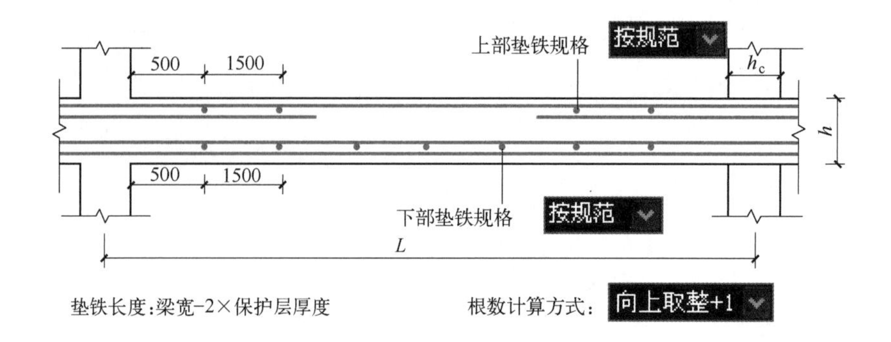

图 6-36 **实例 13 构造图**

垫铁三维图如图 6-37 所示。箍筋三维图如图 6-38 所示。

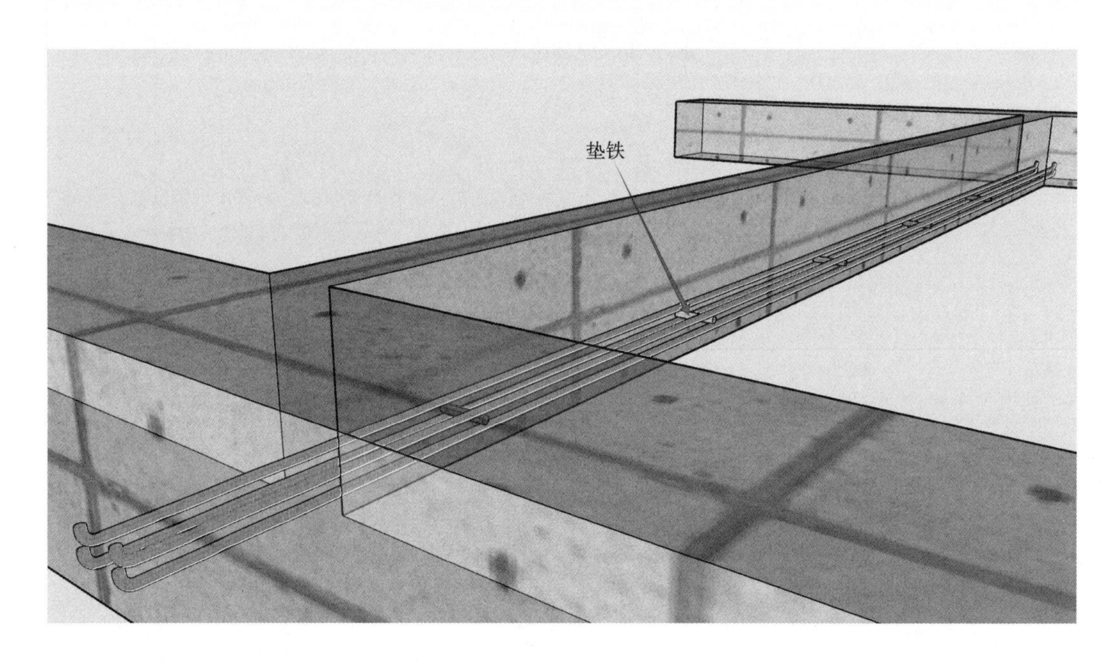

图 6-37 **垫铁三维图**

计算方法如下：

上部通长筋长度 = 支座宽度 - 保护层厚度 + 弯折长度 + 净长 + 支座宽度 - 保护层厚度 + 弯折长度 =$250-25+15d+7200+250-25+15d$

下部通长筋长度 = 非框架梁下部筋伸入支座总长 + 非框架梁净长 + 非框架梁下部伸入支座总长 =$12d+7200+12d$

箍筋长度 =$2\times[(200-2\times25)+(500-2\times25)]+2\times11.9d+8d$

L1 钢筋翻样与算量表见表 6-3。

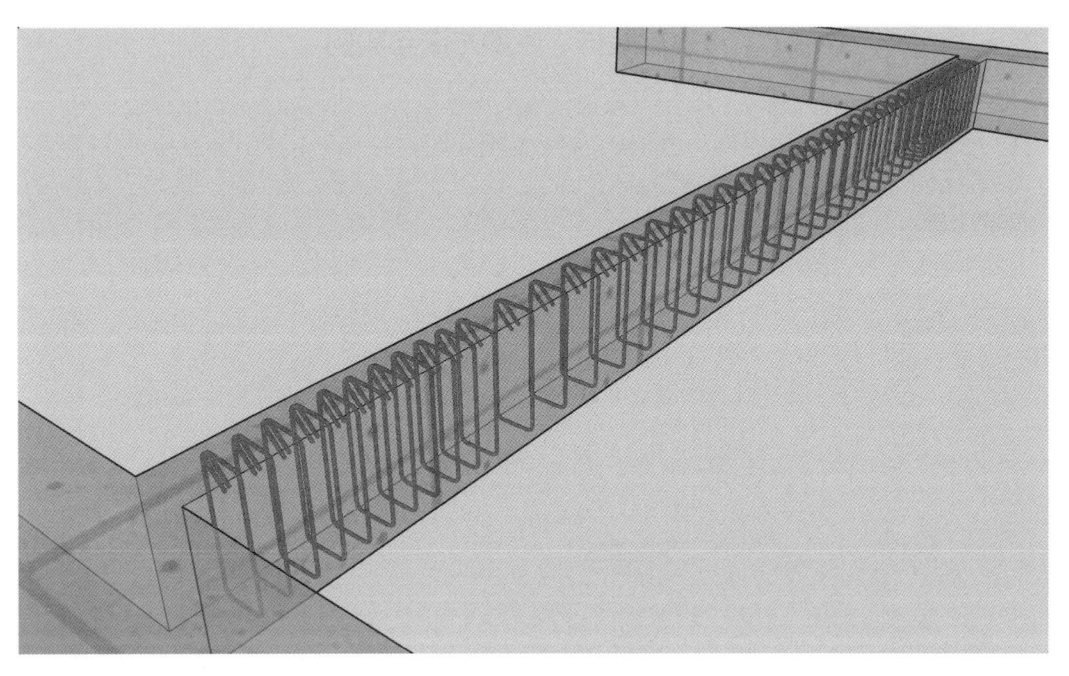

图 6-38 箍筋三维图

表 6-3 L1 钢筋翻样与算量表

L1 钢筋翻样									钢筋总重量：172.865kg
筋号	级别	直径 /mm	钢筋图形	计算方法	根数	总根数	单长 /m	总长 /m	总重 /kg
构件位置：<1-124，D-3599><2，D-3599>									
1 跨上部通长筋 1	Φ	18	270 7650 270	250-25+15*d*+7200+250-25+15*d*	3	3	8.19	24.57	49.14
1 跨下部钢筋 1	Φ	22	39 7650 39	12*d*+7200+12*d*	2	2	7.728	15.456	46.059
1 跨下部钢筋 3	Φ	22	39 7650 39	12*d*+7200+12*d*	2	2	7.728	15.456	46.059
1 跨箍筋 1	Φ	8	450 150	2×[(200-2×25)+(500-2×25)]+2×11.9*d*+8*d*	49	49	1.454	71.246	28.142
1 跨下部梁垫铁 1	Φ	25	150	200-2×25	6	6	0.15	0.9	3.465

实例 14　三维动画

扫码观看视频

6.4.2　悬挑梁翻样、算量方法与实例

【实例 14】 某框架结构抗震等级为三级，XL1 混凝土等级都为 C30，保护层厚度为 25mm，梁平面图如图 6-39 所示。试计算 XL1 的钢筋工程量，并进行钢筋翻样。

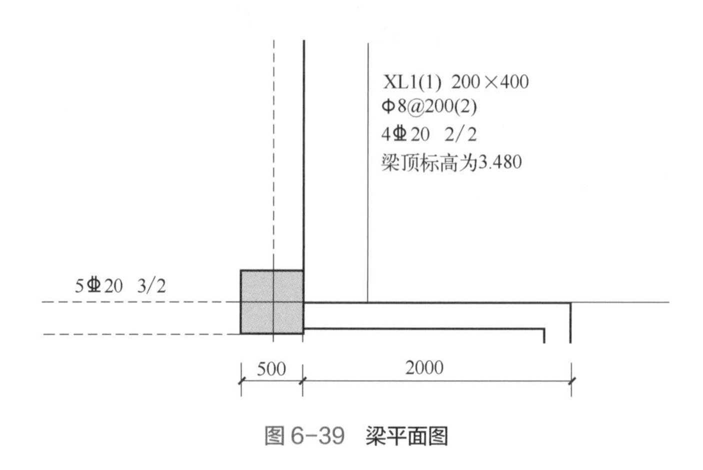

图 6-39　梁平面图

此悬挑梁钢筋三维图如图 6-40 所示。上部筋 1 三维图如图 6-41 所示。上部筋 2 三维图如图 6-42 所示。下部筋三维图如图 6-43 所示。箍筋三维图如图 6-44 所示。

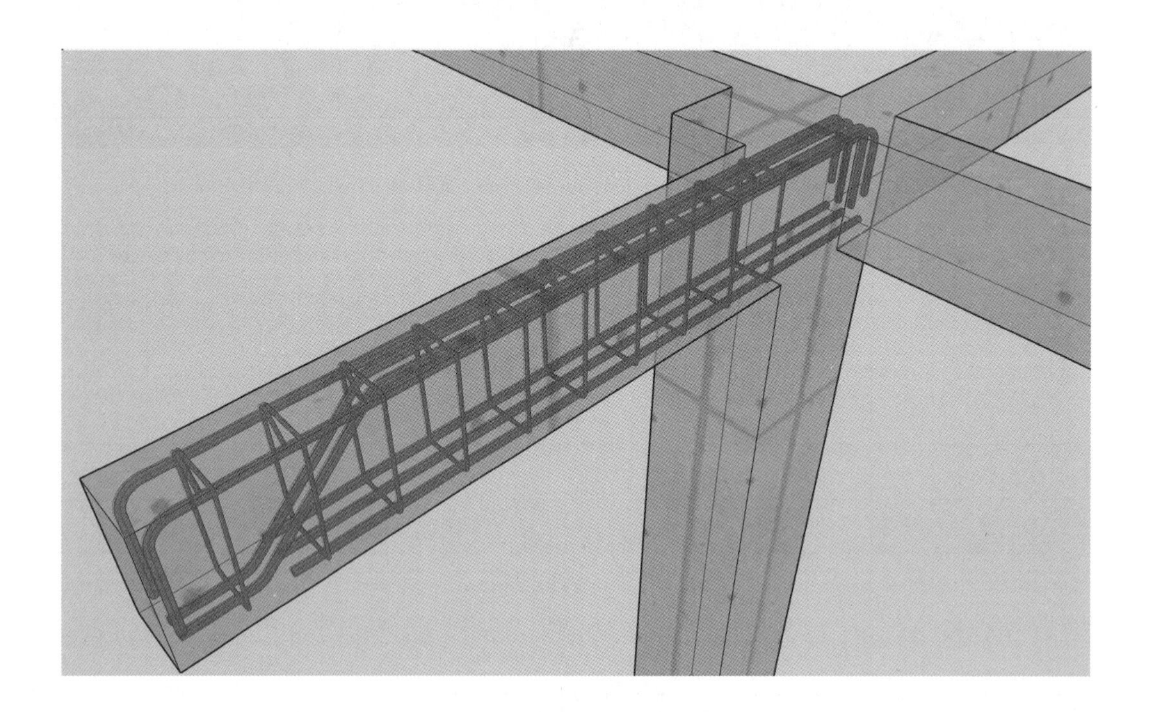

图 6-40　悬挑梁钢筋三维图

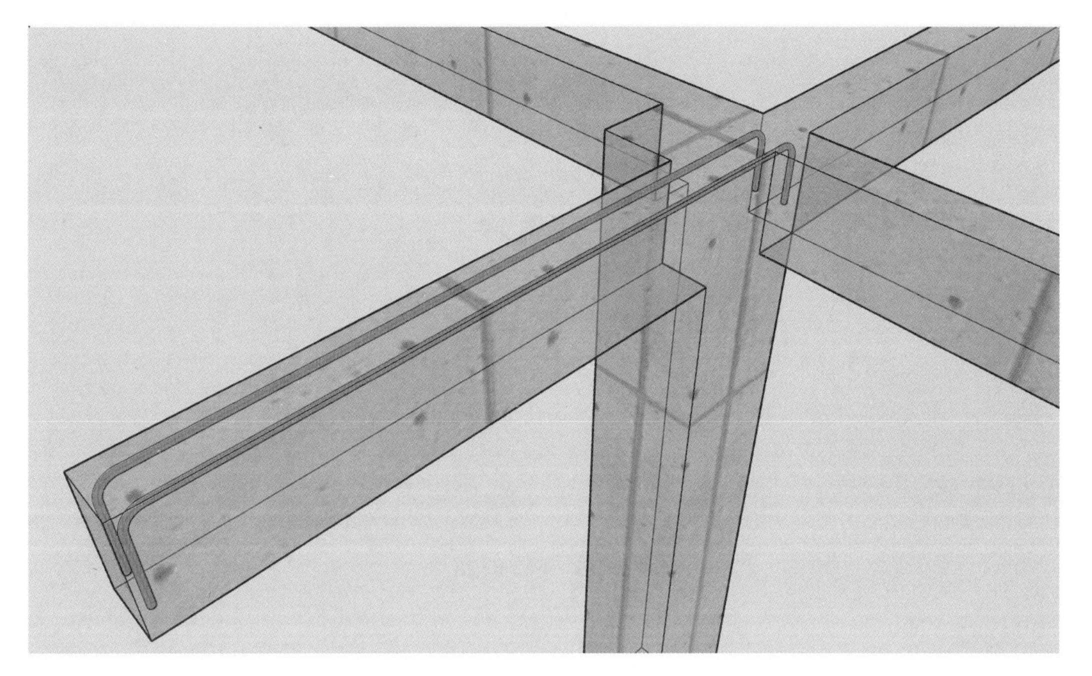

图 6-41　**上部筋 1 三维图**

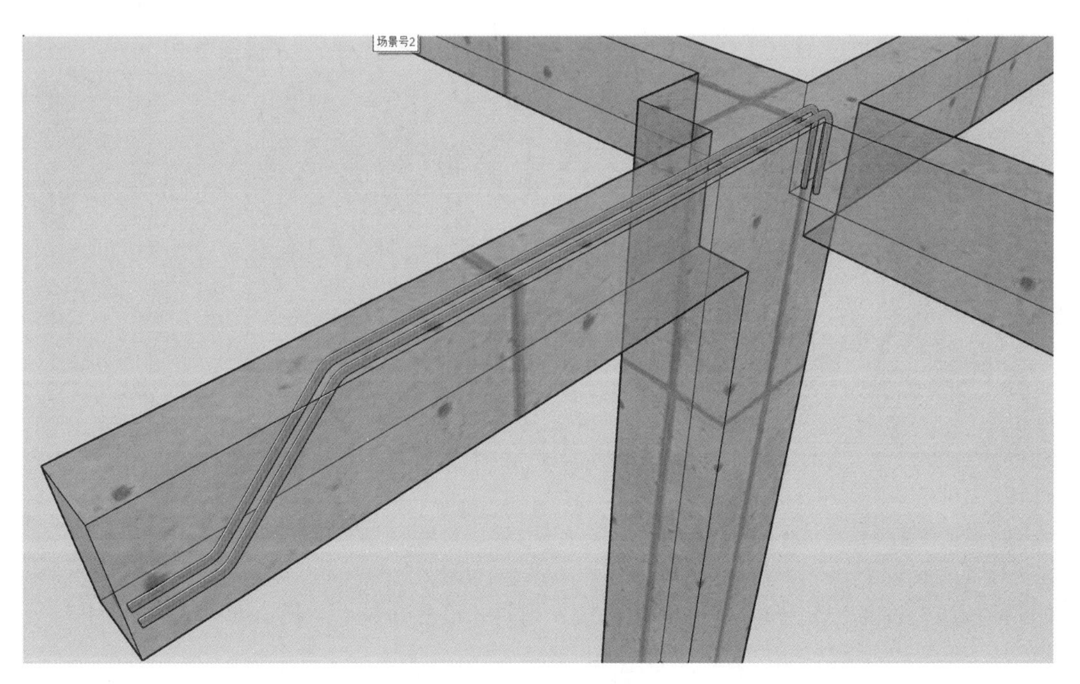

图 6-42　**上部筋 2 三维图**

图 6-43 下部筋三维图

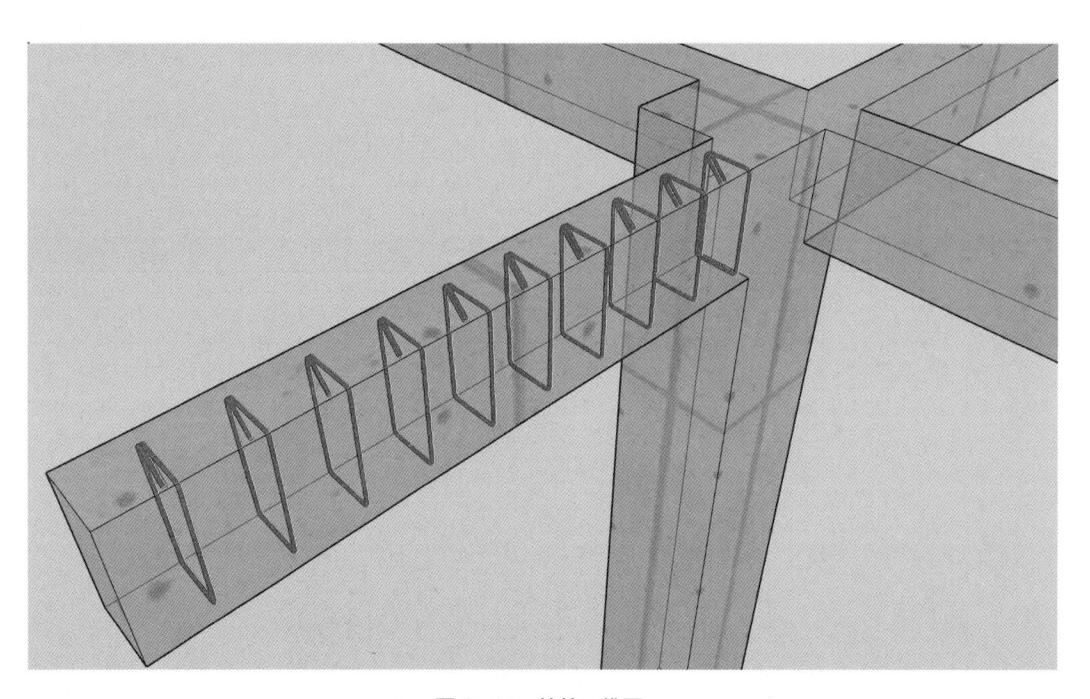

图 6-44 箍筋三维图

计算方法如下：

上部通长筋 1 长度 = 支座宽度 - 保护层厚度 + 弯折长度 + 净长 + 弯折长度 - 保护层厚度

=500-25+15d+2000+240-25

上部通长筋 2 长度 = 支座宽度 - 保护层厚度 + 弯折长度 + 净长

=500-25+15d+［2000+（400-25×2）×（1.414-1.000）-25］

下部钢筋长度 = 锚固长度 + 净长 − 保护层厚度 =12d+2000−25

箍筋长度 =2 × [(200−2 × 25)+(400−2 × 25)]+2 × 11.9d+8d

XL1 钢筋翻样与算量表见表 6-4。

表 6-4 XL1 钢筋翻样与算量表

XL1 钢筋翻样							钢筋总重量：50.756kg		
筋号	级别	直径 /mm	钢筋图形	计算方法	根数	总根数	单长 /m	总长 /m	总重 /kg
构件位置：<2+199，E+124><2+200，E+2250>									
1 跨上部通长筋 1	Φ	20	300 2450 240	500−25+15d+2000+240−25	2	2	2.99	5.98	14.771
1 跨上部通长筋 2	Φ	20	300 1900 350 350 200	500−25+15d+[2000+(400−25 × 2) × (1.414−1.000)−25]	2	2	2.895	5.79	14.301
1 跨下部钢筋	Φ	20	2191	12d+2000−25	3	3	2.191	6.573	16.235
1 跨箍筋 1	Φ	8	350 150	2 × [(200−2 × 25)+(400−2 × 25)]+2 × 11.9d+8d	11	11	1.254	13.794	5.449

实例 15 三维动画

扫码观看视频

6.5 变截面梁翻样、算量方法与实例

【实例 15】 某框架结构抗震等级为三级，KL6 混凝土等级都为 C30，保护层厚度为 25mm，梁平面图如图 6-45 所示。试计算 KL6 的钢筋工程量，并进行钢筋翻样。

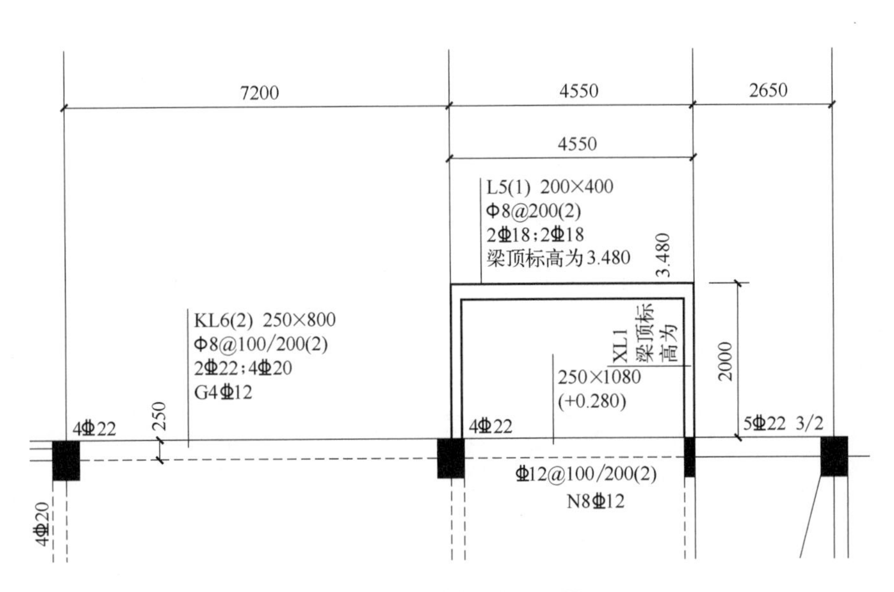

图 6-45 实例 15 梁平面图

KL6 钢筋三维图如图 6-46 所示。上部通长筋三维图如图 6-47 所示。

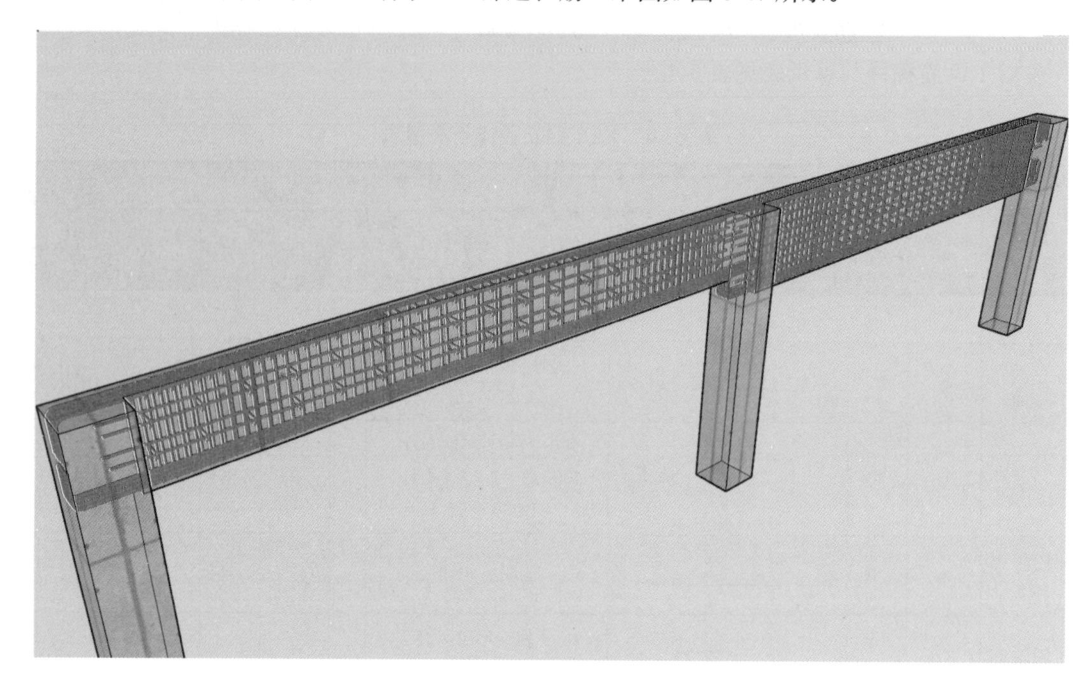

图 6-46 KL6 钢筋三维图

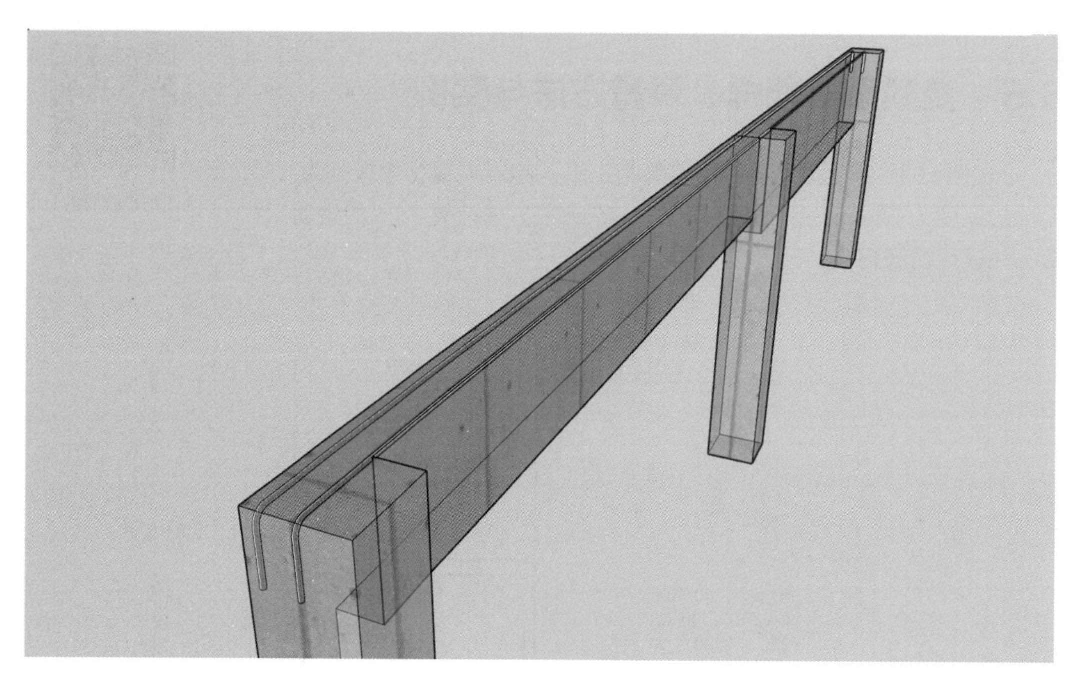

图 6-47 上部通长筋三维图

上部通长筋为 2 根Φ22。其长度计算方法如下：

上部通长筋净长 =（1 号柱支座与 3 号柱支座轴线长度）- 半柱宽 - 半柱宽

=（7200+4550+2650）-250-250=139000（mm）

锚固长度 = 支座宽度 - 保护层厚度 + 弯折长度 =500-25+15d

单根上部通长筋长度 = 支座宽度 - 保护层厚度 + 弯折长度 + 净长 + 支座宽度 - 保护层厚度 +
弯折长度 =500-25+15d+13900+500-25+15d=15510（mm）

总长 =15510 × 2=31020（mm）

钢筋总重 = 总长 × ф22 理论重量 =31.02 × 2.98=92.44（kg）

第一跨左支座负筋三维图如图 6-48 所示。

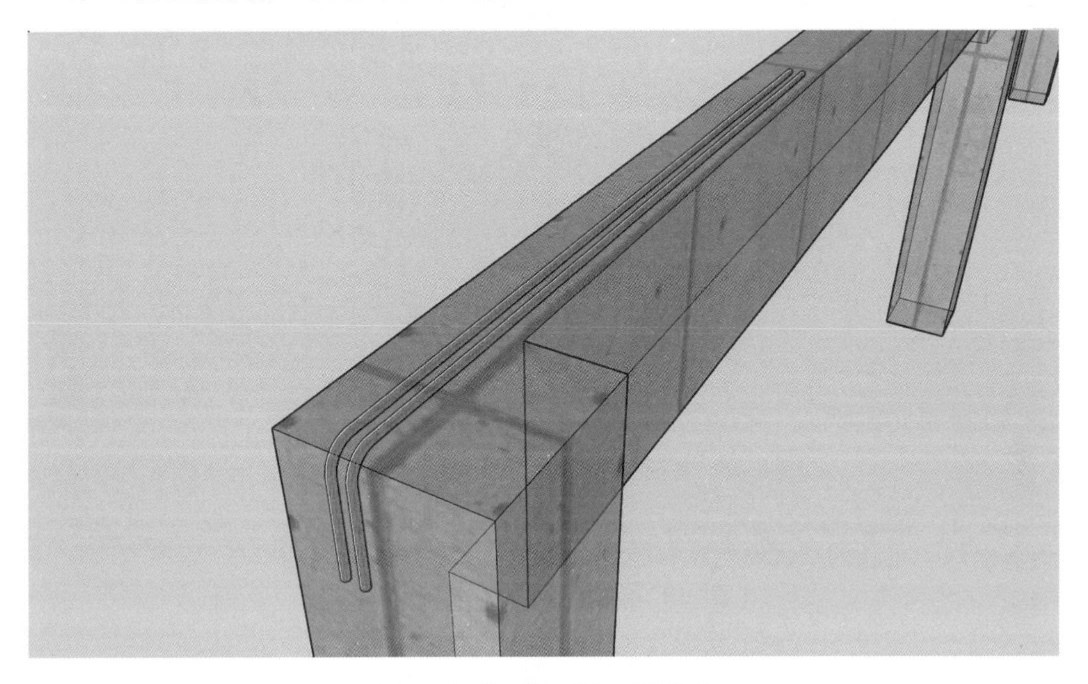

图 6-48 第一跨左支座负筋三维图

第一跨左支座负筋为 2 根ф22，其钢筋工程量计算如下：

搭接长度 = 梁本跨净长 /3=（7200-250-250）/3 ≈ 2233.3（mm）

锚固长度 = 支座宽度 - 保护层厚度 + 弯折长度 =500-25+15d

单根第一跨左支座负筋长度 = 锚固长度 + 搭接长度 =500-25+15d+6700/3=3038（mm）

第一跨左支座负筋总长度 = 单根第一跨左支座负筋长度 × 2=3038 × 2=6076（mm）

第一跨左支座负筋总重量 = 第一跨左支座负筋总长度 × ф22 理论重量
=6.076 × 2.98=18.106（kg）

第一跨右支座和 + 第二跨左支座负筋三维图如图 6-49 所示。

第一跨右支座（即第二跨左支座负筋）为 2 根ф22，其钢筋工程量计算如下：

第一跨搭接长度=梁本跨净长/3=（7200-250-250）/3=（4550+2650-250-250）/3 ≈ 2233.3（mm）

单根第一跨右支座（即第二跨左支座负筋）长度 = 搭接长度 + 支座宽度 +
搭接长度 =6700/3+500+6700/3 ≈ 4967（mm）

第一跨右支座（即第二跨左支座负筋）总长度 = 单根第一跨右支座（即第二跨左支座负筋）
长度 × 2=4966 × 2=9932（mm）

第一跨右支座（即第二跨左支座负筋）总重量 = 单根第一跨右支座（即第二跨左支座负筋）
总长度 × ф22 理论重量 =9.932 × 2.98=29.597（kg）

第二跨右支座第一排负筋三维图如图 6-50 所示。

图 6-49　**第一跨右支座和 + 第二跨左支座负筋三维图**

图 6-50　**第二跨右支座第一排负筋三维图**

第二跨右支座第一排负筋为 1 根Φ 22（与通长筋共同构成第一排三根Φ 22），其钢筋工程量计算如下：

第一排第二跨右支座负筋长度 = 搭接长度 + 支座宽度 - 保护层厚度 + 弯折长度

$=6700/3+500-25+15d=3038$（mm）

第一排第二跨右支座负筋重量 = 第一排第二跨右支座负筋总长度 × Φ 22 理论重量

$=3038\times2.98=9.053$（kg）

第二跨右支座第二批负筋三维图如图 6-51 所示。

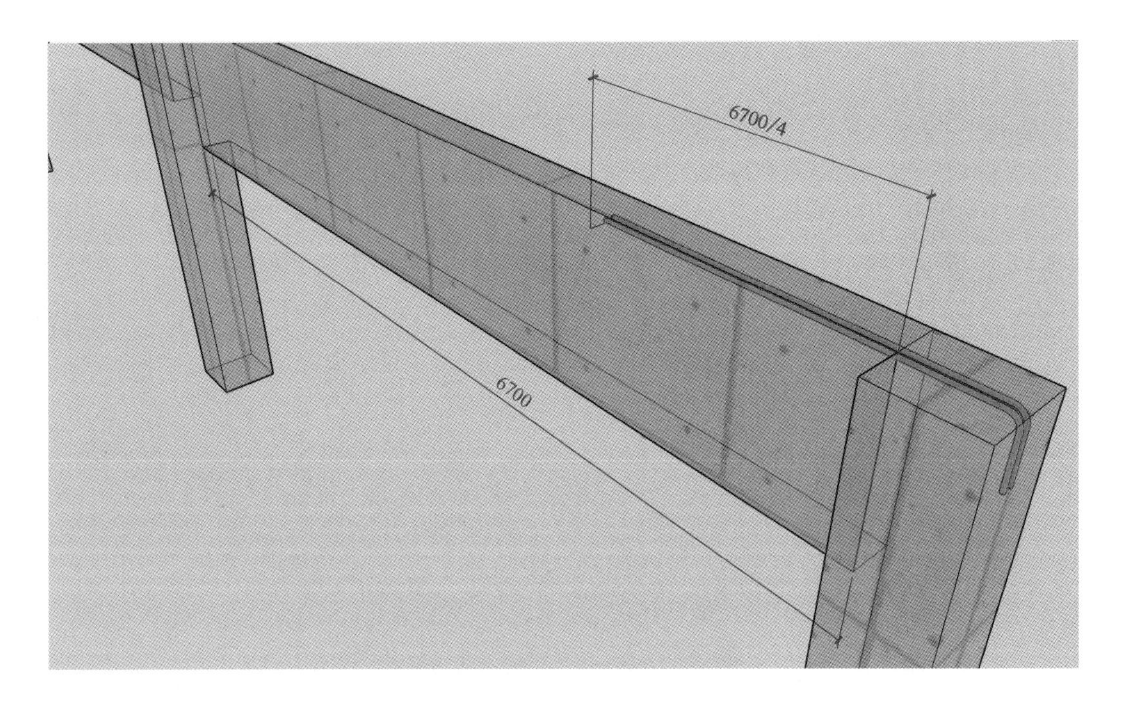

图 6-51 第二跨右支座第二批负筋三维图

第二跨右支座第二排负筋为 2 根Φ22，根据 22G101 图集的规定第二排搭接应为净跨的 1/4，如图 6-51 所示中的搭接长度 = 净跨 /4=（7200−250−250）/4=1675（mm）。其钢筋工程量计算如下：

单根第二排第二跨右支座负筋长度 = 搭接长度 + 支座宽度 − 保护层厚度 + 弯折长度 =6700/4+500−25+15d=2480（mm）

第二排第二跨右支座负筋总长度 = 单根第二排第二跨右支座负筋长度 × 2=2480 × 2=4960（mm）

第二排第二跨右支座负筋重量 = 第二排第二跨右支座负筋总长度 × Φ22 理论重量 =4.96 × 2.98=14.781（kg）

第一跨侧面构造钢筋三维图如图 6-52 所示。

第一跨构造钢筋（G）为 4 根Φ12，其长度计算方法如下：

单根第一跨构造钢筋长度 = 锚固长度 + 净长 + 锚固长度

=15d+（7200−250−250）+15d=7060（mm）

第一跨构造钢筋总长度 = 单根第一跨构造钢筋长度 × 4=7060 × 4=28240（mm）

第一跨构造钢筋总重量 = 第一跨构造钢筋总长度 × Φ12 理论重量

=28.24 × 0.888=25.077（kg）

第二跨侧面受扭筋三维图如图 6-53 所示。

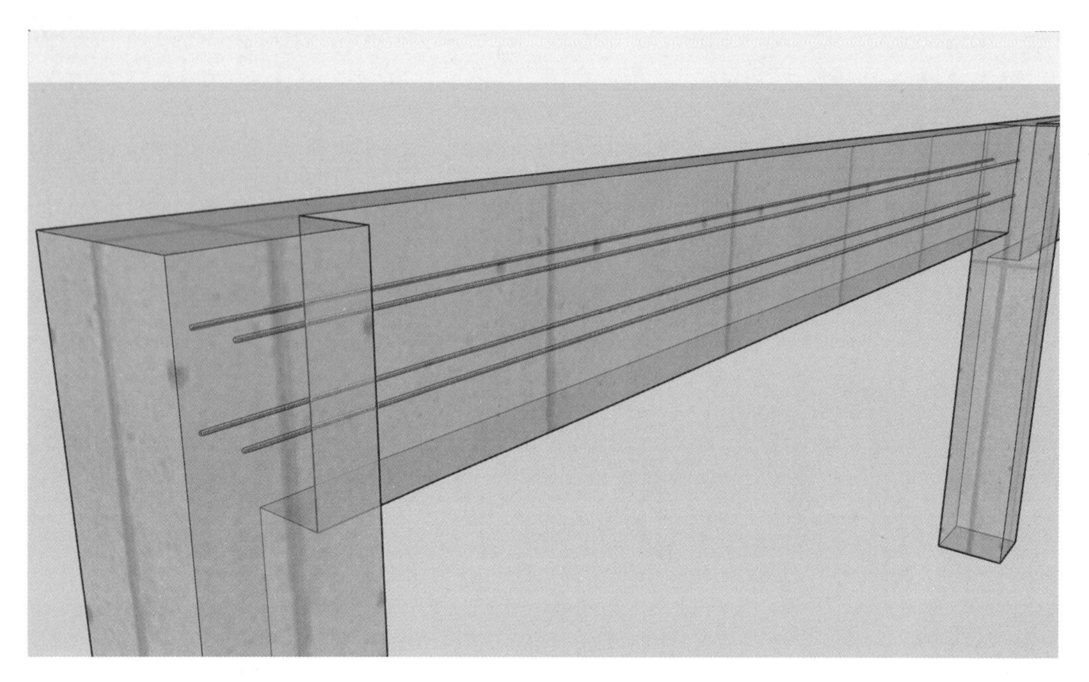

图 6-52 第一跨侧面构造钢筋三维图

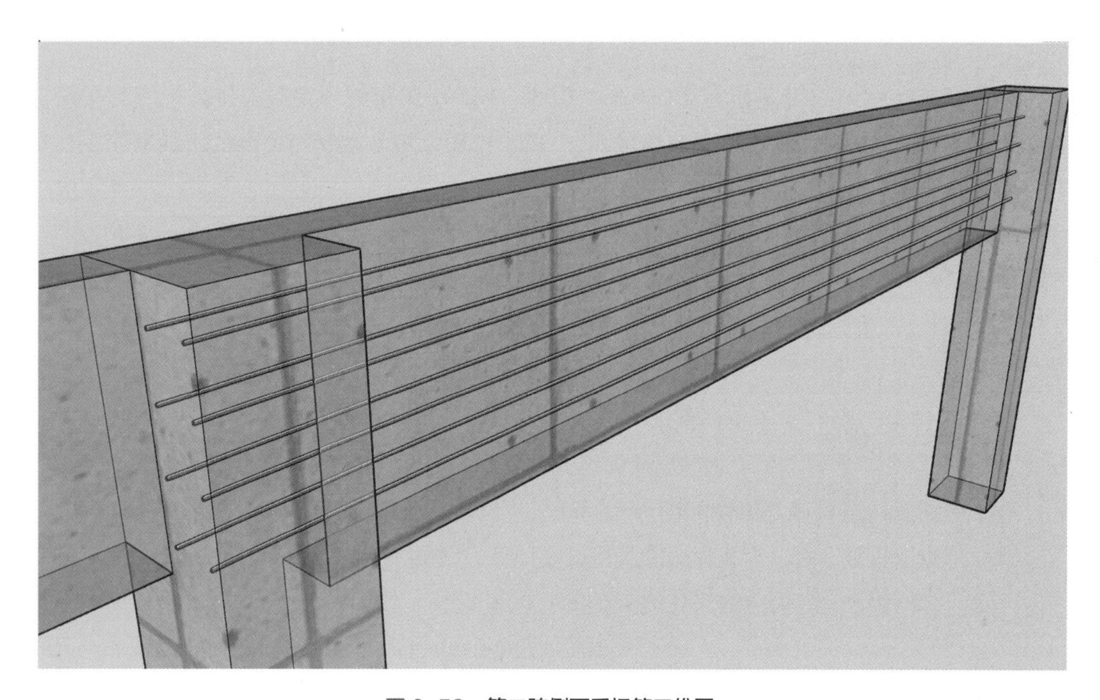

图 6-53 第二跨侧面受扭筋三维图

注：腰筋根据目前国内生产工艺和梁自身（如混凝土防裂）的要求，必须设置最低配筋率，也就是构造上的最低配筋要求。梁的腰筋一般是纵向构造钢筋（G）和受扭纵向钢筋（N），其锚固长度不同。构造钢筋锚固长度是 15d，抗扭钢筋的锚固长度同梁的主筋锚固长度

第二跨受扭钢筋（N）为 8 根⌀ 12，其长度计算方法如下：

单根第二跨受扭钢筋长度 = 锚固长度 + 净长 + 锚固长度 =31*d*+（7200−250−250）+31*d*=7444（mm）

第二跨受扭钢筋总长度 = 单根第二跨受扭钢筋长度 ×8=7444×8=59552（mm）

第二跨受扭钢筋总重量 = 第二跨受扭钢筋总长度 ×⌀ 12 理论重量 = 28.24×0.888=25.077（kg）

第一跨下部筋三维图如图 6-54 所示。

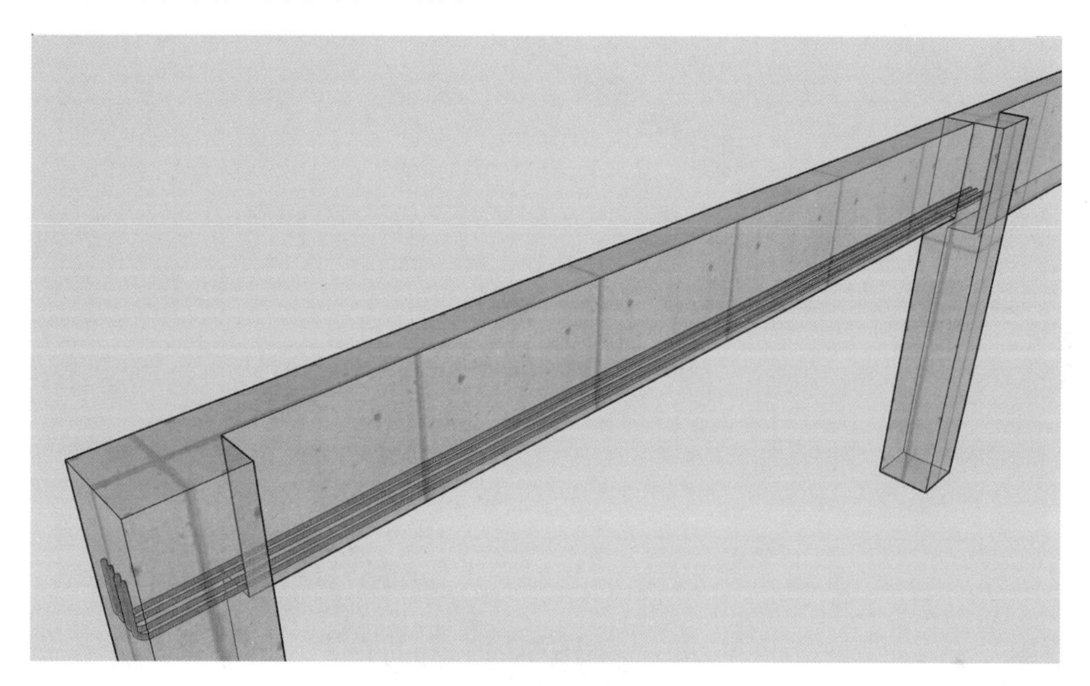

图 6-54 第一跨下部筋三维图

第一跨下部钢筋为 4 根⌀ 20，其长度计算方法如下：

单根第一跨下部钢筋长度 = 支座宽度 − 保护层厚度 + 弯折长度 + 净长 + 直锚长度 = 500−25+15*d*+6700+37*d*=8215（mm）

第一跨下部钢筋总长度 = 单根第一跨下部钢筋长度 ×4=8215×4=32860（mm）

第一跨下部钢筋总重量 = 第一跨下部钢筋总长度 ×⌀ 20 理论重量 =32.86×2.47=81.164（kg）

第二跨下部筋三维图如图 6-55 所示。

第二跨下部钢筋为 4 根⌀ 20，其长度计算方法如下：

单根第二跨下部钢筋长度 = 支座宽度 − 保护层厚度 + 弯折长度 + 净长 + 支座宽度 − 保护层厚度 + 弯折长度 =500−25+15*d*+6700+500−25+15*d*=8250（mm）

第二跨下部钢筋总长度 = 单根第二跨下部钢筋长度 ×4=8250×4=33000（mm）

第二跨下部钢筋总重量 = 第二跨下部钢筋总长度 ×⌀ 20 理论重量 =33×2.47=81.51（kg）

第一跨箍筋三维图如图 6-56 所示。

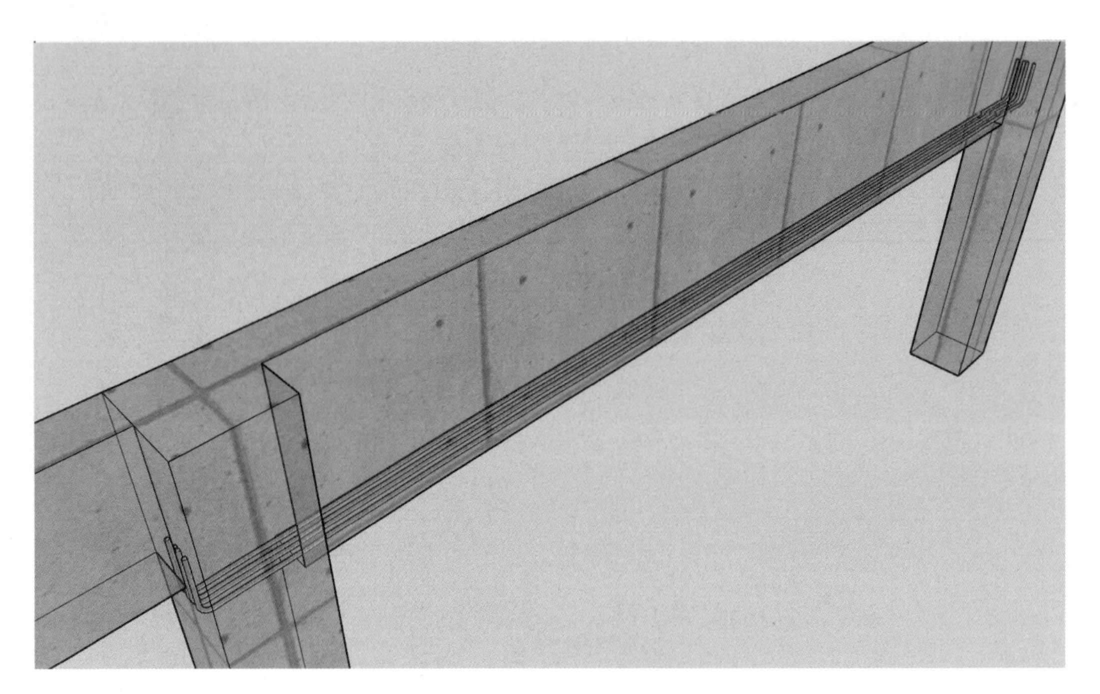

图 6-55　第二跨下部筋三维图

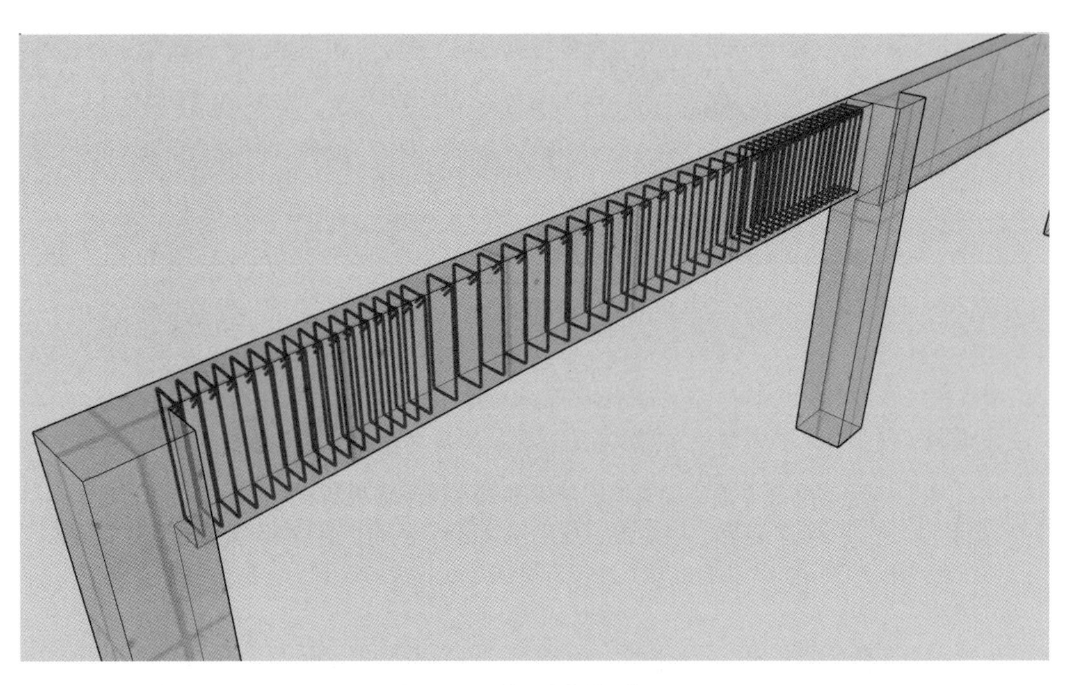

图 6-56　第一跨箍筋三维图

第一跨箍筋为Φ 8，其长度及根数计算方法如下：

单根第一跨箍筋长度 =2 × [（梁截面宽 -2 × 保护层厚度）+（梁截面高 -2 × 保护层厚度）] +2 × 11.9d+8d=2 × [（250−2 × 25）+（800−2 × 25）]+2 × 11.9d+8d=2154（mm）

第一跨加密区范围为 max（1.5h_b，500）=max（1.5 × 800，500）=1200（mm）

加密区箍筋根数为：2 × [Ceil（加密区长度 /100）+1]=2 × [Ceil（1150/100）+1]=26（根）

非加密区箍筋根数为：Ceil（非加密区长度 /200）-1=Ceil［（6700-1200 × 2）/200］-1=21（根）

第一跨箍筋总数 = 加密区箍筋根数 + 非加密区箍筋根数 =26+21=47（根）

第一跨箍筋总长度 = 单根第一跨箍筋长度 × 第一跨箍筋总数 =2154 × 47=101238（mm）

第一跨箍筋总重量 = 第一跨箍筋总长度 × Φ8 理论重量 =101.238 × 0.395=39.989（kg）

箍筋布置时应距柱错开 50mm，实际加密区范围应为 1200-50=1150（mm）。（箍筋的起步距离为 50mm。）

第二跨箍筋三维图如图 6-57 所示。

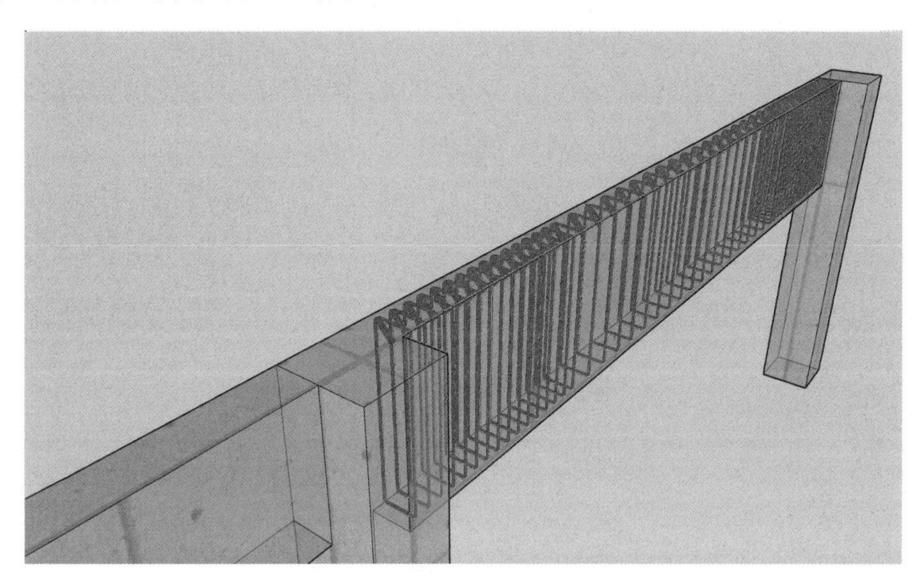

图 6-57　第二跨箍筋三维图

第二跨箍筋为Φ12，其长度及根数计算方法如下：

单根第二跨箍筋长度 =2 ×［（梁截面宽 -2 × 保护层厚度）+（梁截面高 -2 × 保护层厚度）］+ 2 × 11.9d+8d=2 ×［（250-2 × 25）+（1080-2 × 25）］+2 × 11.9d+8d=2842（mm）

第二跨加密区范围为 max（1.5h_b，500）=max（1.5 × 1080，500）=1620（mm）

加密区箍筋根数为：2 ×［Ceil（加密区长度 /100）+1］=2 ×［Ceil（1570/100）+1］=34（根）

非加密区箍筋根数为：Ceil（非加密区长度 /200）-1=Ceil［（6700-1620 × 2）/200］-1=17（根）

第二跨箍筋总数 = 加密区箍筋根数 + 非加密区箍筋根数 =34+17=51（根）

第二跨箍筋总长度 = 单根第二跨箍筋长度 × 第二跨箍筋总数 =2842 × 51=144942（mm）

第二跨箍筋总重量 = 第二跨箍筋总长度 × Φ12 理论重量 =144.942 × 0.888=128.708（kg）

箍筋布置时应距柱错开 50mm，实际加密区范围应为 1620-50=1570（mm）。（箍筋的起步距离为 50mm。）

第一跨拉结筋三维图如图 6-58 所示。

第一跨拉结筋为Φ8，其长度及根数计算方法如下：

单根第一跨拉结筋长度 =（梁截面宽 -2 × 保护层厚度）+2 ×（75+1.9d）+2d

=（250-2 × 25）+2 ×（75+1.9d）+2d=406（mm）

第一跨拉结筋根数为 =2 ×［Ceil（6600/400）+1］=36（根）

第一跨拉结筋总长度为 = 单根第一跨拉结筋长度 × 第一跨拉结筋根数

=406 × 36=14616（mm）

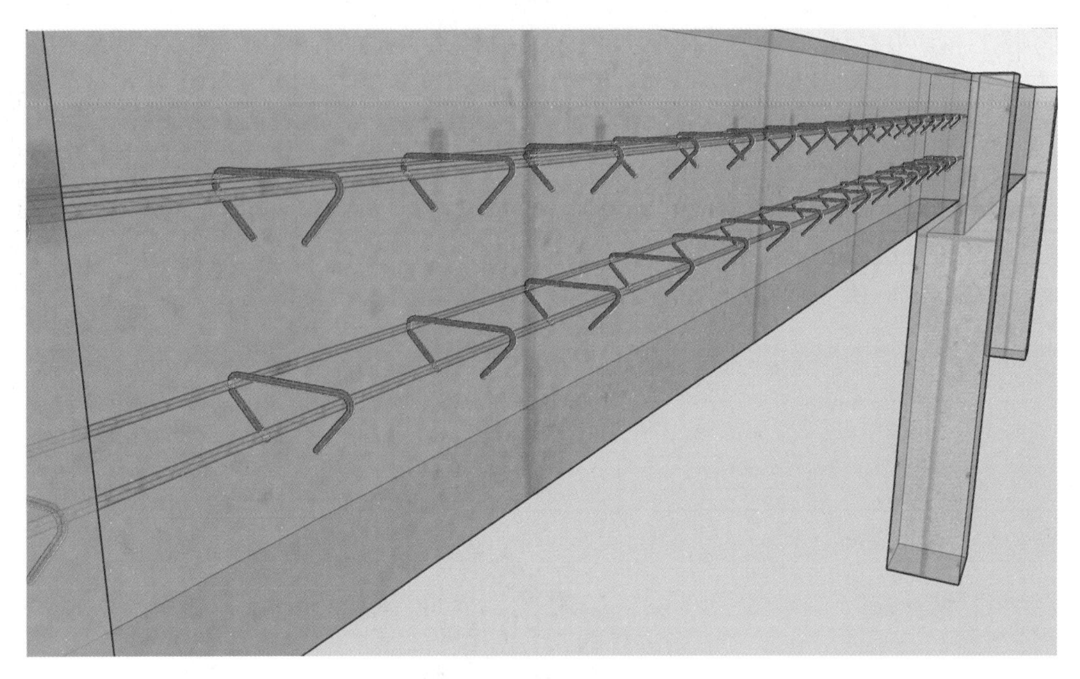

图 6-58 第一跨拉结筋三维图

第一跨拉结筋总重量 = 第一跨拉结筋总长度 × φ8 理论重量

=14.616 × 0.395=5.773（kg）

根据 22G101 规定当梁宽 $b \leqslant 350$mm 时，拉筋直径为 6mm；梁宽 $b > 350$mm 时，拉筋直径为 8mm，拉筋间距为非加密区箍筋间距的 2 倍。当设有多排拉筋时，上下两排拉筋竖向错开设置。一般拉筋设置排数与腰筋排数一样，如本题中第一跨为 2 排，第二跨为 4 排。

第二跨拉结筋三维图如图 6-59 所示。

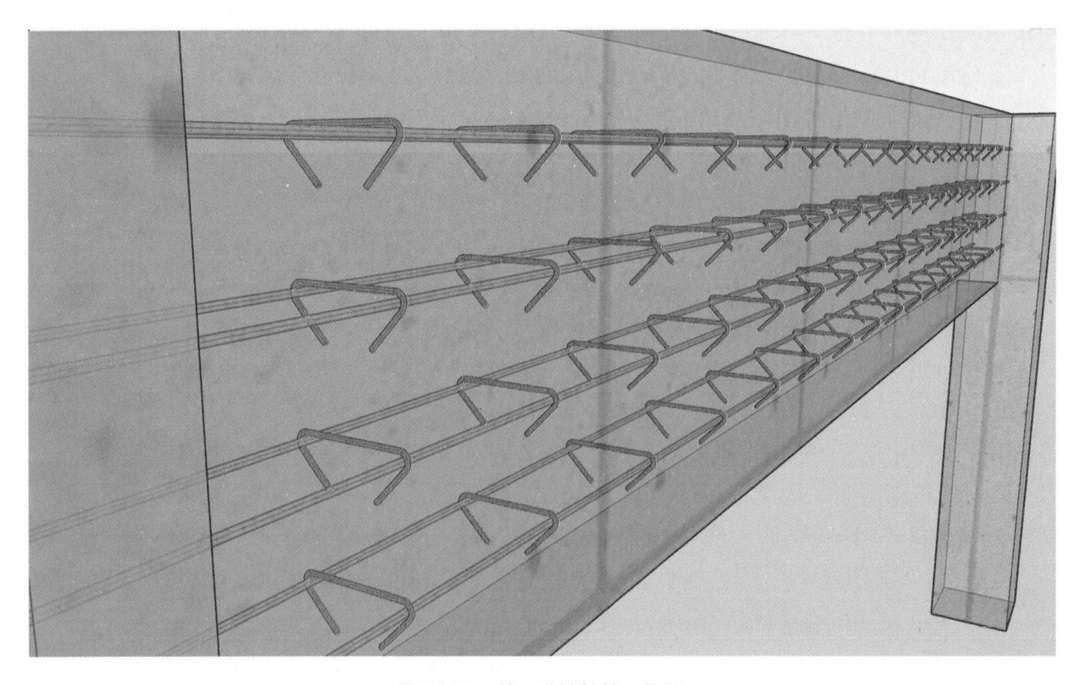

图 6-59 第二跨拉结筋三维图

第二跨拉结筋为Φ8，其长度及根数计算方法如下：

单根第二跨拉结筋长度 =（梁截面宽 −2 × 保护层厚度）+2 ×（75+1.9d）+2d

=（250−2 × 25）+2 ×（75+1.9d）+2d=406（mm）

第二跨拉结筋根数为 =4 × [Ceil（6600/400）+1] =72（根）

第二跨拉结筋总长度为 = 单根第二跨拉结筋长度 × 第二跨拉结筋根数

=406 × 72=29232（mm）

第二跨拉结筋总重量 = 第一跨拉结筋总长度 × Φ8 理论重量

=29.232 × 0.395=11.547（kg）

对于框架梁变截面处钢筋搭接与锚固处理情况，如图 6-60 所示。

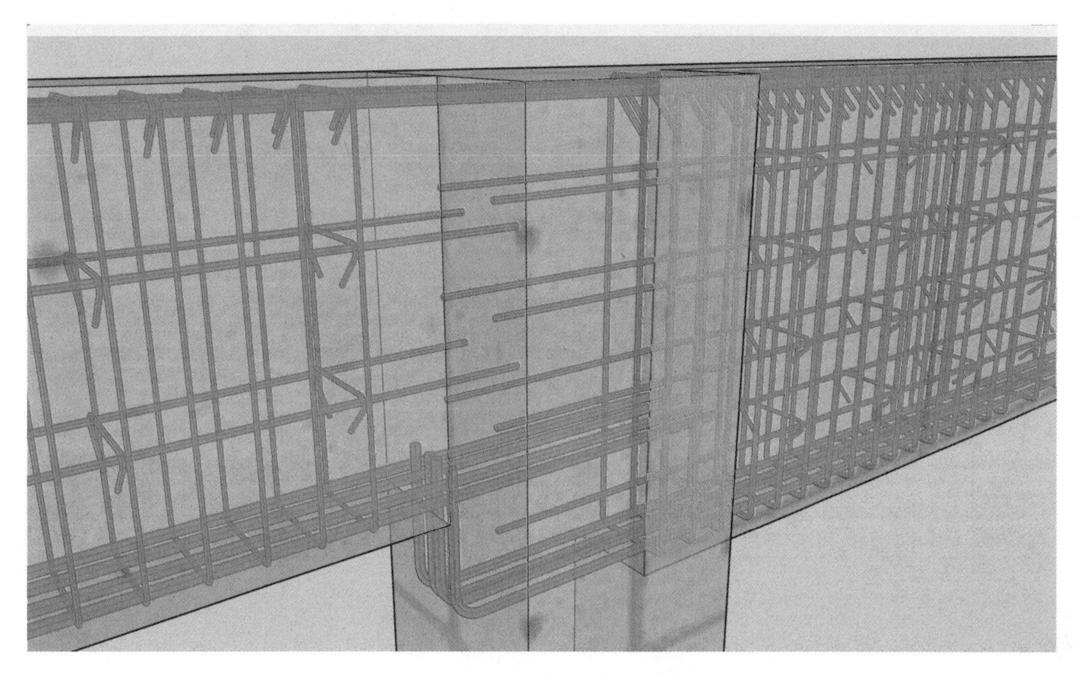

图 6−60 变截面支座处节点三维图

KL6 钢筋翻样与算量表见表 6-5。

表 6−5 KL6 钢筋翻样与算量表

KL6 钢筋翻样							钢筋总重量：610.275kg		
筋号	级别	直径/mm	钢筋图形	计算方法	根数	总根数	单长/m	总长/m	总重/kg
构件位置：<1−124，E+124><2，E+124><3，E+124>									
1 跨上部通长筋 1	Φ	22	330 14850 330	500−25+15d+13900+500−25+15d	2	2	15.51	31.02	92.44
1 跨左支座筋 1	Φ	22	330 2708	500−25+15d+6700/3	2	2	3.038	6.076	18.106
1 跨右支座筋 1	Φ	22	4966	6700/3+500+6700/3	2	2	4.966	9.932	29.597
1 跨侧面构造筋 1	Φ	12	7060	15d+6700+15d	4	4	7.06	28.24	25.077

续表

KL6 钢筋翻样							钢筋总重量：610.275kg		
筋号	级别	直径/mm	钢筋图形	计算方法	根数	总根数	单长/m	总长/m	总重/kg
1 跨下部钢筋 1	Φ̲	20	300 7915	500−25+15*d*+6700+37*d*	4	4	8.215	32.86	81.164
2 跨右支座筋 1	Φ̲	22	330 2708	6700/3+500−25+15*d*	3	3	3.038	9.114	27.160
2 跨右支座筋 2	Φ̲	22	330 2150	6700/4+500−25+15*d*	2	2	2.48	4.96	14.781
2 跨侧面受扭筋 1	Φ̲	12	7444	31*d*+6700+31*d*	8	8	7.444	59.552	52.882
2 跨下部钢筋 1	Φ̲	20	300 7650 300	500−25+15*d*+6700+500−25+15*d*	4	4	8.25	33	81.51
1 跨箍筋 1	Φ	8	750 200	2×［(250−2×25)+(800−2×25)］+2×11.9*d*+8*d*	47	47	2.154	101.238	39.989
1 跨拉筋 1	Φ	8	200	(250−2×25)+2×11.9*d*+2*d*	36	36	0.406	14.616	5.773
2 跨箍筋 1	Φ̲	12	1030 200	2×［(250−2×25)+(1080−2×25)］+2×11.9*d*+8*d*	51	51	2.842	144.942	128.708
2 跨拉筋 1	Φ	8	200	(250−2×25)+2×11.9*d*+2*d*	72	72	0.406	29.232	11.547
2 跨上部梁垫铁 1	Φ̲	25	200	250−2×25	2	2	0.2	0.4	1.54

7 板构件翻样、算量方法与实例

7.1 板底钢筋翻样、算量方法与实例

7.1.1 板底钢筋翻样、算量方法

7.1.1.1 板底钢筋长度的计算方法

（1）支座为梁、圈梁、剪力墙时，板的构造图如图 7-1 所示，计算方法如下：

光圆钢筋的底筋长度 = 板净跨 l_n+ 伸入左右支座内长度［max（$h_c/2$，$5d$）］+ 弯钩增加长度

螺纹钢筋的底筋长度 = 板净跨 l_n+ 伸入左右支座内长度［max（$h_c/2$，$5d$）］

式中，h_c 为梁宽或圈梁宽或剪力墙厚度。

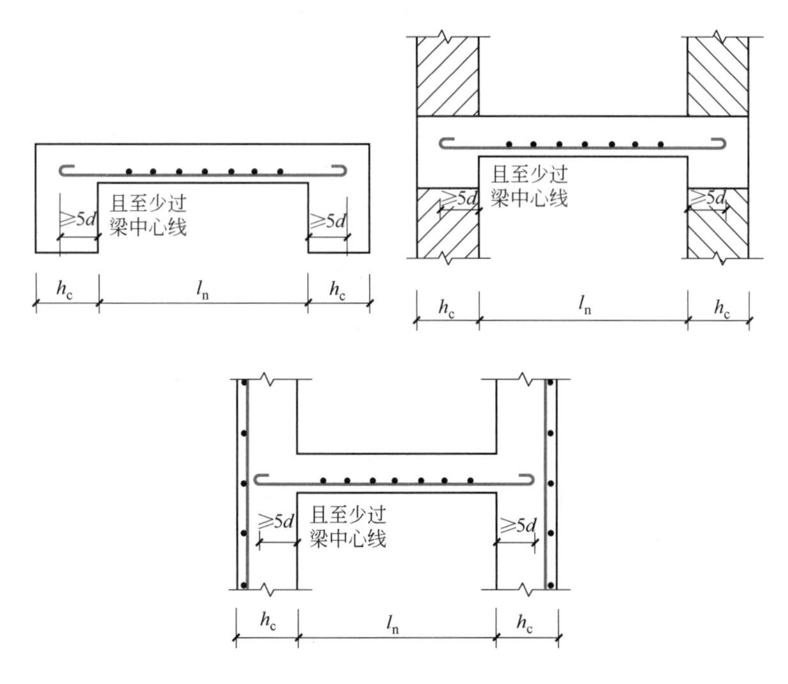

图 7-1　支座为梁、圈梁、剪力墙时的板构造

（2）支座为砌体墙时，板的构造如图 7-2 所示，计算方法如下：

光圆钢筋的底筋长度 = 板净跨 l_n+ 伸入左右支座内长度［max（120，h）］+ 弯钩增加长度

螺纹钢筋的底筋长度 = 板净跨 l_n+ 伸入左右支座内长度［max（120，h）］

式中：h 为板厚。

7.1.1.2 板底钢筋根数的计算方法

（1）首、末根钢筋距支座边缘为 50mm 时，板的构造如图 7-3 所示，计算方法如下：

底板钢筋根数 =Ceil（板净跨 l_n−2 × 50）/ 板间距）+1

（2）首、末根钢筋距梁角筋为 1/2 板钢筋间距时，板的构造如图 7-3 所示，计算方法如下：

底板钢筋根数 =Ceil（板净跨 l_n−2 × 保护层厚度 −1/2 板筋间距 × 2）/ 板间距）+1

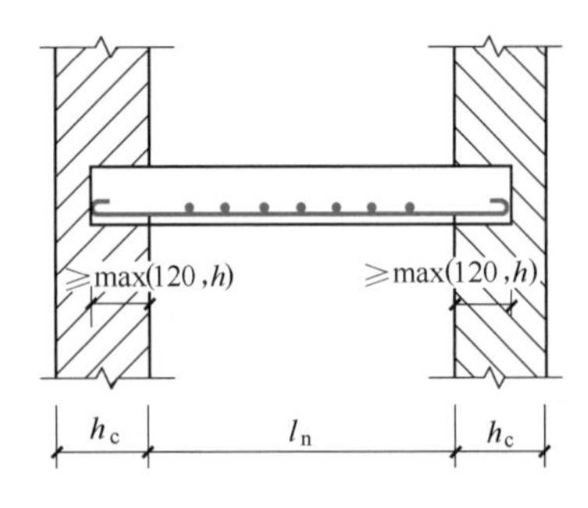

图 7-2 支座为砌体墙时的板构造

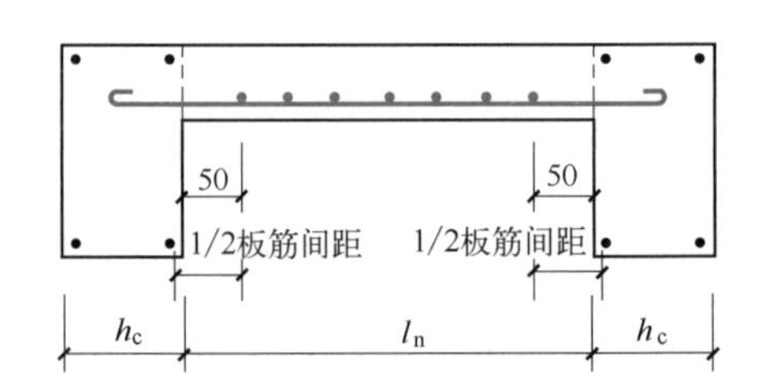

图 7-3 板底钢筋的布置

7.1.2 板底钢筋翻样、算量实例

【实例 16】 某工程抗震等级为三级，板混凝土强度等级 C30，保护层厚度为 15mm，钢筋连接方式为绑扎；梁混凝土强度等级 C30，保护层厚度为 15mm；其余尺寸及钢筋配置如图 7-4 所示，试计算板底钢筋工程量，并进行钢筋翻样。

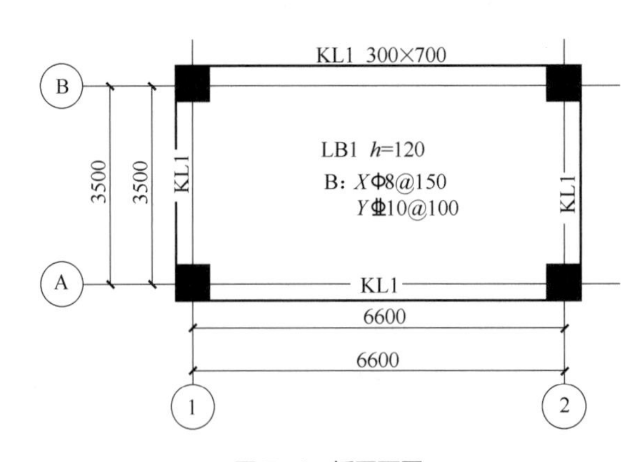

图 7-4 板平面图

板底钢筋三维图如图 7-5 所示。板底 X 向钢筋三维图如图 7-6 所示。板底 Y 向钢筋三维图如图 7-7 所示。

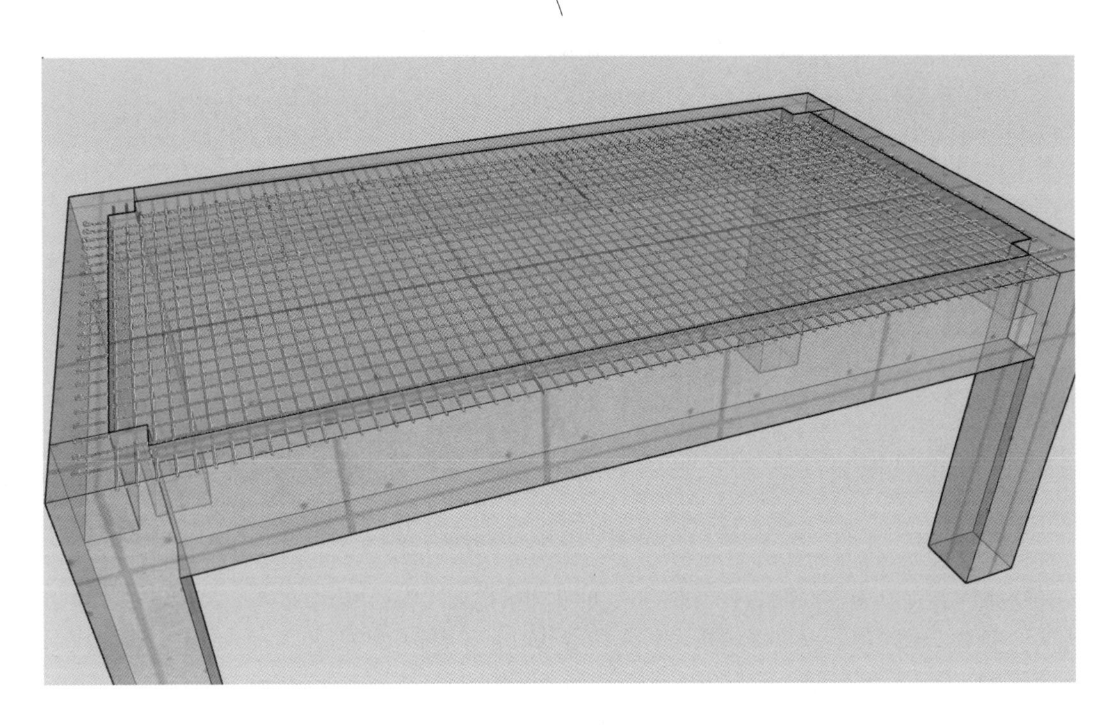

图 7-5 实例 16 板底钢筋三维图

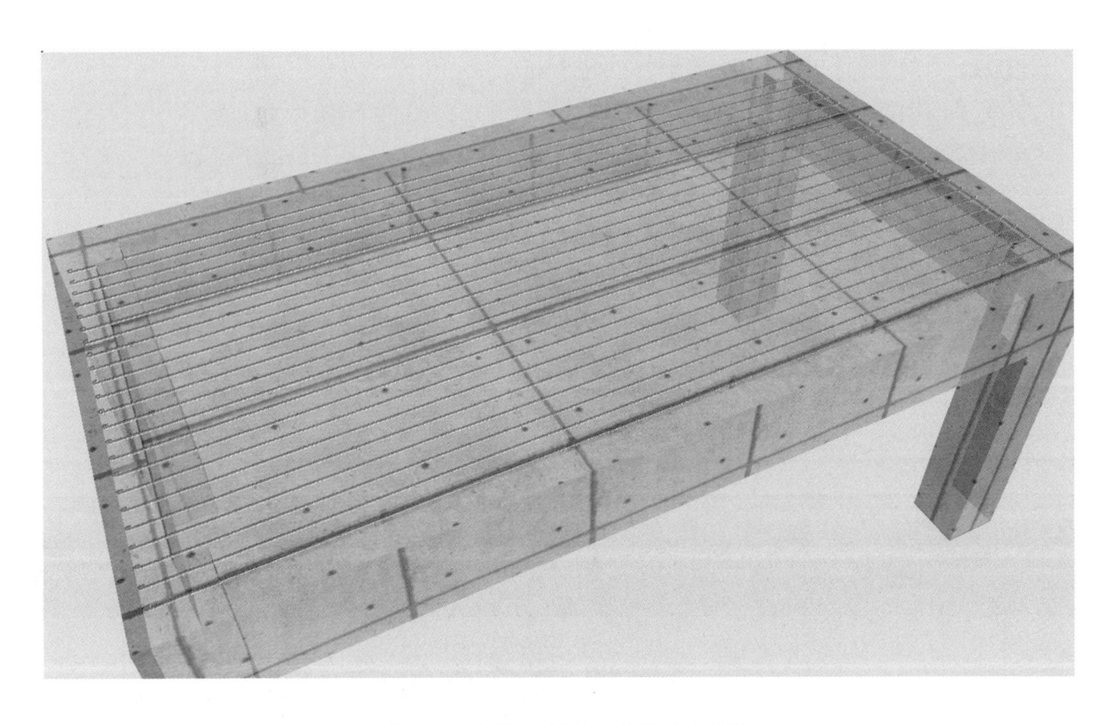

图 7-6 实例 16 板底 X 向钢筋三维图

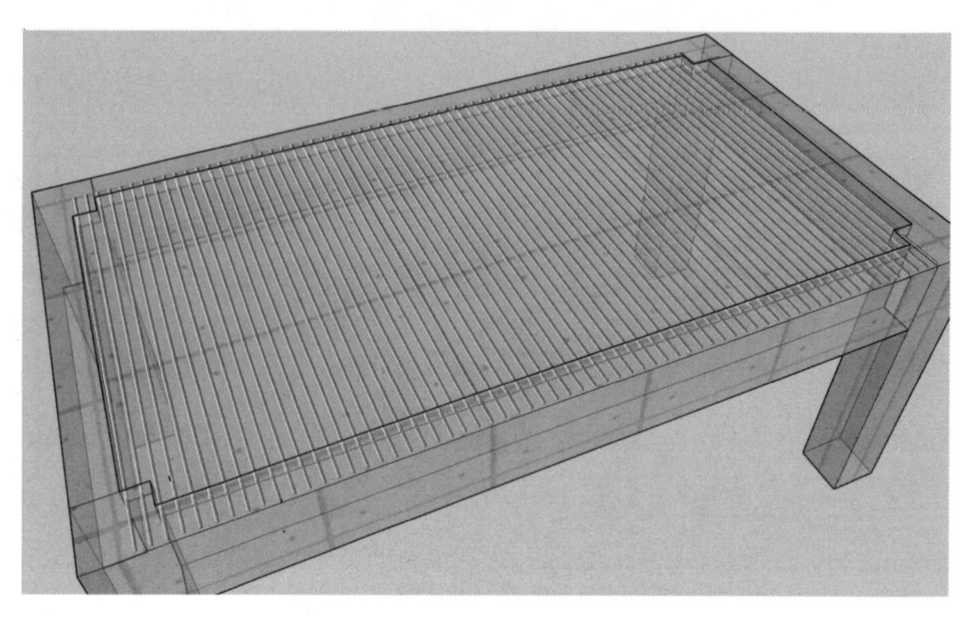

图 7-7 **实例 16 板底 Y 向钢筋三维图**

底筋计算方法为：底筋长度 = 板净跨 + 伸入左右支座内长度 max（h_c/2，5d）+ 弯钩增加长度；需要注意的是，当底部钢筋为非光圆钢筋时，无弯钩增加长度（如本题中 Y 向底筋）。其计算方法及计算过程如下：

单根板底 X 向钢筋长度 =6600（板 X 向净跨）+300/2 × 2（左右支座内长度）+6.25d × 2（左右弯钩增加长度）=6600+300+12.5 × 0.008=7000（mm）

板底 X 向钢筋根数 =Ceil [（板 Y 向净跨 -2 × 保护层厚度 -50 × 2）/ 板筋间距] +1
=Ceil [（3500-2 × 15-100）/150] +1=24（根）

板底 X 向钢筋总长度 =7000 × 24=168000（mm）

板底 X 向钢筋总重量 = 总长度 × Φ 8 理论重量 =168 × 0.395=66.36（kg）

单根板底 Y 向钢筋长度 =3500（板 Y 向净跨）+300/2 × 2（左右支座内长度）
=3500+300=3800（mm）

板底 Y 向钢筋根数 =Ceil [（板 X 向净跨 -2 × 保护层厚度 -50 × 2）/ 板筋间距]+1
=Ceil [（6600-2 × 15-100）/100] +1=66（根）

板底 Y 向钢筋总长度 =3800 × 66=250800（mm）

板底 Y 向钢筋总重量 = 总长度 × Φ 10 理论重量 =250.8 × 0.617=154.744（kg）

板钢筋翻样与算量表见表 7-1。

表 7-1 **板钢筋翻样与算量表**

板钢筋翻样									钢筋总重量：221.104kg
筋号	级别	直径 /mm	钢筋图形	计算方法	根数	总根数	单长 /m	总长 /m	总重 /kg
X 向 1	Φ	8	6900	6600+max（300/2，5d）+max（300/2，5d）+2.5d	24	24	7	168	66.36
Y 向 1	Φ	10	3800	3500+max（300/2，5d）+max（300/2，5d）	66	66	3.8	250.8	154.744

7.2 板面钢筋翻样、算量方法与实例

7.2.1 板面钢筋翻样、算量方法

7.2.1.1 板面钢筋长度的计算方法

（1）支座为梁、圈梁、剪力墙时，板底钢筋构造图如图 7-8 所示，计算方法如下：

光圆钢筋：底筋长度 = 板净跨 l_n+ 伸入左右支座内长度（h_c–c）+ 弯钩增加长度

螺纹钢筋：底筋长度 = 板净跨 l_n+ 伸入左右支座内长度（h_c–c）

式中，h_c 为梁宽或圈梁宽或剪力墙厚度。

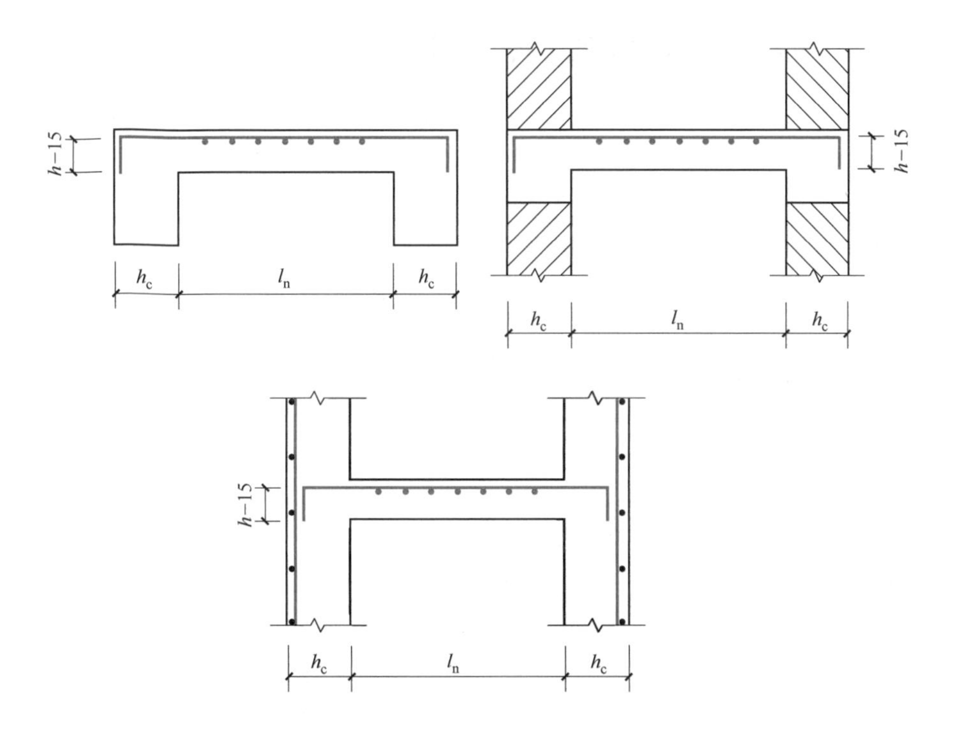

图 7-8 支座为梁、圈梁、剪力墙时的板底钢筋构造

（2）支座为砌体墙时，板底钢筋构造图如图 7-9 所示，计算方法如下：

光圆钢筋：底筋长度 = 板净跨 l_n+ 伸入左右支座内长度 [max（120，h）] + 弯钩增加长度

螺纹钢筋：底筋长度 = 板净跨 l_n+ 伸入左右支座内长度 [max（120，h）]

式中，h 为板厚。

7.2.1.2 板面钢筋根数的计算方法

（1）首、末根钢筋距支座边缘为 50mm 时，计算方法如下：

板面钢筋根数 =Ceil [板净跨 l_n–2 × 50 ）/ 板间距]+1

（2）首、末根钢筋距梁角筋为 1/2 板钢筋间距时，计算方法如下：

板面钢筋根数 =Ceil [（板净跨 l_n–2 × 保护层厚度 –1/2 板筋间距 × 2 ）/ 板间距]+1

板面钢筋构造如图 7-10 所示。

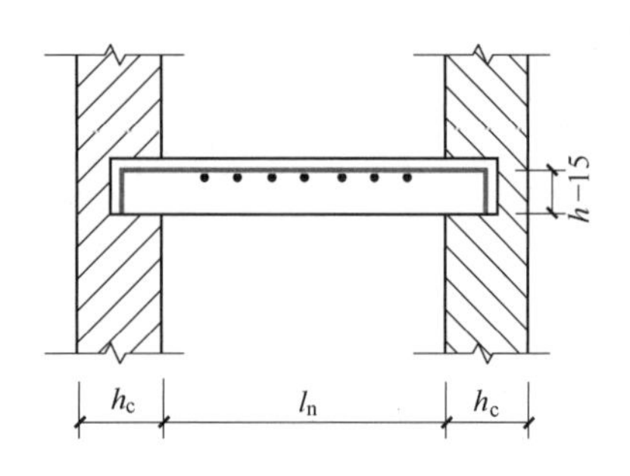

图 7-9 支座为砌体墙时的板底钢筋构造

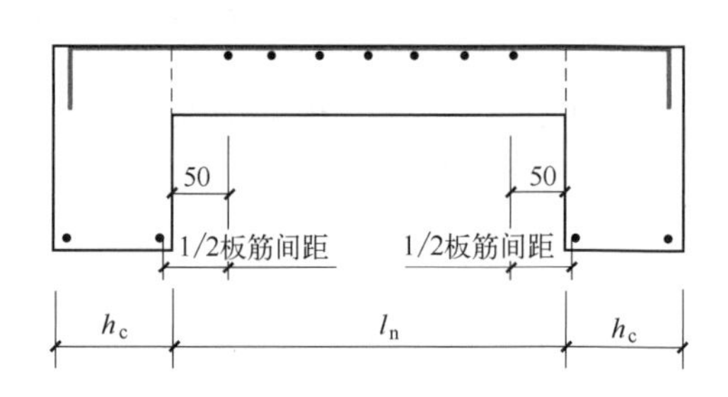

图 7-10 板面钢筋构造

实例 17 三维动画

扫码观看视频

7.2.2 板面钢筋翻样、算量实例

【实例 17】 某工程抗震等级为三级，板混凝土强度等级 C30，保护层厚度为 20mm，钢筋连接方式为绑扎；梁混凝土强度等级 C30，保护层厚度为 20mm；其余尺寸及钢筋配置如图 7-11 所示，试计算板面钢筋工程量，并进行钢筋翻样。

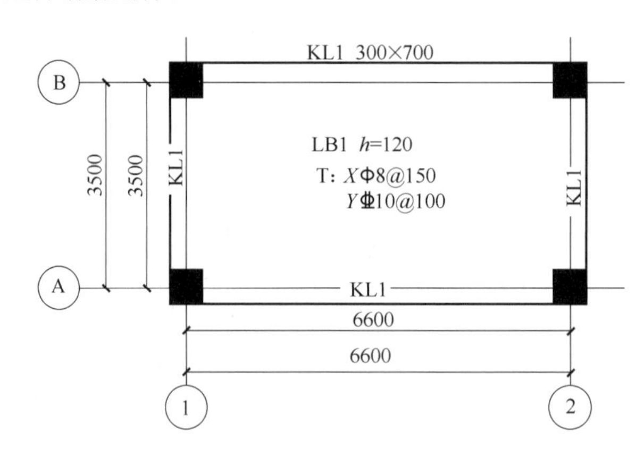

图 7-11 板平面图

板面钢筋三维图如图 7-12 所示。板面 X 向钢筋三维图如图 7-13 所示。板面 Y 向钢筋三维图如图 7-14 所示。

其计算方法及计算过程如下：

X 向面筋长度 = 净长 + 锚固长度 + 锚固长度 +2 × 弯钩长度

=6600+30d+30d+2 × 6.25d=7180（mm）

X 向面筋根数 =Ceil[（板 Y 向净长 −50 × 2）/150]+1=Ceil[（3500−50 × 2）/150]+1=24（根）

X 向面筋总长度 =7180 × 24=172320（mm）

板底 X 向钢筋总重量 = 总长度 × Φ8 理论重量 =172.32 × 0.395=68.066（kg）

Y 向面筋长度 = 净长 + 锚固长度 + 锚固长度 = 净长 +（梁宽 − 保护层厚度 + 弯钩长度）+（梁宽 − 保护层厚度 + 弯钩长度）=3500+（300−20+15d）+（300−20+15d）=4360（mm）

Y 向面筋根数 =Ceil[（板 X 向净长 −50 × 2）/150]+1=Ceil[（6600−50 × 2）/150]+1=66（根）

Y 向面筋总长度 =3500 × 66=287760（mm）

板底 Y 向钢筋总重量 = 总长度 × Φ10 理论重量 =287.76 × 0.617=177.548（kg）

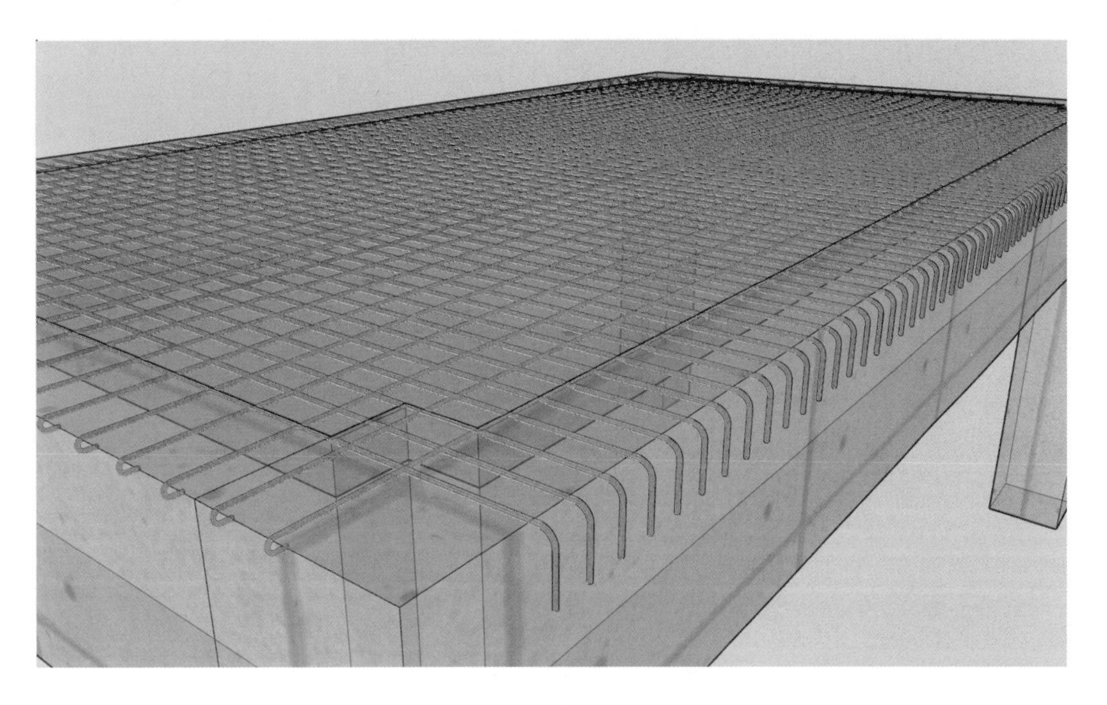

图 7-12 板面钢筋三维图

图 7-13 板面 X 向钢筋三维图

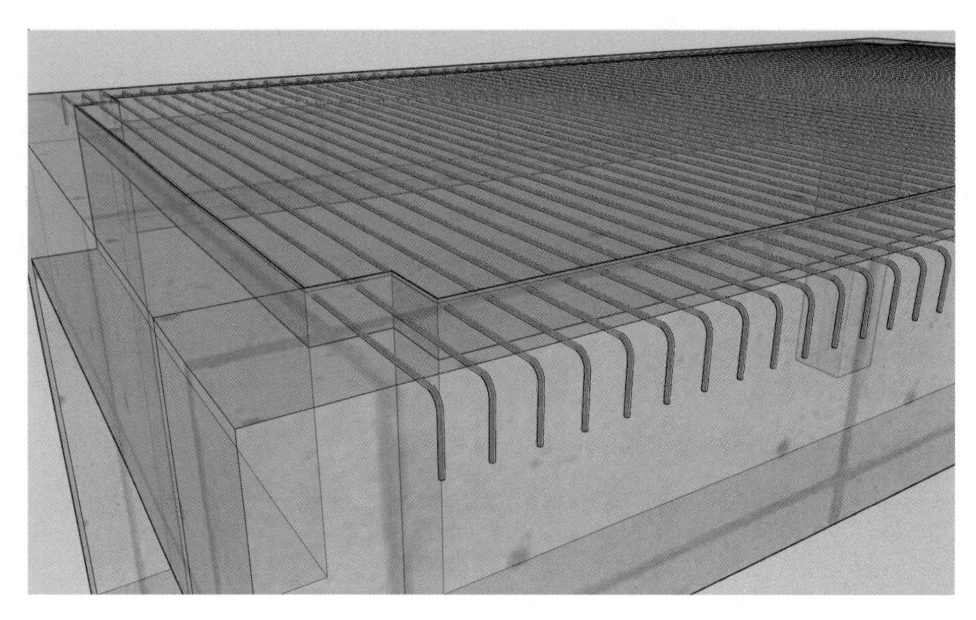

图 7-14　**板面 Y 向钢筋三维图**

板钢筋翻样与算量表见表 7-2。

表 7-2　板钢筋翻样与算量表

板钢筋翻样									钢筋总重量：245.614kg
筋号	级别	直径/mm	钢筋图形	计算方法	根数	总根数	单长/m	总长/m	总重 /kg
X 向面筋 1	Φ	8	7080	6600+30d+30d+12.5d	24	24	7.18	172.32	68.066
Y 向面筋 1	Φ̲	10	150 4060 150	3500+300−20+15d+300−20+15d	66	66	4.36	287.76	177.548

7.3　支座负筋翻样、算量方法与实例

7.3.1　支座负筋翻样、算量方法

7.3.1.1　支座负筋长度的计算方法

支座负筋可分为端支座负筋和中间支座负筋，如图 7-15 所示。

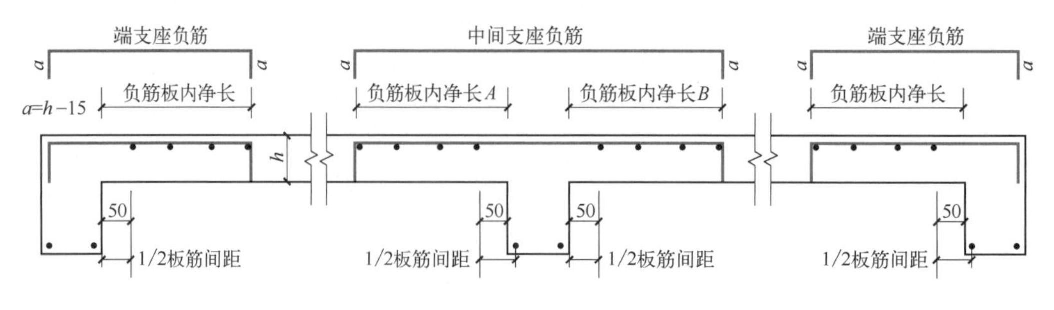

图 7-15　**支座负筋构造图**

计算方法如下：

端支座负筋长度 = 板内净长度 l_n+ 伸入端支座内长度 + 两端弯钩长度

中间支座负筋长度 = 板内净长度 A+ 中间支座宽度 + 板内净长度 B+ 两端弯钩长度

7.3.1.2 支座负筋根数的计算方法

（1）首、末根钢筋距支座边缘为 50mm 时，计算方法如下：

负筋根数 =Ceil [(板净跨 l_n−2 × 50)/ 板间距] +1

（2）首、末根钢筋距梁角筋为 1/2 板钢筋间距时，计算方法如下：

负筋根数 =Ceil [(板净跨 l_n−2 × 保护层厚度 −1/2 板筋间距 ×2)/ 板间距] +1

7.3.1.3 分布筋的翻样、算量方法

分布筋计算方法如下：

分布筋长度 = 板净跨 − 左侧支座负筋板内净长 − 左侧支座负筋板内净长 + 两侧负筋搭接长度（2 × 150）

分布筋根数 =Ceil（支座负筋板内净长 / 分布筋间距）+1

分布筋三维图如图 7-16 所示。

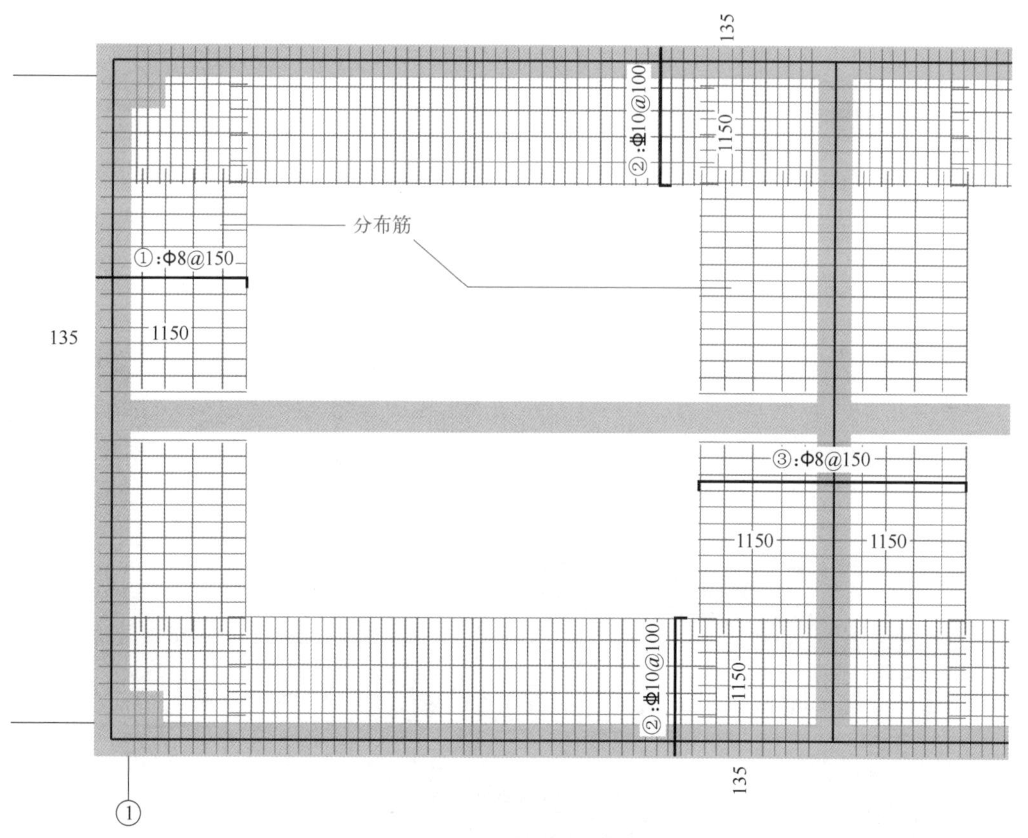

图 7-16 分布筋三维图

实例 18 三维动画

扫码观看视频

7.3.2 支座负筋翻样、算量实例

【实例 18】 某工程抗震等级为三级，板混凝土强度等级 C30，板厚 h=120mm，分布筋Φ 6@200，温度筋Φ 6@200，保护层厚度为 15mm，钢筋连接方式为绑扎；梁混凝土强度等级 C30，保护层厚度为 25mm；其余尺寸及钢筋配置如图 7-17 所示，试计算负筋、分布筋、温度筋工程量，并进行钢筋翻样。

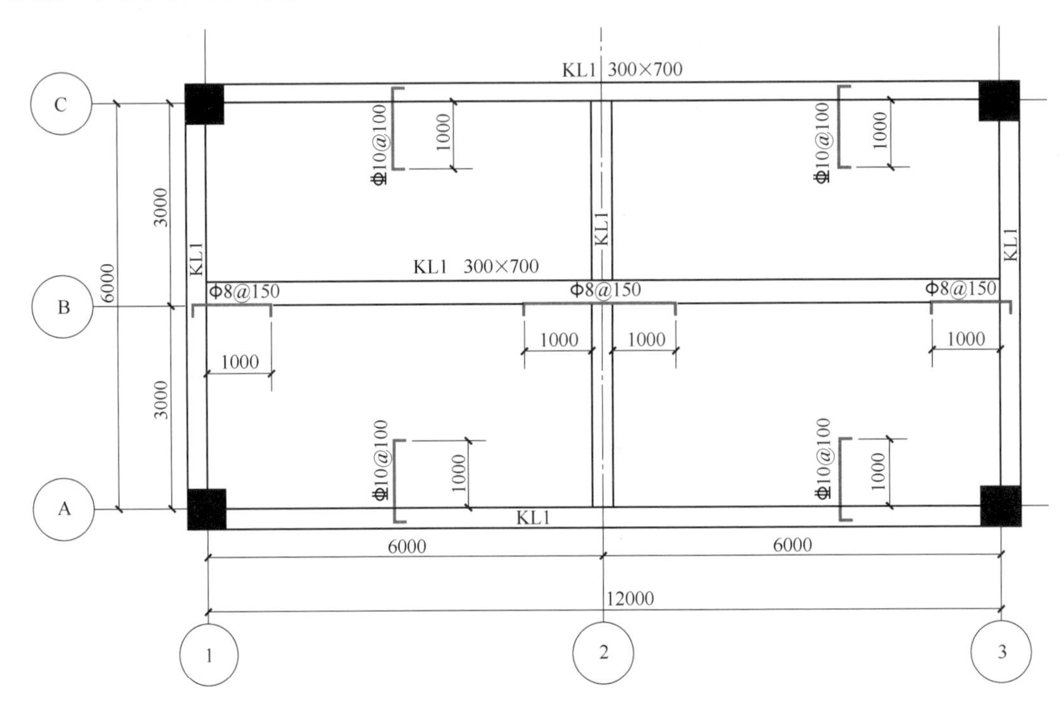

图 7-17 负筋板配筋图

负筋与分布筋三维图如图 7-18 所示。①号负筋三维图如图 7-19 所示。

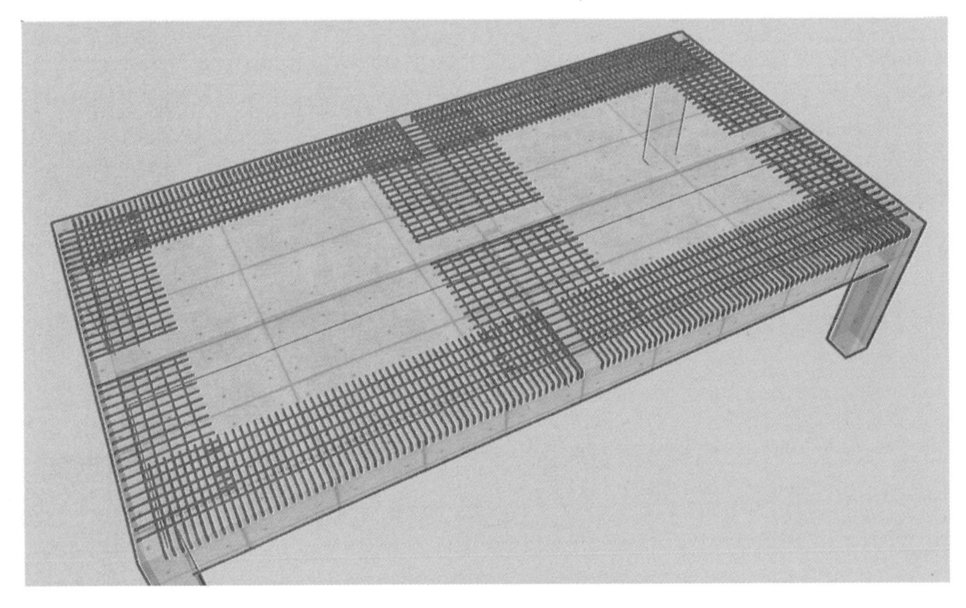

图 7-18 负筋与分布筋三维图

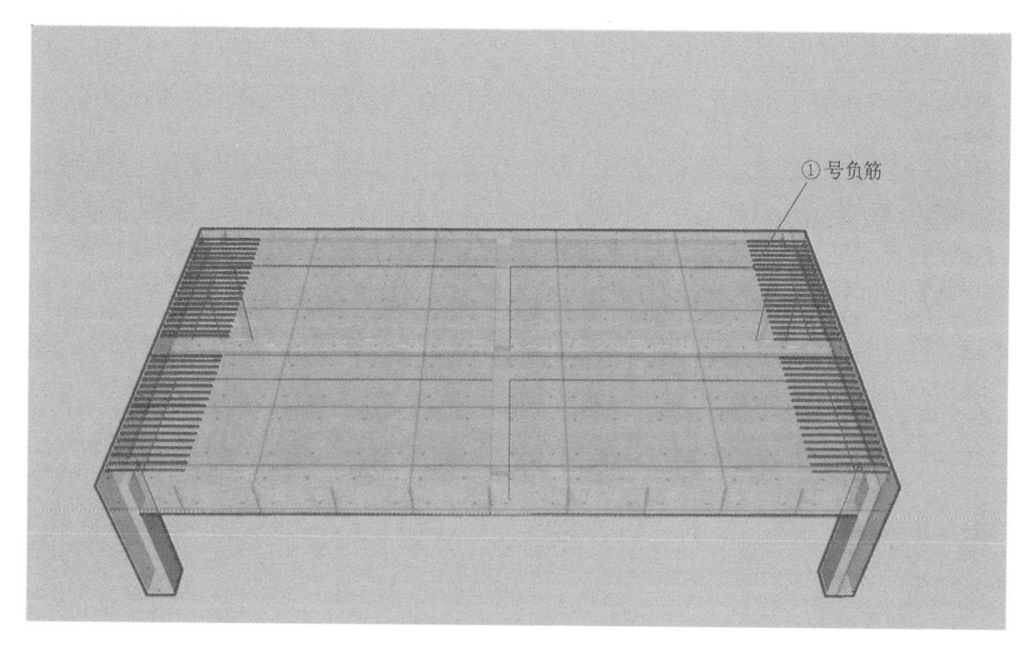

图 7-19 ①号负筋三维图

①号负筋计算过程如下：

①号负筋单根长度 = 右净长 + 锚固长度 +180° 弯钩长度 =1000+30d+6.25d=1290（mm）

①轴处①号负筋钢筋根数 =Ceil [（板 Y 向净长 − 梁宽 −50 × 2）/ 板筋间距]+1

=Ceil [（6000−300−50 × 2）/150] +1=38（根）

①轴处①号负筋总长度 =1290 × 38=49020（mm）

钢筋总重量 = 总长度 × ϕ 8 理论重量 =49.02 × 0.395=19.363（kg）

同理③轴处负筋也可求得，其计算方法同①轴处负筋，这里不做赘述。

小贴士

在 22G101 图集中，取消了板负筋的弯钩，对于此次取消弯折，专家的解释如下：

从受力角度，设计所标注的钢筋伸入板内的长度已考虑了负弯矩和锚固要求，板支座上部附加钢筋的 90° 弯折是不需要的。之前保留端部 90° 弯钩是为了保证负筋的位置，不让钢筋下沉向板底部。由于现在施工方面采取了多种保证混凝土保护层厚度、防踩踏等措施，因此本次修编取消了弯钩。对于 HPB300 光圆钢筋，末端应做 180° 弯钩。但当其用于楼板分布钢筋（不作为抗温度收缩钢筋使用）时，可不设 180° 弯钩。

① 号负筋分布筋三维图如图 7-20 所示。

分布筋计算过程如下：

分布筋 1= 净长 − 起步长度 + 搭接长度 =1700−100+150=1750（mm）

分布筋 2= 净长 − 起步长度 + 搭接长度 =2000−100+150=2050（mm）

钢筋根数 =Ceil [（负筋净长 − 梁宽 −50 × 2）/ 板筋间距] +1

=Ceil [（1000−300−50 × 2）/150] +1=5（根）

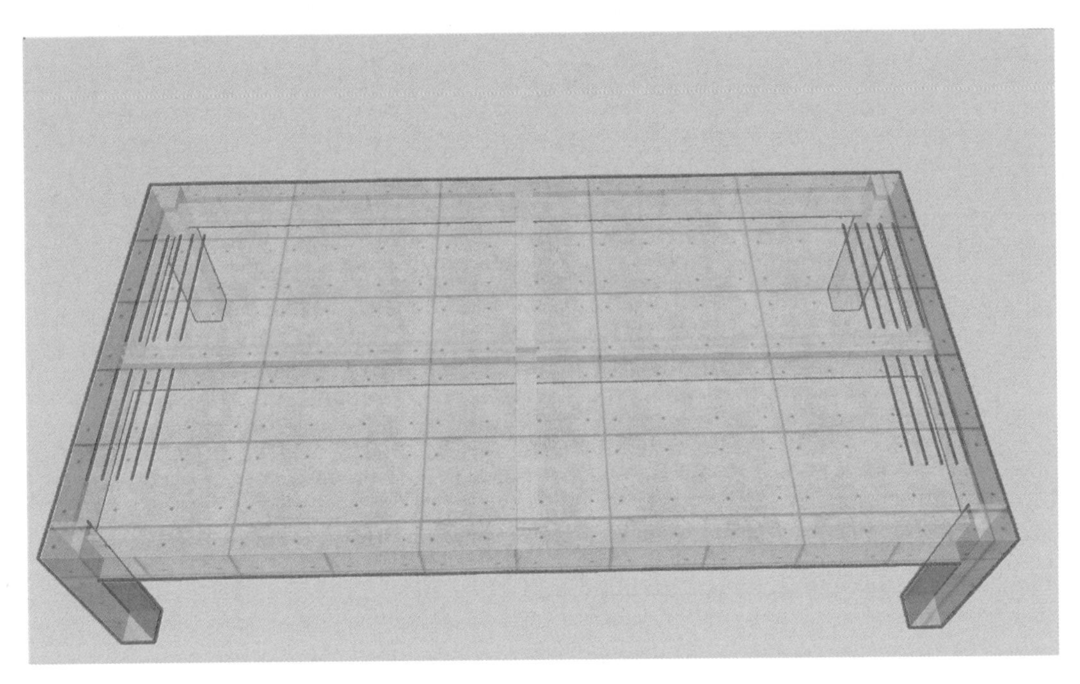

图 7-20 ①号负筋分布筋三维图

分布筋 1 总长度 =1750 × 5=8750（mm）

分布筋 2 总长度 =2050 × 5=10250（mm）

分布筋 1 钢筋总重量 = 总长度 × Φ6 理论重量 =8.75 × 0.222=1.943（kg）

分布筋 2 钢筋总重量 = 总长度 × Φ6 理论重量 =10.25 × 0.222=2.276（kg）

其中起步长度是指分布筋到板支座的距离。

②号负筋三维图如图 7-21 所示。

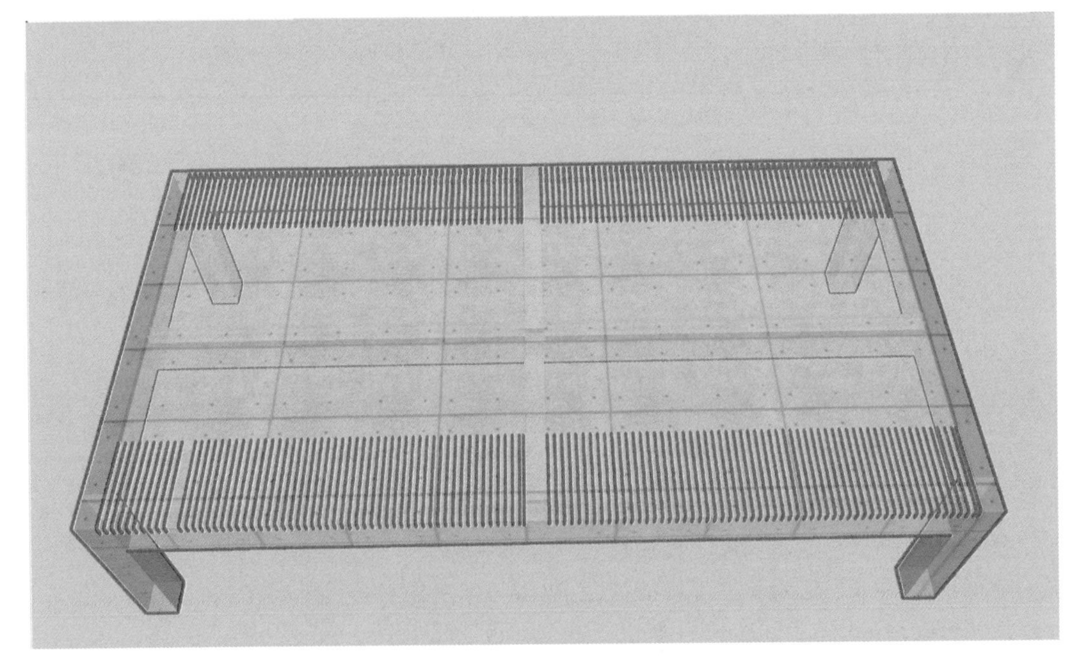

图 7-21 ②号负筋三维图

②号负筋可参照①号负筋计算过程，其计算结果见表 7-3。

②号负筋分布筋三维图如图 7-22 所示。

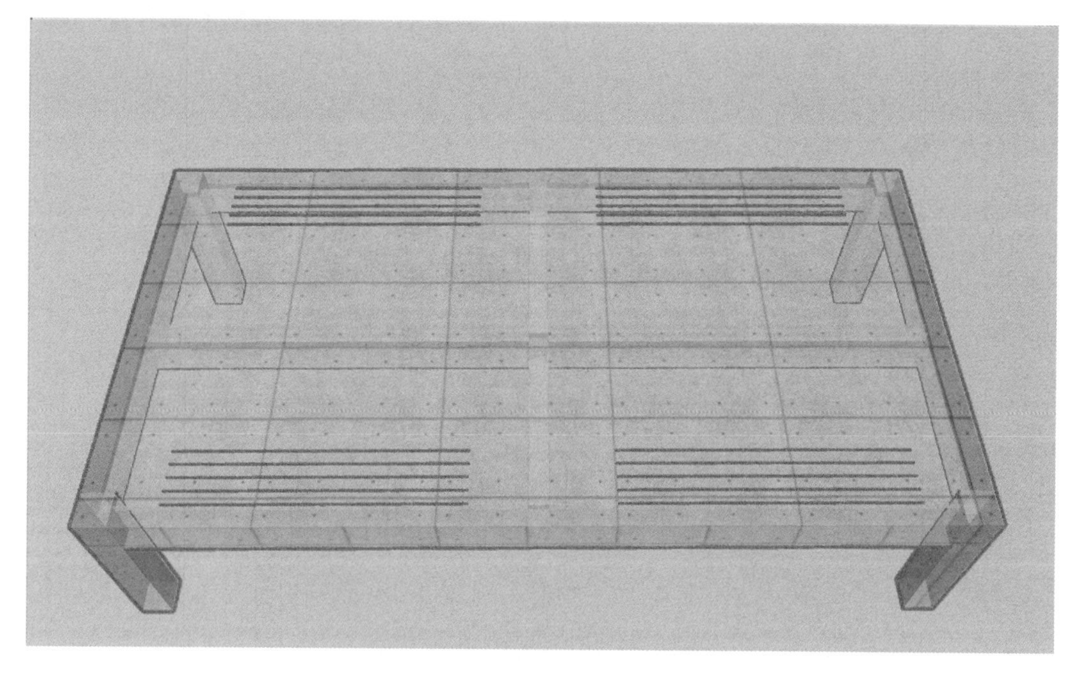

图 7-22 ②号负筋分布筋三维图

②号负筋分布筋可参照①号负筋分布筋计算过程，其计算结果见表 7-3。

③号负筋三维图如图 7-23 所示。

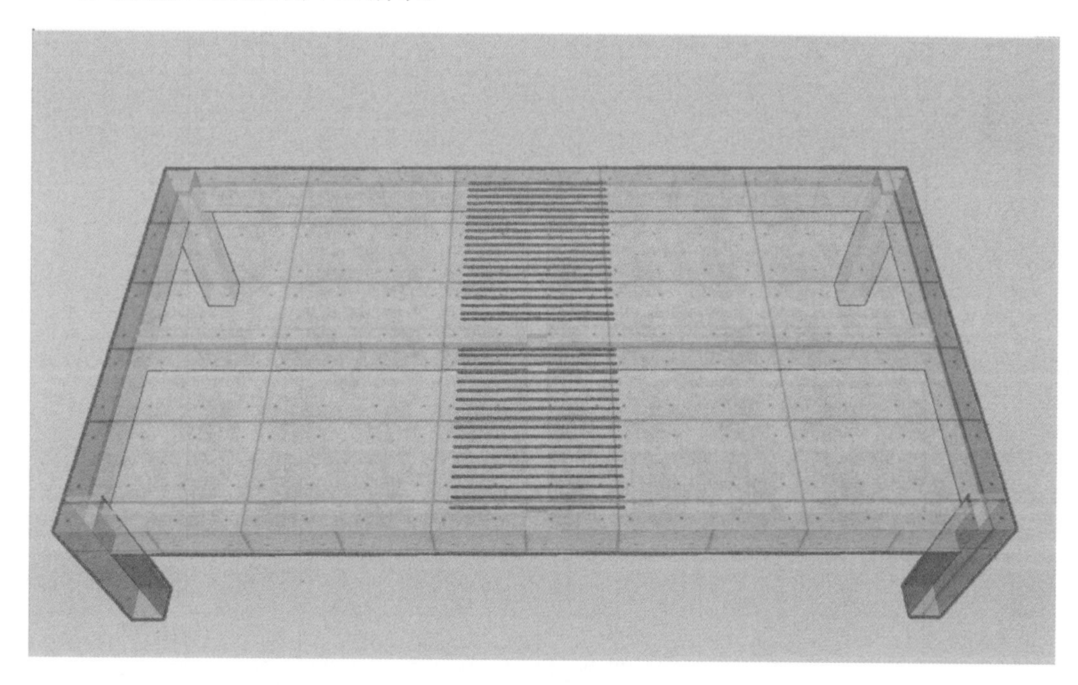

图 7-23 ③号负筋三维图

③号负筋可参照①号负筋计算过程，其计算结果见表 7-3。

③号负筋分布筋三维图如图 7-24 所示。

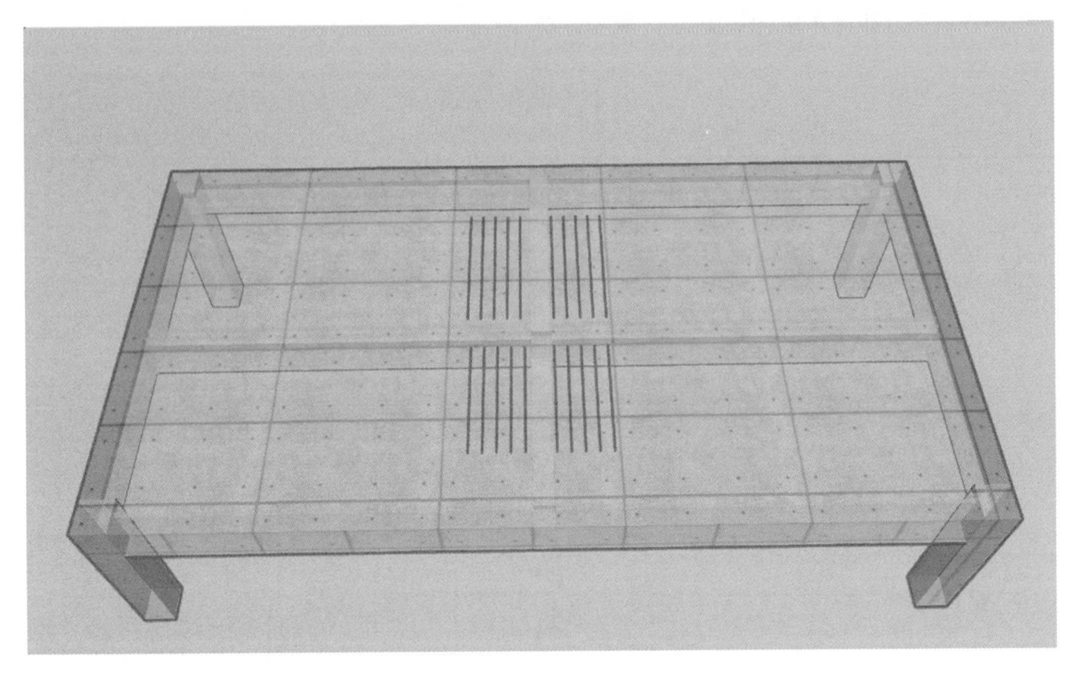

图 7-24 ③号负筋分布筋三维图

③号负筋分布筋可参照①号负筋分布筋计算过程，其计算结果见表 7-3。

X 向温度筋三维图如图 7-25 所示。

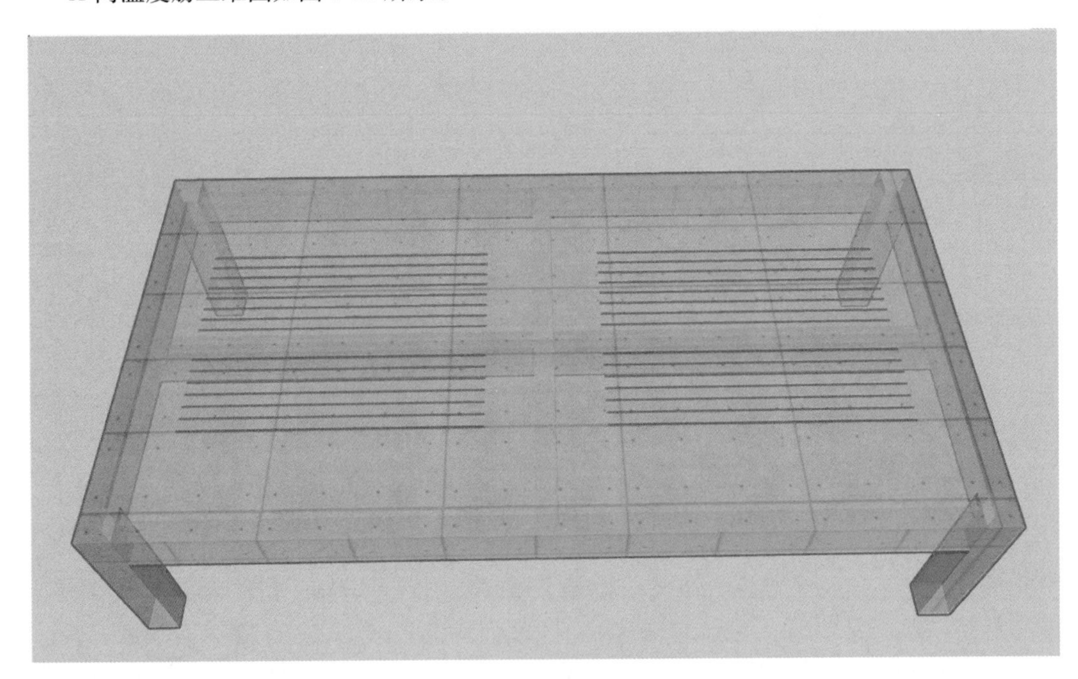

图 7-25 X 向温度筋三维图

X 向温度筋计算过程如下：

X 向温度筋长度 = 净长 + 与负筋搭接长度 + 与负筋搭接长度 =3850+42d+42d=4354（mm）

①～②轴钢筋根数 =Ceil [（板净长 -2× 负筋净长 - 温度筋间距 ×2- 梁宽）/ 板筋间距] +1=Ceil [（6000-1000×2-200×2-300）/200] =17（根）

②～③轴钢筋根数同上，也为 17 根，*X* 向温度筋总根数 =17×2=34（根）

X 向温度筋总长度 =4354×34=148036（mm）

X 向温度筋总重量 = 总长度 ×Φ6 理论重量 =148.036×0.222=32.864（kg）

Y 向温度筋三维图如图 7-26 所示。

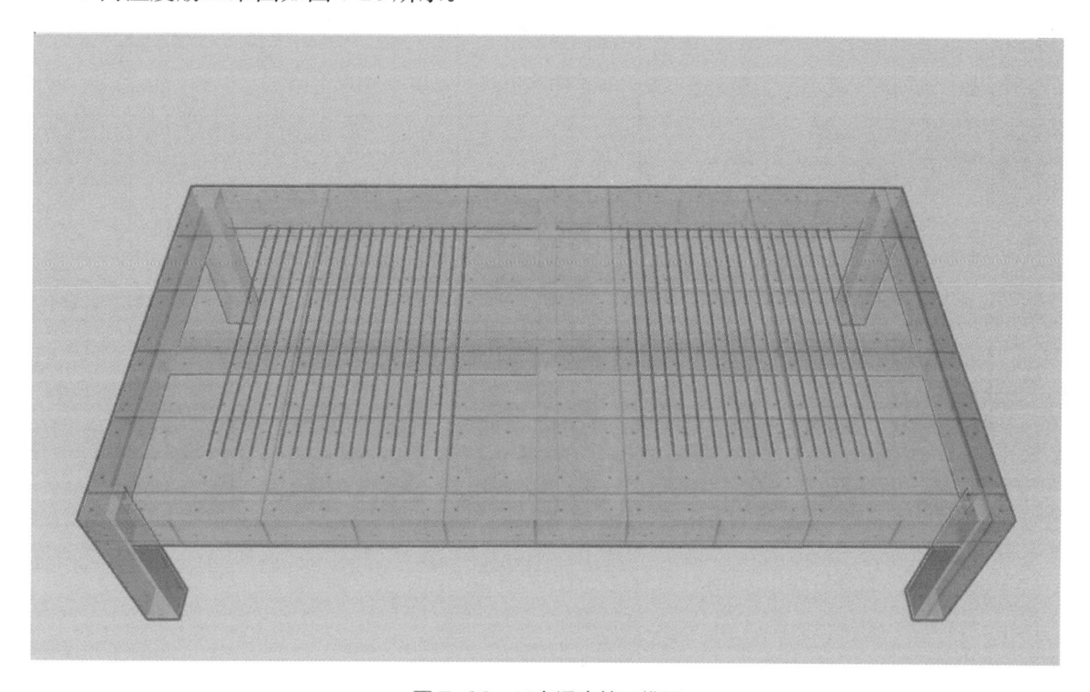

图 7-26　*Y* 向温度筋三维图

Y 向温度筋参照 *X* 向温度筋计算过程，计算结果见表 7-3。

板钢筋翻样与算量表见表 7-3。

表 7-3　板钢筋翻样与算量表

板钢筋翻样								钢筋总重量：387.635kg	
筋号	级别	直径/mm	钢筋图形	计算方法	根数	总根数	单长/m	总长/m	总重量/kg
X 向温度筋	Φ	6	4354	3850+42*d*+42*d*	34	34	4.354	148.04	32.864
Y 向温度筋	Φ	6	4504	4000+42*d*+42*d*	38	38	4.504	171.15	37.996
①号负筋	Φ	8	1240	1000+30*d*+6.25*d*	38	38	1.29	49.02	19.363
①分布筋	Φ	6	1750	1700-100+150	5	5	1.75	8.75	1.943
①分布筋	Φ	6	2050	2000-100+150	5	5	2.05	10.25	2.276
①号负筋	Φ	8	1240	1000+30*d*+6.25*d*	38	38	1.29	49.02	19.363

续表

板钢筋翻样							钢筋总重量：387.635kg		
筋号	级别	直径/mm	钢筋图形	计算方法	根数	总根数	单长/m	总长/m	总重量/kg
①分布筋	Φ	6	2050	2000-100+150	5	5	2.05	10.25	2.276
①分布筋	Φ	6	1750	1700-100+150	5	5	1.75	8.75	1.943
②号负筋	Φ̲	10	150⌊1280	1000+300-20+15*d*	118	118	1.43	168.74	104.113
②分布筋	Φ	6	4150	3850-150+300	10	10	4.15	41.5	9.213
②号负筋	Φ̲	10	150⌊1280	1000+300-20+15*d*	118	118	1.43	168.74	104.113
②分布筋	Φ	6	4150	3850-150+300	10	10	4.15	415	9.213
③号负筋	Φ	8	2300	1150+1150	38	38	2.30	87.4	34.523
③分布筋	Φ	6	1750	1700-100+150	10	10	1.75	17.5	3.885
③分布筋	Φ	6	2050	2000-100+150	10	10	2.05	20.5	4.551

8 楼梯翻样、算量方法与实例

8.1 楼梯钢筋翻样、算量方法

板式楼梯需要计算的钢筋按照所在位置及功能不同，可分为梯梁钢筋、休息平台板钢筋、梯板段钢筋，其中梯梁钢筋参考梁的算法，休息平台板钢筋的算法参考板的算法，因此，这里我们只详细讲解梯板段内的钢筋算法。

（1）梯板底部受力筋的翻样、算量方法如下。

① 梯板底部受力筋长度的计算方法如下。

楼梯板底部受力筋构造如图 8-1 和图 8-2 中底部斜放钢筋所示，计算方法如图 8-2 所示。

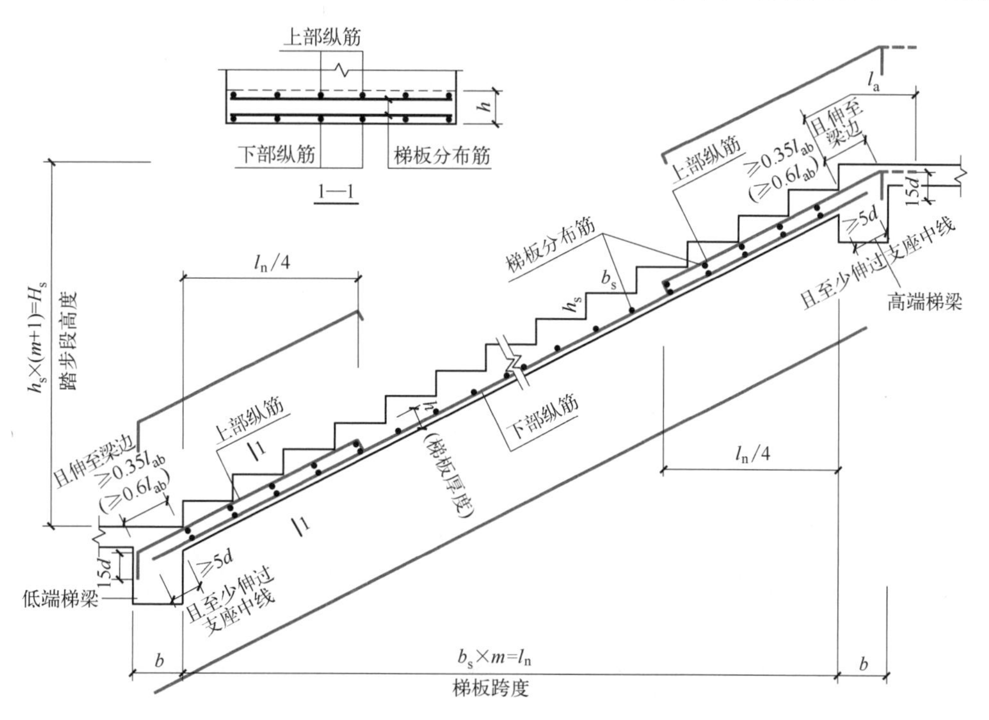

图 8-1 AT 型楼梯板配筋构造图

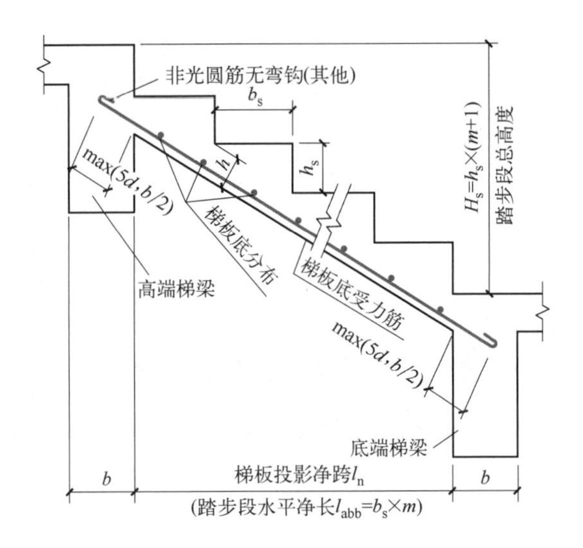

图 8-2 AT 楼梯梯板受力筋计算图

梯板底部受力筋长度翻样见表 8-1。

表 8-1 梯板底部受力筋长度翻样

梯板投影净长	斜度系数	伸入左端支座长度	伸入右端支座长度	弯钩长度
l_n	$k=\frac{\sqrt{b_s^2+h_s^2}}{b_s}$	max（5d，b/2）	max（5d，b/2）	6.25d

梯板踏步段内斜放钢筋长度的计算方法如下：

钢筋斜长 = 水平投影长度 × 斜度系数 =$l_{abb}\times k$

式中，$k=\frac{\sqrt{b_s^2+h_s^2}}{b_s}$。

当底板受力筋为光圆钢筋时，其长度计算方法如下：

底板受力筋长度 =$l_n\times k$+max（5d，b/2）× 2+6.25d × 2

当底板受力筋不是光圆钢筋时，其长度计算方法如下：

底板受力筋长度 =$l_n\times k$+max（5d，b/2）× 2

② 梯板底部受力筋根数计算方法如下：

底板受力筋根数 = Ceil [（k_n−2C）/s] +1

式中，k_n 为梯板净宽；C 为保护层厚度；s 为受力筋间距。

（2）梯板分布筋的翻样、算量方法如下。

① 梯板分布筋长度的计算方法如下：

梯板分布筋长度 =k_n−2C+6.25d × 2

式中，k_n 为梯板净宽；C 为保护层厚度。

② 梯板分布筋根数的计算方法如下：

梯板分布筋根数 =Ceil[（梯板投影净长 × 斜度系数 − 起步距离 × 2）/ 分布间距] +1

（3）AT 型楼梯梯板支座负筋的翻样、算量方法如下。

AT 型楼梯梯板支座负筋长度计算图如图 8-3 所示。

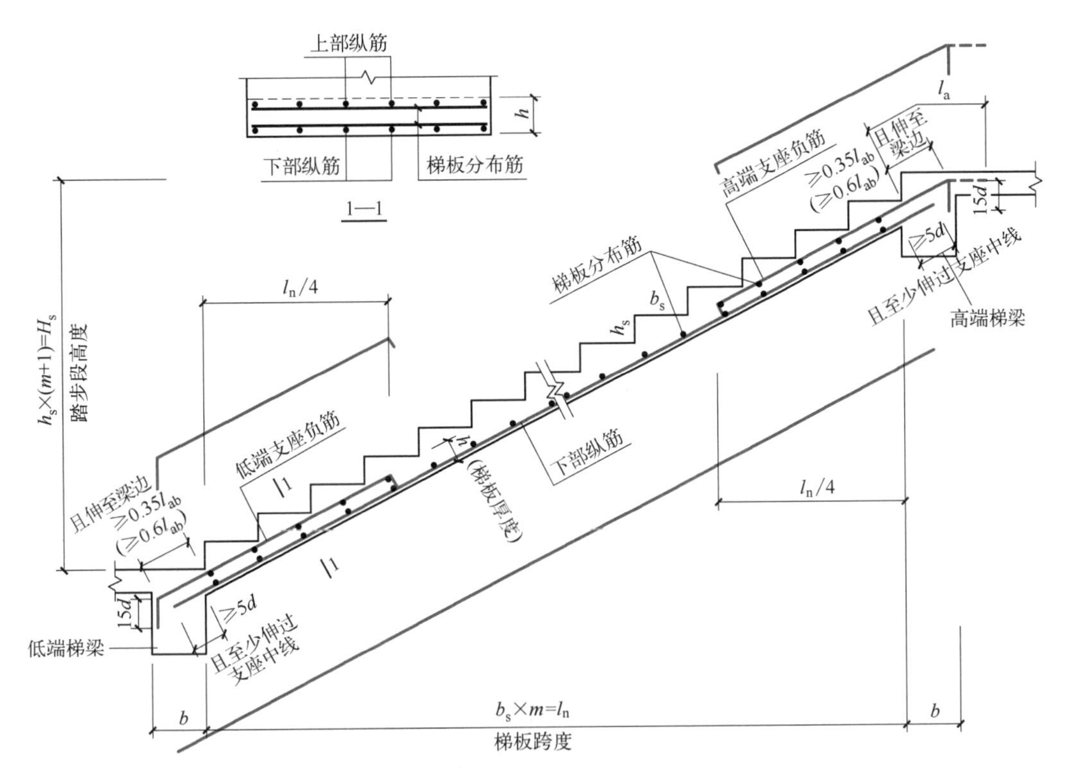

图 8-3 AT 型楼梯梯板支座负筋长度计算图

AT 型楼梯梯板支座负筋长度计算方法如下：

$$低端支座负筋长度 =（b- 保护层厚度 +l_n/4）\times k+h+15d$$

$$高端支座负筋长度 =（l_n/4）\times k+h+l_a$$

当总锚长不满足 l_a 时可伸入支座端弯折 $15d$，伸入支座内长度用于设计按铰接的情况时，需≥ $0.35l_{ab}$；用于考虑充分利用钢筋抗拉强度的情况时，需≥ $0.6l_{ab}$。

（4）梯板顶部支座负筋的翻样、算量方法如下。

$$梯板顶部支座负筋根数 =\text{Ceil}\ [（k_n-2C）/s]+1$$

式中：k_n 为梯板净宽；C 为保护层厚度；s 为受力筋间距。

（5）梯板顶部支座负筋分布筋的翻样、算量方法如下。

① 梯板顶部支座负筋分布筋长度计算方法如下：

$$支座负筋的分布筋长度 =k_n-2C+6.25d\times 2$$

式中，k_n 为梯板净宽；C 为保护层厚度。

② 梯板单个支座负筋分布筋根数计算方法如下：

梯板单个支座负筋分布筋根数 = Ceil [（支座负筋伸入板内直线投影长度 × 斜度系数 - 起步距离）/ 支座负筋分布筋间距] +1

8.2 楼梯钢筋翻样、算量实例

【实例 19】 某工程楼梯平面图如图 8-4 所示，构造图如图 8-5 所示，试计算钢筋工程量，并进行钢筋翻样。

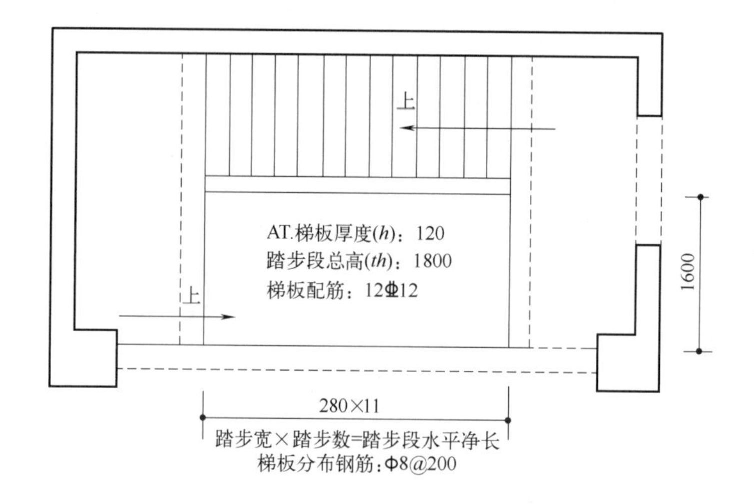

图 8-4 楼梯平面图

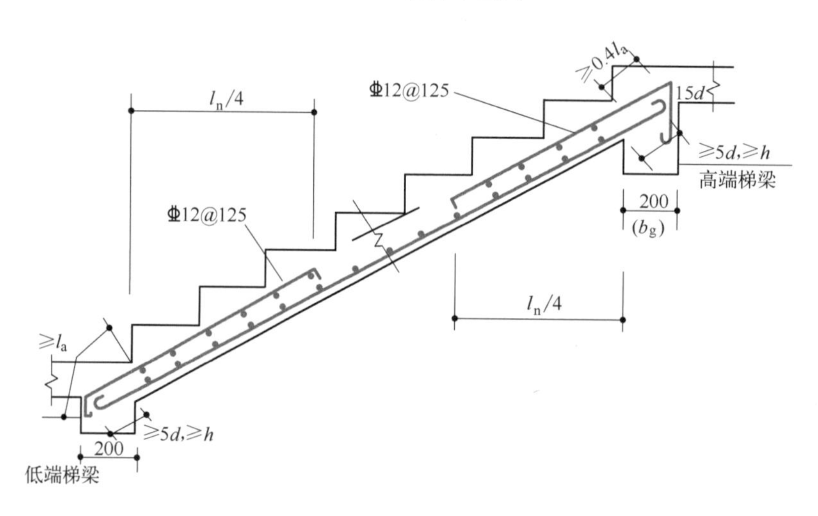

图 8-5 楼梯构造图

AT 钢筋翻样与算量表见表 8-2。

表 8-2 AT 钢筋翻样与算量表

AT 钢筋翻样									钢筋总量：92.849kg
筋号	级别	直径 /mm	钢筋图形	计算方法	根数	总根数	单长 /m	总长 /m	总重 /kg
梯板下部纵筋	Φ	12	3733	3080 × 1.134+2 × 120	12	12	3.733	44.796	39.779
下梯梁端上部纵筋	Φ	12	198 1083 600 90	3080/4 × 1.134+408+120−2 × 15	14	14	1.371	19.194	17.044
上梯梁端上部纵筋	Φ	12	180 1083 450 90	3080/4 × 1.134+343.2+90	14	14	1.306	18.284	16.236
梯板分布钢筋	Φ	8	1570	1570+12.5d	30	30	1.67	50.1	19.79

【实例 20】 某工程楼梯平面图如图 8-6 所示，构造图如图 8-7 所示，试计算钢筋工程量，并进行钢筋翻样。

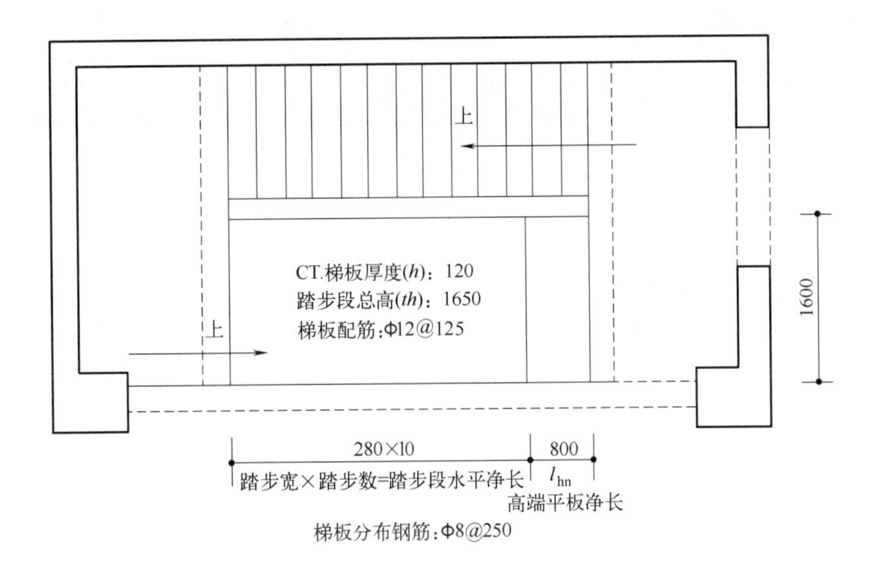

图 8-6 楼梯平面图

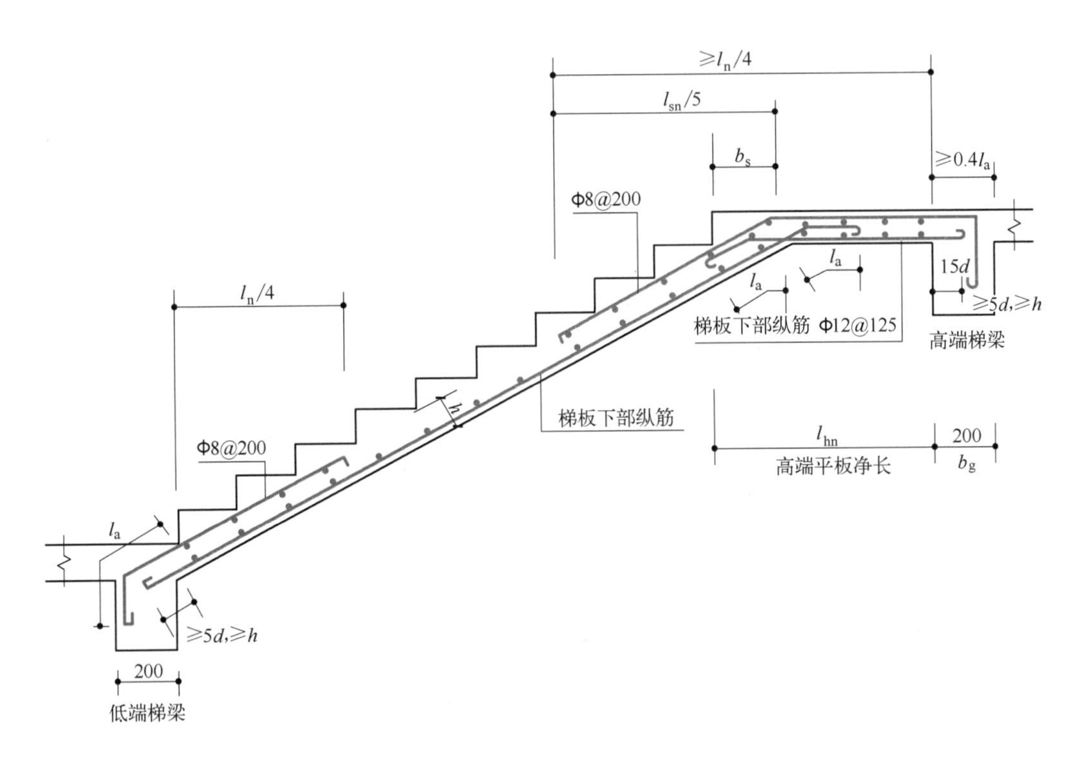

图 8-7 楼梯构造图

CT 钢筋翻样与算量表见表 8-3。

表 8-3　CT 钢筋翻样与算量表

CT 钢筋翻样									钢施总量：93.36kg
筋号	级别	直径/mm	钢筋图形	计算方法	根数	总根数	单长/m	总长/m	总重/kg
下梯梁端上部纵筋	Φ	8	581　1085　6　90	3600/4 × 1.134+216+120−2 × 15+6.25d	9	9	1.377	12.393	4.895
梯板下部纵筋 1	Φ	12	63　133　3804	3937+12.5d	14	14	4.087	57.218	50.81
上梯梁端上部纵筋	Φ	8	606　4　560　120　300　90	635.04+606.4+120+90+6.25d	9	9	1.501	13.509	5.336
梯板下部纵筋 2	Φ	12	63　133　831	964+12.5d	14	14	1.114	15.596	13.849
梯板分布筋	Φ	8	1570	1570+12.5d	28	28	1.67	46.76	18.47

【实例 21】 某工程楼梯平面图如图 8-8 所示，构造图如图 8-9 所示，试计算钢筋工程量，并进行钢筋翻样。

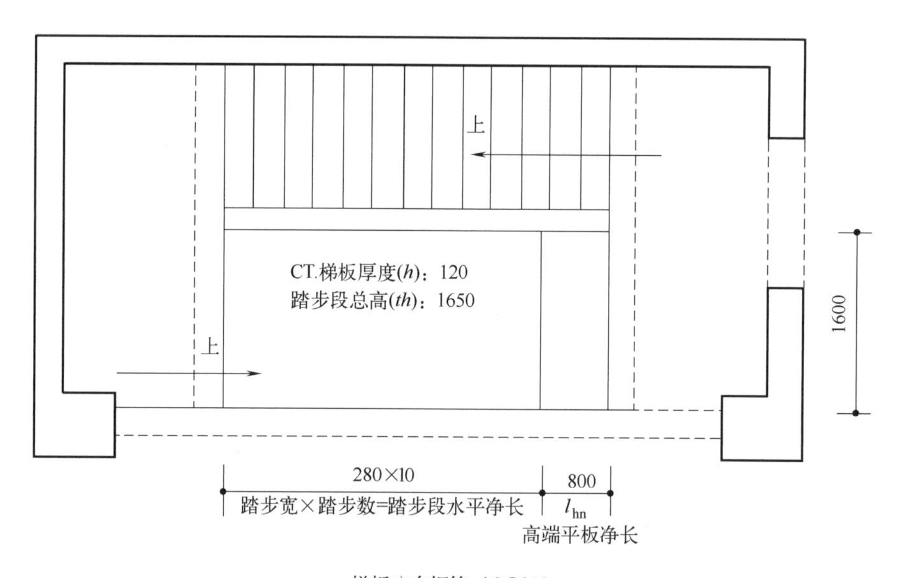

图 8-8　楼梯平面图

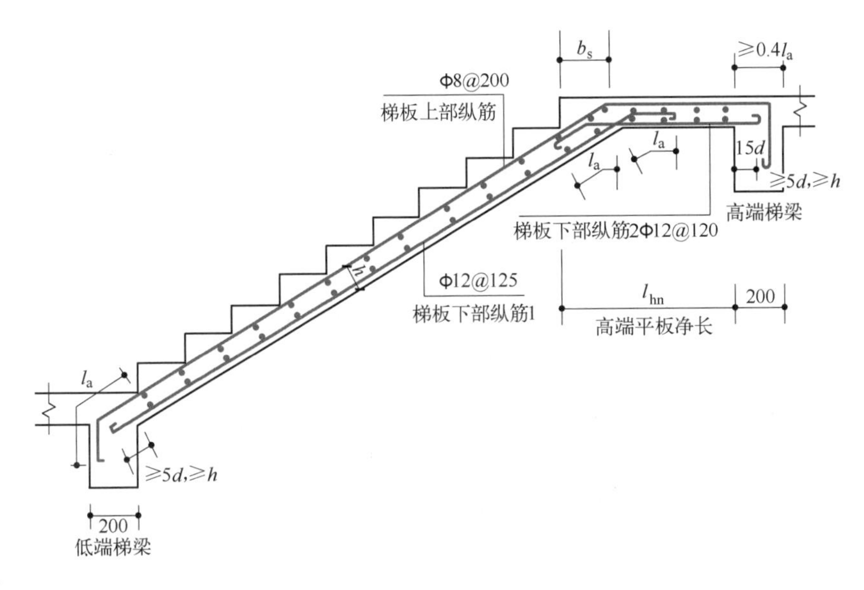

图 8-9 楼梯构造图

楼梯钢筋翻样与算量表见表 8-4。

表 8-4 楼梯钢筋翻样与算量表

楼梯钢筋翻样									钢筋总重量：104.198kg	
筋号	级别	直径/mm	钢筋图形	计算方法	根数	总根数	单长/m	总长/m	总重/kg
梯板下部纵筋 1	Φ	12	63 133 3804	3937+12.5d	14	14	4.087	57.218	50.81
梯板上部纵筋	Φ	8	606 3703 120 6	(2800+280) × 1.134+216+120+606+2 × 6.25d	9	9	4.535	40.815	16.122
梯板下部纵筋 2	Φ	12	63 133 831	964+12.5d	15	15	1.114	16.71	14.838
梯板分布筋	Φ	8	1570	1570+12.5d	34	34	1.67	56.78	22.428

参考文献

[1] 中国建筑标准设计研究院 .22G101—1 混凝土结构施工图平面整体表示方法制图规则和构造详图（现浇混凝土框架、剪力墙、梁、板）. 北京：中国标准出版社，2022.

[2] 中国建筑标准设计研究院 .22G101—2 混凝土结构施工图平面整体表示方法制图规则和构造详图（现浇混凝土板式楼梯）. 北京：中国标准出版社，2022.

[3] 中国建筑标准设计研究院 .22G101—3 混凝土结构施工图平面整体表示方法制图规则和构造详图（独立基础、条形基础、筏形基础及桩基承台）. 北京：中国标准出版社，2022.

[4] 中国建筑科学研究院 . 混凝土结构设计规范：GB 50010—2010 [S]. 北京：中国建筑工业出版社，2011.

[5] 中国建筑科学研究院 . 建筑抗震设计规范：GB 50011—2010 [S]. 北京：中国建筑工业出版社，2010.

[6] 中国建筑标准设计研究院 .18G901-1 混凝土结构施工钢筋排布规则与构造详图（现浇混凝土框架、剪力墙、梁、板）. 北京：中国计划出版社，2018.

[7] 中国建筑标准设计研究院 .18G901-2 混凝土结构施工钢筋排布规则与构造详图（现浇混凝土板式楼梯）. 北京：中国计划出版社，2018.

[8] 中国建筑标准设计研究院 .18G901-3 混凝土结构施工钢筋排布规则与构造详图（独立基础、条形基础、筏形基础、桩基础）. 北京：中国计划出版社，2018.